云计算·大数据·人工智能

BlockChain Practice

区块链
原理、技术及应用

范凌杰 / 编著

机械工业出版社
CHINA MACHINE PRESS

本书是一本系统介绍区块链理论知识和应用开发的教程。全书共 10 章，主要分为两部分，区块链理论知识（第 1～3 章）：包括区块链概述、区块链中的密码学以及区块链的核心机制；区块链应用开发（第 4～10 章）：包括打造自己的第一个区块链——基于 Python、智能合约开发实践——基于 Solidity、以太坊之 DApp 开发实战——基于 Truffle 框架、超级账本开发实战——基于 Go 语言、Libra 开发实践——基于 Move 语言、区块链即服务平台（BaaS）以及区块链综合应用开发实践。本书在系统介绍区块链理论知识的基础上，结合丰富的案例进行实践操作的讲解，力求引领读者在实践中深入理解区块链技术，具备基于主流的区块链平台开发区块链实际应用的能力。

本书可以作为区块链开发者的自学用书，也可作为开设区块链开发相关课程的各类院校、培训机构的教材。

本书相关代码可以在 https://github.com/flingjie/learning-blockchain 获取。也可通过扫描关注机械工业出版社计算机分社官方微信订阅号——IT 有得聊，回复 69677 获取本书配套资源下载链接。

图书在版编目（CIP）数据

区块链原理、技术及应用 / 范凌杰编著. —北京：机械工业出版社，2021.10（2025.1 重印）

ISBN 978-7-111-69677-3

Ⅰ. ①区…　Ⅱ. ①范…　Ⅲ. ①区块链技术　Ⅳ. ①TP311.135.9

中国版本图书馆 CIP 数据核字（2021）第 244238 号

机械工业出版社（北京市百万庄大街 22 号　邮政编码　100037）
策划编辑：王　斌　　责任编辑：王　斌
责任校对：张艳霞　　责任印制：常天培

固安县铭成印刷有限公司印刷

2025 年 1 月第 1 版 • 第 4 次印刷

184mm×240mm • 14 印张 • 345 千字

标准书号：ISBN 978-7-111-69677-3

定价：79.90 元

电话服务
客服电话：010-88361066
010-88379833
010-68326294

网络服务
机　工　官　网：www.cmpbook.com
机　工　官　博：weibo.com/cmp1952
金　　书　　网：www.golden-book.com
机工教育服务网：www.cmpedu.com

前言

区块链技术是近些年来最热门的前沿技术。“区块链”这个概念是由一个网名为中本聪的人在2008年发表的《比特币：一种点对点的电子现金系统》中提出的。随后他实现了一个比特币系统，并发布了加密数字货币——比特币，接下来出现了以太坊和超级账本这样的大型区块链项目。区块链技术在全球范围内引起了广泛关注，并势不可挡地影响着多个行业的发展趋势。

目前，区块链正处于迅猛发展阶段，急需区块链方面的技术人才。笔者根据自己的实践经验，尝试写了这本易懂实用的区块链教程，希望能对学习区块链技术的读者有所帮助。

内容组织与阅读建议

本书主要分为两部分，第一部分是理论知识，介绍区块链技术的概念、原理、架构设计和发展历程，区块链中的密码学和区块链的核心机制；第二部分是应用开发，在掌握理论知识的基础上结合丰富的实践案例进行操作，在实践中深入理解区块链技术，通过学习和实践主流的区块链平台和框架，提高区块链实际应用开发能力。

- **第1章　区块链概述**：从区块链的概念和运行原理说起，继而介绍区块链的技术构成、逻辑架构和分类，然后介绍区块链的发展历程和典型应用，以及常用的区块链应用的开发技术。学完这一章可以对区块链有一个整体的认识，明白区块链是什么，能做什么。
- **第2章　区块链中的密码学**：学习区块链中的密码学知识，掌握区块链技术原理，包括对称加密算法和非对称加密算法、椭圆曲线密码学、Merkle 树、数字签名和数字证书等知识。
- **第3章　区块链的核心机制**：介绍了区块链核心机制，包括共识机制、账户交易和智能合约等。
- **第4章　打造自己的第一个区块链——基于 Python**：从本章开始进入动手实践的阶段，本章基于 Python 实现一个功能完备的区块链系统。
- **第5章　智能合约开发实践——基于 Solidity**：介绍如何基于 Solidity，开发一个智能合约。
- **第6章　以太坊之 DApp 开发实战——基于 Truffle 框架**：以太坊是专注于智能合约、开发并运行 DApp 的区块链平台，本章介绍了以太坊中 DApp（去中心化应用）的概念和开发，并实现了两个完整的 DApp（猜拳游戏和宠物商店）。
- **第7章　超级账本开发实战——基于 Go 语言**：超级账本是一个开源项目，它提供了一个成熟的商用区块链框架。本章介绍了超级账本的概念、安装和使用，并通过超级账本中的几个实例介绍超级账本的开发过程。
- **第8章　Libra 开发实践——基于 Move 语言**：Libra 是由 Facebook 打造的一套简单的全球通用支付系统和金融基础设施，本章将介绍 Libra 的架构和特点，以及基于 MOVE 语言的应用开发实践。

➢ **第9章　区块链即服务平台（BaaS）：** BaaS是区块链和云技术紧密结合而产生的一种新型云服务。本章中将介绍BaaS的概念以及通用架构，以及如何基于BaaS进行开发实践。

➢ **第10章　区块链综合应用开发实践：** 通过讲解几个综合性的区块链开发实例，以太坊数据查询分析系统、ERC20代币、数字资产“加密猪”的开发，进一步介绍了区块链技术的应用。

本书特色

本书结合区块链的开发实践，介绍了包括Python语言、Solidity语言、Go语言、Docker容器技术和前端开发技术在内的多种实际开发中经常用到的技术和工具。通过本书的学习，读者朋友不仅能快速上手开发区块链项目，更能初步了解并掌握多种实用的软件开发技术，非常有助于培养读者具备基本的开发能力，打下从事多种应用领域开发的基础。

需要说明的是，本书在介绍各类开发技术时重在实现功能、完成任务，并未花费大量篇幅介绍相关理论和知识体系，为零基础或者有一定基础的读者朋友，打开通往区块链开发乃至软件开发精彩世界的大门才是本书要达到的目标。

本书适用读者

本书可以作为零基础区块链爱好者自学用书，也可作为开设区块链开发相关课程的各类院校、培训机构的教材。

配套资源

本书配有所有案例的相关代码，读者都可以访问https://github.com/flingjie/learning-blockchain自行获取。也可通过扫描关注机械工业出版社计算机分社官方微信订阅号——IT有得聊，回复69677即可获取本书配套资源下载链接。

致谢

感谢每一位在茫茫书海中选择了本书的读者朋友，衷心祝愿您能够从本书中受益，学到自己真正需要的知识。同时也期待每一位读者的热心反馈，随时欢迎您指出书中的不足，并通过电子邮箱 fanlingjie.cn@gmail.com 与作者沟通和交流。

范凌杰　于上海

目录

第1章 区块链概述

区块链（Blockchain）是近些年来极为热门的前沿技术。本章将介绍区块链的基本概念、技术构成与逻辑架构，区块链的分类、特点、发展历程、典型应用，区块链技术的现状及展望。通过学习本章的内容，读者可以对区块链有一个整体的认知，理解什么是区块链，了解区块链的原理架构和典型应用，以及区块链能用来做什么。

本章学习目标

- 了解区块链的基本概念和几个重要的发展阶段。
- 理解区块链的原理和架构设计。
- 熟悉区块链的典型应用。
- 掌握区块链的现状和发展方向。

1.1 什么是区块链

区块链是近年来社会上的一个热门词汇，在各种新闻媒体上经常可以看到区块链的相关报道。但在区块链被广泛谈论的过程中，人们对区块链这个新鲜事物在认知上还存在不少误区。这里将常见的认知误区整理如下。

- 区块链是比特币，比特币也就是区块链。
- 区块链很值钱。
- 区块链可以运用在任何领域。
- 区块链是免费的。
- 区块链是非常安全的。

下面，分别对以上的误区进行分析和澄清。

比特币和区块链是有很深的渊源（在区块链发展历程中会有详细介绍），但比特币和区块链两者不能等同。实际上，区块链是比特币的底层技术，好比用面粉可以做包子，但不能说面粉等于包子，包子等于面粉。这里的区块链相当于面粉，而比特币相当于包子。除了比特币外，还有很多其他的基于区块链技术的应用。

区块链的确是一种很神奇的技术，很有可能就像当初互联网技术改变世界一样再次重构整个世界，但区块链本身只是一种技术，真正产生价值的是应用区块链技术产生的落地服务。

区块链不是万能的，当前区块链只会对某些领域，如金融、供应链等区块链适用的行业产生重大影响，区块链在其他行业的使用场景还有待研究。

区块链是有成本的，区块链中的每一个“区块”通常都需要用大量的运算来解决，为支持区块链服务的所有设备的耗电量成本相当不菲。

和传统的互联网相比，区块链在安全性方面有着天然的优势。非对称加密保证了交易数据的安全性；分布式存储和记账显著降低了数据被篡改、网络受攻击以及网络瘫痪的可能性。但区块链现在还处在初步发展阶段，其技术本身可能还存在一些漏洞，这些漏洞会被那些恶意的黑客利用去实施一些破坏行为，所以说区块链的安全是相对的，并不是绝对安全。

澄清了这么多对区块链认识上的误区，那么，究竟什么是区块链？

1.1.1 区块链的概念

“区块链”这个概念是一个网名为中本聪的人在 2008 年发表的《比特币：一种点对点的电子现金系统》中提出的。其描述如下。

时间戳服务器对以区块（Block）形式存在的一组数据进行随机散列算法计算并加上时间戳，然后将该随机散列进行广播，就像在新闻或世界性新闻组网络（Usenet）的发帖一样。显然，该时间戳能够证实特定数据于某特定时间是的确存在的，因为只有在该时刻存在了才能获取相应的随机散列值。每个时间戳应当将前一个时间戳纳入其随机散列值中（即哈希值，通过散列算法变换生成的一组数据），每一个随后的时间戳都对之前的一个时间戳进行增强（Reinforcing），这样就形成了一个链条（Chain），即区块链，如图 1-1 所示。

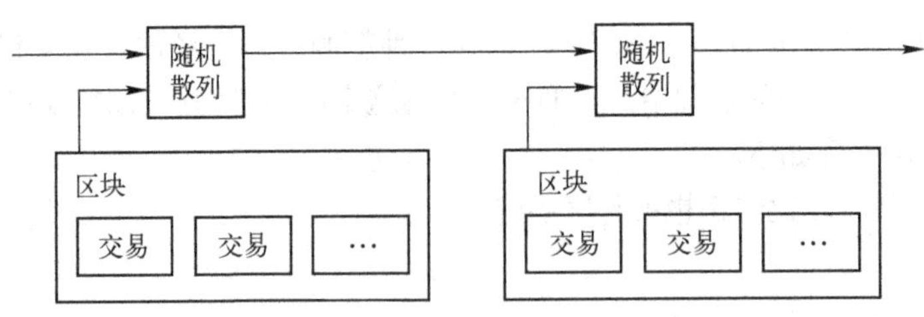

图 1-1 区块链的链条结构

构成区块链的区块是基于密码学生成的，每一个区块包含了前一个区块的哈希值（由加密算法生成的）、对应的时间戳记录以及交易数据等信息（对区块结构的详细介绍参见 1.1.2 节相应内容）。本质上，区块链是包含这些交易记录的分布式系统，类似于一个账本。所以，区块链也被称为分布式账本系统。

这个分布式账本系统是由分布式系统中的诸多节点共同创建和维护的一个链表。链表由基于密码学原理生成的一个个区块组成。其中每个区块包含了交易者的公钥、金额、时间等交易信息，区块链的链表结构如图 1-2 所示。

不过，分布式账本系统是区块链狭义上的含义。广义上来说，区块链是一个统称，除了基于区块链结构的分布式账本系统，它还包括共识机制、智能合约、点对点网络、自治社区等一系列和分布式账本相关的功能。可以将区块链看作是很多个技术的组合。

了解了区块链的概念后，接下来认识一下构成区块链的区块到底是什么。

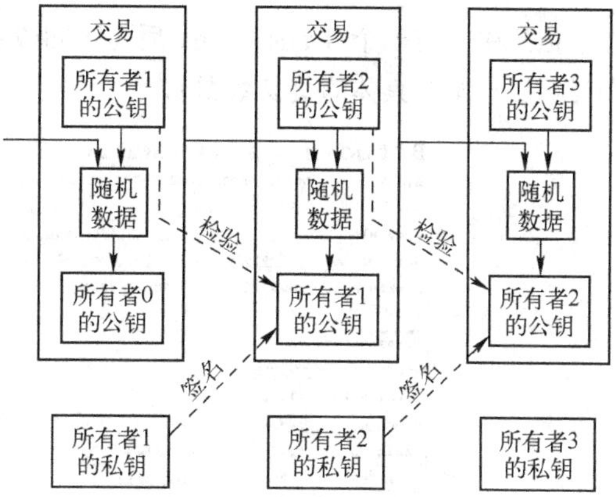

图 1-2　区块链的链表结构

1.1.2　区块的概念

区块是区块链的组成单元，就像金字塔是由一块块石头组成的一样，区块链就是由一个个区块组成的。

1．区块

从本质上说，区块链中的区块是由一系列特征值和一段时间内的交易记录组成的一个数据结构。这里以比特币区块为例进行说明。

登录比特币区块查询网站：https://webbtc.com/可以看到最新生成的比特币区块信息。本节截取了 2016 年 12 月 17 日生成的十几个区块的列表信息，如图 1-3 所示。

Bitcoin - Recent Blocks

Height	Hash	Time	Tx	Si:
443888	0000000000000000000cdc0d2a9b33c2d4b34b4d4fa8920f074338d0dc1164dc	2016-12-17 20:29	444	2
443887	000000000000000001806a922d4d35a37ad9324c690f72d556c6445cb7a9c214	2016-12-17 20:26	20	6.
443886	000000000000000000f061205567dc79c4e718209a568879d66132e016968ac6	2016-12-17 20:26	351	2
443885	000000000000000002b1502dc9a00036e66790c4cde07df425c6cbae3e0d8eca	2016-12-17 20:24	1,945	8
443884	000000000000000000b27456bcb96b255d98cdac8c10df9be5d8859a9c279ef3	2016-12-17 20:13	93	9
443883	000000000000000001a1f18b82dcb6696db3136a601c1ac53b59db13201b18b7	2016-12-17 20:13	1,062	4
443882	0000000000000000015c4fe93fa30dd7e497f140f4879959733a1e00b8b404fc	2016-12-17 20:07	727	3
443881	00000000000000000126c8dab37f7146baaa88a3d68cdfca996e824a0f8a0d04	2016-12-17 20:04	2,529	9
443880	000000000000000000d30b003adcdfcc843c0dc5f46ed26d136294d110158c21	2016-12-17 19:48	1,130	9
443879	00000000000000000368ca004e61fa5ff9502b1cd5721f03318c968cdc941531	2016-12-17 19:42	514	9
443878	000000000000000001b267c75f6b97ff58d1367d16ddc9b6ddcead31041f8058	2016-12-17 19:40	1,052	9
443877	000000000000000000b57d57fc57e022fbebc6fbdee108095dcf1bfcdd68b4d5	2016-12-17 19:35	366	1
443876	0000000000000000034f2855c116b426305d82a54b29cceb32641da639aeef82	2016-12-17 19:33	891	3
443875	0000000000000000009b58ed9b94ca8a88f838d69669d64547caf5a01dfaebcc	2016-12-17 19:28	1,330	9
443874	000000000000000001db9e3f4108bc27f6bb6616d7d12b5d71f099e3ac8034ab	2016-12-17 19:21	1,480	6
443873	00000000000000000060793d4a146c9256431a743a858d6428c584fc6a3a92ed	2016-12-17 19:12	298	1
443872	00000000000000000013938072daf1a1e10d723ec884297e19032489ee68a8ad	2016-12-17 19:10	441	2
443871	000000000000000000529329de4b85211e63d10e6aaebab1ad2fe90167a12f7f	2016-12-17 19:09	1,086	4
443870	000000000000000002775ff227222f47a46cad46b0f634db53c1a8737d7ecd41	2016-12-17 19:07	9	
443869	000000000000000002424db0163641940c9fd999ec897b412ce64e36d6ab7650	2016-12-17 19:03	1,836	9

图 1-3　比特币区块信息

图中的几列信息依次为区块的高度（Height）、区块的哈希值（Hash）和区块的生成时间（Time）等。单击第一个区块可以查看这个区块的详情，如图 1-4 所示。详情信息包括区块的哈希值（Block）、高度（Height）、父区块哈希值（Prev Block）和一系列交易信息（Transactions）。

详情信息中，前一个 Transactions 后面跟的数字是这个区块包含的交易总量，下面的 Transactions 则显示了一个个具体的交易数据）。

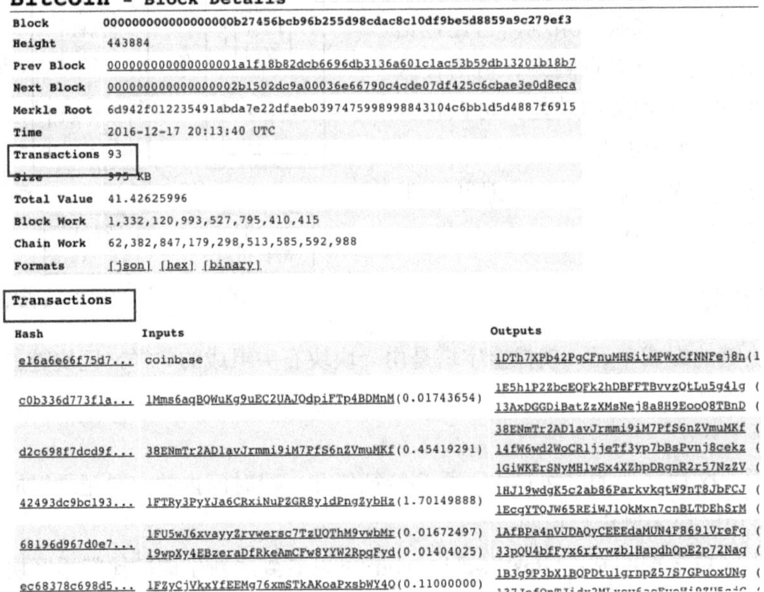

图 1-4　比特币区块详情

单击 Formats 中的“json”项可以以 Json 格式显示这个区块的信息，如图 1-5 所示。

```
{
  "hash": "0000000000000000000b27456bcb96b255d98cdac8c10df9be5d8859a9c279ef3",
  "ver": 536870912,
  "prev_block": "00000000000000001a1f18b82dcb6696db3136a601c1ac53b59db13201b18b7",
  "mrkl_root": "6d942f012235491abda7e22dfaeb03974759989988843104c6bb1d5d4887f6915",
  "time": 1482005620,
  "bits": 402885509,
  "nonce": 1171280212,
  "n_tx": 93,
  "size": 998142,
  "tx": [
    {
      "hash": "e16a6e66f75d70043f13cf484ef9ab20679bc8d96a59d09795c36341521f759e",
      "ver": 1,
      "vin_sz": 1,
      "vout_sz": 1,
      "lock_time": 0,
      "size": 129,
      "in": [
        {
          "prev_out": {
            "hash": "0000000000000000000000000000000000000000000000000000000000000000",
            "n": 4294967295
          },
          "coinbase": "03ecc5061f4d696e656420627920416e74506f6f6c20757361312025aa35152058559c7476270000
        }
      ],
      "out": [
        {
          "value": "12.55820396",
          "scriptPubKey": "OP_DUP OP_HASH160 88adcf0215d5fcbca5c6532aaecffb48128cf1a6 OP_EQUALVERIFY OI
          "address": "1DTh7XPb42PgCFnuMHSitMPWxCfNNFej8n"
        }
      ],
      "nid": "ea55af54f76d94a3dc42082e00cda31d907e69e0afe810859445c05db02b28fe"
    },
    {
```

图 1-5　比特币区块的详情以 Json 格式显示

这个区块的数据结构看上去有点复杂，但没关系，通过接下来的详细解释后就很容易理解了。

2．区块的结构

区块的数据结构由区块头和区块体组成。区块头包含了当前区块的特征值，区块体中包含的是实际的交易记录数据。

（1）区块头

区块头由 80 个字节组成，主要由版本号、前一个区块的哈希值、Merkle 根、时间戳、bits、Nonce 这几项区块的特征值组成，如图 1-6 所示。

```
"ver": 536870912,
"prev_block": "000000000000000001a1f18b82dcb6696db3136a601c1ac53b59db13201b18b7",
"mrkl_root": "6d942f012235491abda7e22dfaeb0397475998998843104c6bb1d5d4887f6915",
"time": 1482005620,
"bits": 402885509,
"nonce": 1171280212,
```

图 1-6　区块头

其中，ver（版本号）表示本区块遵守的验证规则；prev_block（父区块哈希值）就是这个区块连接的上一个区块的哈希值，mrkl_root 根是该区块链交易的 Merkle 树根的哈希值（Merkle 是一种哈希树的数据结构，在第 2 章中会详细讲解），时间戳是区块生成的时间，bits 是区块的难度值，Nonce 是一个随机数，其中各个字段的长度和详细说明如图 1-7 所示。

区块头组成

	长度（字节）	说明
版本	4	区块版本号
父区块哈希值	32	前一区块的哈希值
Merkle根	32	该区块中交易的Merkle树根的哈希值
时间戳	4	该区块产生的近似时间，精确到秒的UNIX时间戳，必须严格大于前11个区块时间的中值，同时全节点也会拒绝那些超出自己两个小时时间戳的区块
目标难度	4	该区块工作量证明算法的难度目标，已经使用特定算法编码
Nonce	4	为了找到满足难度目标所设定的随机数，为了解决32位随机数在算力飞升的情况下不够用的问题，规定时间戳和coinbase交易信息均可更改，以此扩展nonce的位数

图 1-7　区块头组成

（2）区块体

区块头下面的部分是区块体，如图 1-8 所示。区块体主要包括交易数量（n_tx）、区块大小（size）和长度不定的交易记录（tx 字段包含的交易列表）等信息。但这只是比特币中的区块体结构，实际上区块体中可以包括任何内容，比如以太坊中的区块体中除了交易数据还包含智能合约。

了解了区块结构，再来看看区块的特点。

```
"n_tx": 93,
"size": 998142,
"tx": [
  {
    "hash": "e16a6e66f75d70043f13cf484ef9ab20679bc8d96a59d09795c36341521f759e",
    "ver": 1,
    "vin_sz": 1,
    "vout_sz": 1,
    "lock_time": 0,
    "size": 129,
    "in": [
      {
        "prev_out": {
          "hash": "0000000000000000000000000000000000000000000000000000000000000000",
          "n": 4294967295
        },
        "coinbase": "03ecc5061f4d696e656420627920416e74506f6f6c20757361312025aa35152058559c7476270000
      }
    ],
    "out": [
      {
        "value": "12.55820396",
        "scriptPubKey": "OP_DUP OP_HASH160 88adcf0215d5fcbca5c6532aaecffb48128cf1a6 OP_EQUALVERIFY OP
        "address": "1DTh7XPb42PgCFnuMHSitMPWxCfNNFej8n"
      }
    ],
    "nid": "ea55af54f76d94a3dc42082e00cda31d907e69e0afe810859445c05db02b28fe"
  },
  {
    "hash": "c0b336d773f1a5ea7be25013e0fd293a30ef2e6a193f10bd4774041189188dfc",
    "ver": 1,
    "vin_sz": 1,
    "vout_sz": 2,
    "lock_time": 443872,
    "size": 226,
    "in": [
      {
```


图 1-8　区块体

3. 区块的特点

区块的一个特点是，它是由计算机通过加密算法生成的。如果成功地生成一个有效的区块，该计算机（或者说节点）就能获得一定的奖励，这个奖励就是加密数字货币。这一过程就像是在开采有价值的矿产，故而被形象地称为“挖矿”，执行操作的计算机被称为“矿机”，用矿机挖矿的人也就被称之为“矿工”了。

除此之外，区块还有一个特点，若区块是有效的，则该区块的哈希值必须满足一定的条件。这个条件就是能够使得区块头中特征值相加生成的哈希值符合一定格式，比如以 000 开始。由于哈希值随着输入的不同而不同，故计算机要不断尝试改变区块头的 Nonce 值直至最终生成的哈希值满足条件才算生成了一个有效的区块，如图 1-9 所示。

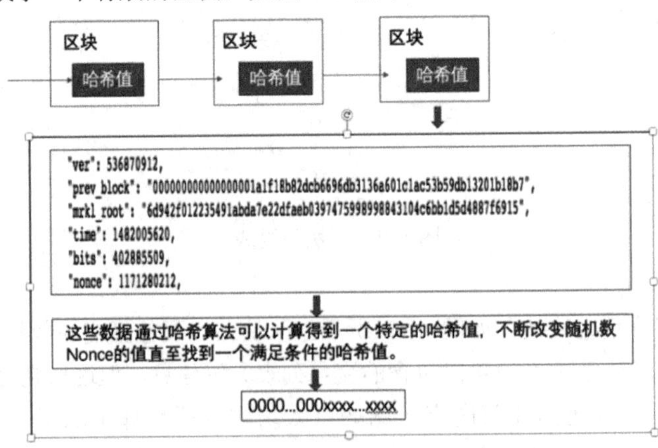

图 1-9　生成有效区块

寻找特定 Nonce 值生成有效区块的机制叫作工作量证明。工作量证明是常见的共识机制之一，关于共识机制的内容将在第 3 章中详细讲解。

在区块结构中各个字段也有其各自的特点和作用，如图 1-10 所示。

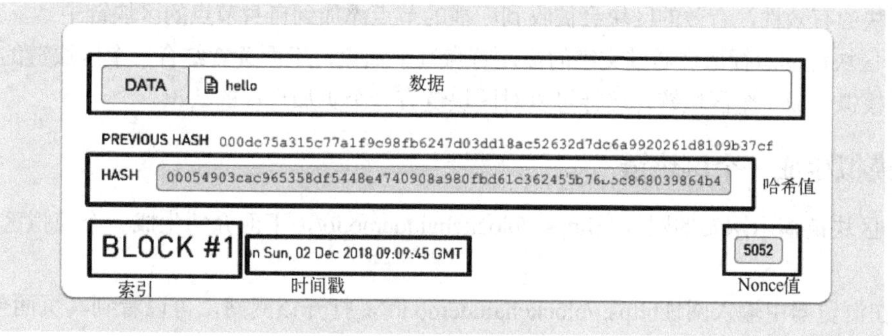

图 1-10 区块中的字段

区块结构中字段的说明如下。

- 索引标示了区块在区块链中的位置，其中第 1 个区块——创世区块的索引为 0，第 2 个区块的索引为 1，第 3 个区块的索引为 2，依次累加。
- 时间戳表示的是该区块生成的时间，根据时间戳可以判断区块链中各个区块生成的先后顺序。
- 哈希值是每个区块的唯一标示，也可称为区块的“数字指纹”。哈希值的长度是固定的，而且和区块内容紧密关联，一旦区块内容发生改变，该区块的哈希值也会发生改变。而且，区块中的哈希值还有有效和无效之分，满足特定条件的哈希值是有效的，否则就是无效，这个特定条件一般称之为困难度（Difficulty）。父区块哈希值就是区块链中特定区块前一个区块的哈希值。
- 区块中的数据可以是任何内容，比特币区块链的区块中的数据为一串串交易记录。
- Nonce 是一个随机数，用来生成一个有效的哈希值。Nonce 会根据区块数据的不同而不同，每个区块都需要经过大量计算才能找到对应的 Nonce 值。
- 创世区块。区块链中的第 1 个区块叫作创世区块，它没有父区块，故创世区块的父区块哈希值为空或者为 0。

以上就是区块的特点，区块链的很多特性都是基于区块的这些特点。接下来介绍区块链的运行原理。

1.1.3 区块链的运行原理

如 1.1.1 节所述，区块链是一个链表，这个链表由一个个区块组成，这些区块依次连接，形成一个不可篡改的链条。每个区块包含了索引、时间戳、父区块哈希值、交易数据、Nonce 值、本区块的哈希值等信息。那么这个链表具体是怎么生成和维护的？

首先是构成区块链的去中心化网络中的第 1 个节点初始化，并生成区块链中的创世区块；然后通过“挖矿”生成的新区块被添加到区块链中；新的节点加入到去中心化网络后会先同步一份最新的区块链数据；随后每个节点生成的区块都会向网络中的其他节点进行广播；其他节点接收到这个节点的广播后会判断自己是否已经收到过这个区块，若已收到就忽略，若未收到过则先验证这个区块的有效性，有效的区块会被收到广播的节点添加到自身节点的区块链中。

对于区块链的运行原理通过文字的描述有点过于抽象，下面读者结合一个区块链的演示网站自己动手模拟生成一个区块链，这样可以对区块链有一个更加直观的认识。

1.1.4 模拟生成一个区块链

这个区块链演示网站的网址是https://blockchaindemo.io/，下面介绍生成一个模拟区块链的具体操作。

1）在浏览器中输入网址https://blockchaindemo.io/，打开该网站，可以看到其页面包括 4 个区域，左上角是区块链中的所有节点信息，右上角有一个“Add Peer”按钮可以往区块链中添加节点，中间部分是区块链中的区块信息，最下面的“ADD NEW BLOCK”按钮可以添加一个新区块。默认区块链中有一个节点“Satoshi”（中本聪的英文名）和一个创世区块，如图 1-11 所示。

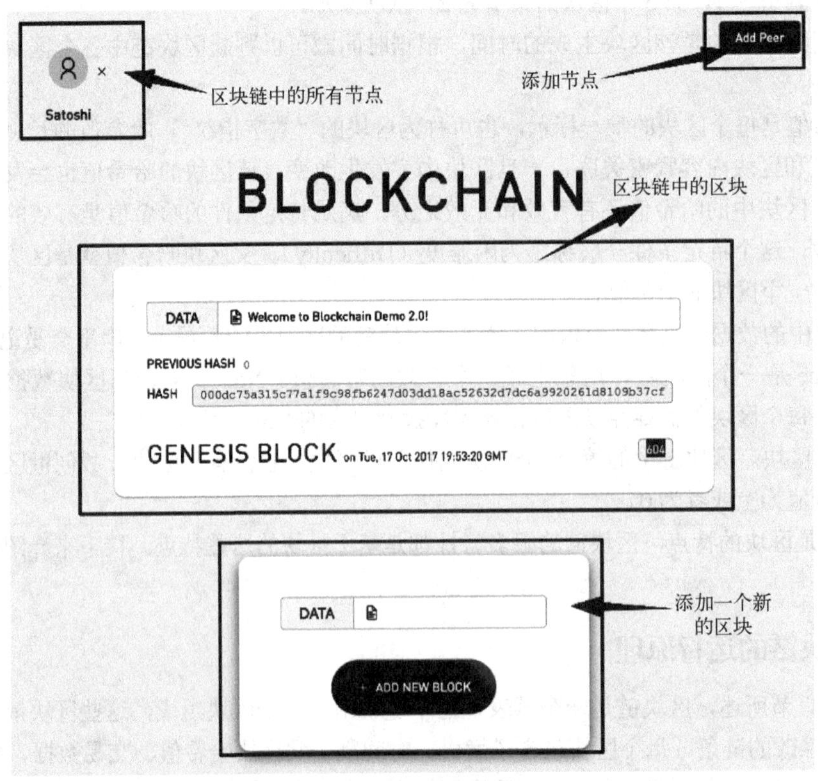

图 1-11　区块链演示网站的操作界面

这个模拟区块链的区块中，包括数据、父区块哈希值、当前区块哈希值、索引、时间戳、

Nonce 这 6 个字段，如图 1-12 所示。

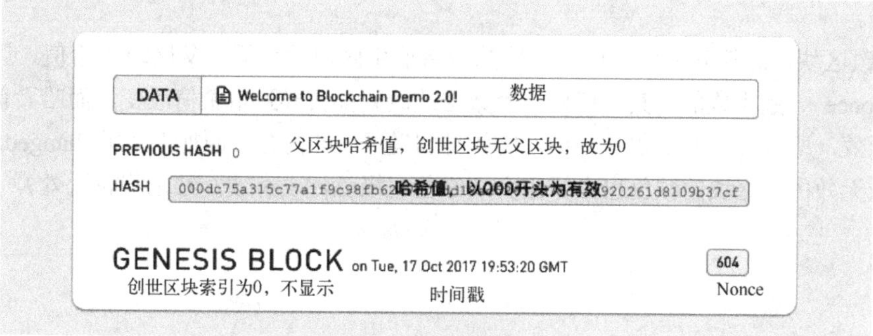

图 1-12　模拟区块的结构

其中创世区块的索引是 0，这里没有显示索引值而是显示了“GENESIS BLOCK”；判定哈希值有效的标志是以 000 开头。下面再添加几个区块。

2）创建两个新的区块。两个区块中填写的数据分别是“The Second Block”和“The Third Block”，输入数据后单击数据下面的“ADD NEW BLOCK”按钮，该网站会为这两个新区块自动生成有效的哈希值并与之前的区块连接起来，如图 1-13 所示。

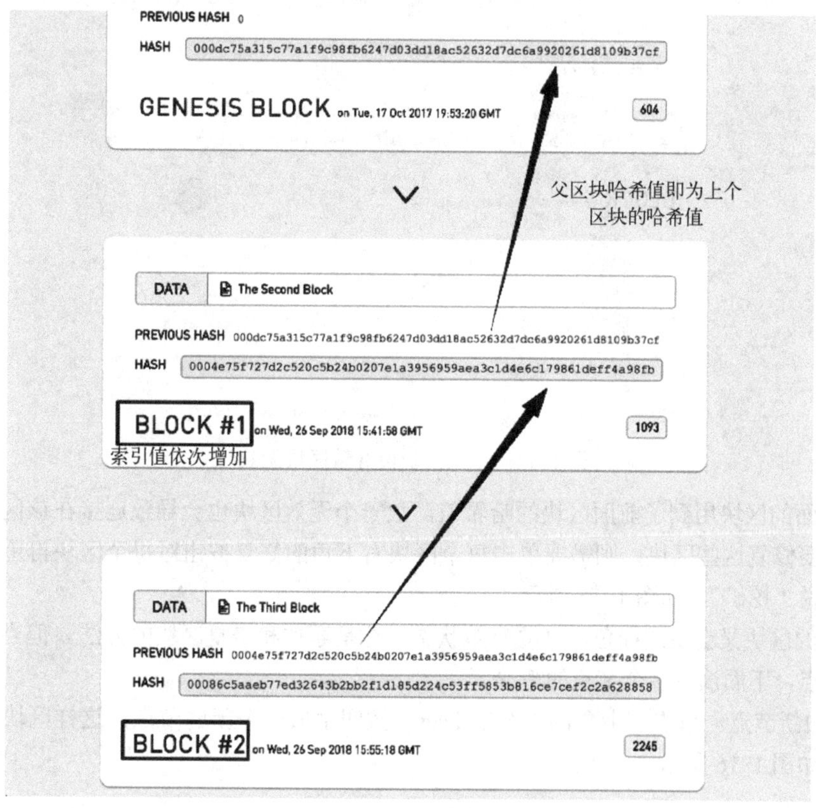

图 1-13　新增两个区块

图中可以看到本区块的父区块哈希值（PREVIOUS HASH）即为上一个区块的哈希值，索引值依次增加。

3）修改区块信息使其无效。由于区块的哈希值由区块的数据、父区块哈希值、区块索引、时间戳、Nonce 一起生成的，其中任何一个数据的改变都会导致哈希值改变，而哈希值改变会导致区块的无效，即哈希值不以 000 开头。比如将创世区块的内容后面加上“It changed.”，那么哈希值会变成无效的，区块的颜色也由绿色变成红色（绿色代表有效，红色代表无效），如图 1-14 所示。

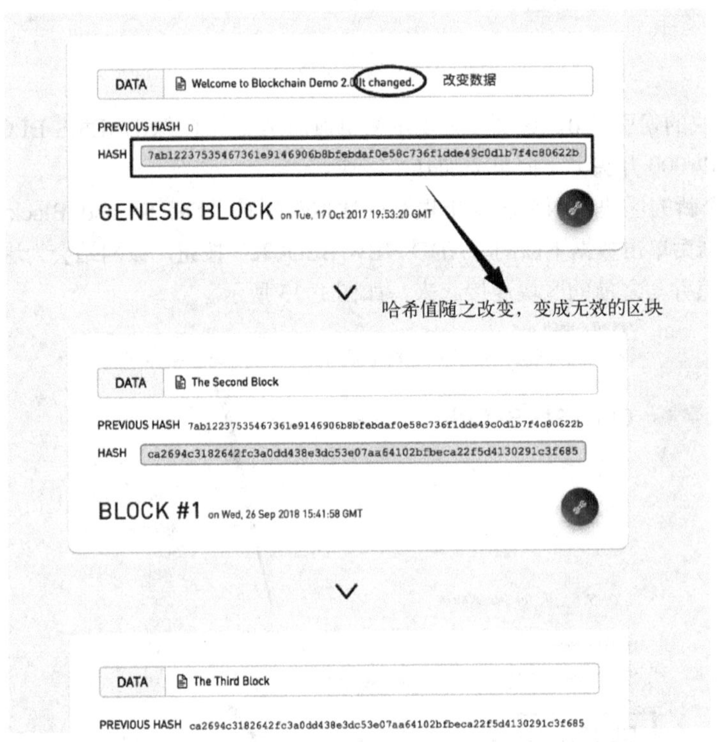

图 1-14　修改区块值导致区块无效

因为后面的区块用到了前面区块的哈希值，故一个无效区块也会导致连接在该区块后面的区块无效。若要修复这些区块，则需要单击每个区块右下角的修复按钮对每个区块再重新进行一遍计算，或者说“挖矿”，如图 1-15 所示。

修复后的区块又会变成绿色，恢复有效状态。这是添加和修复区块的方法。但当前区块链中只有一个节点，下面演示多个节点的情况。

4）增加新节点。单击右上角的“Add Peer”按钮生成一个新的节点，这样区块链中就有了两个节点，如图 1-16 所示。

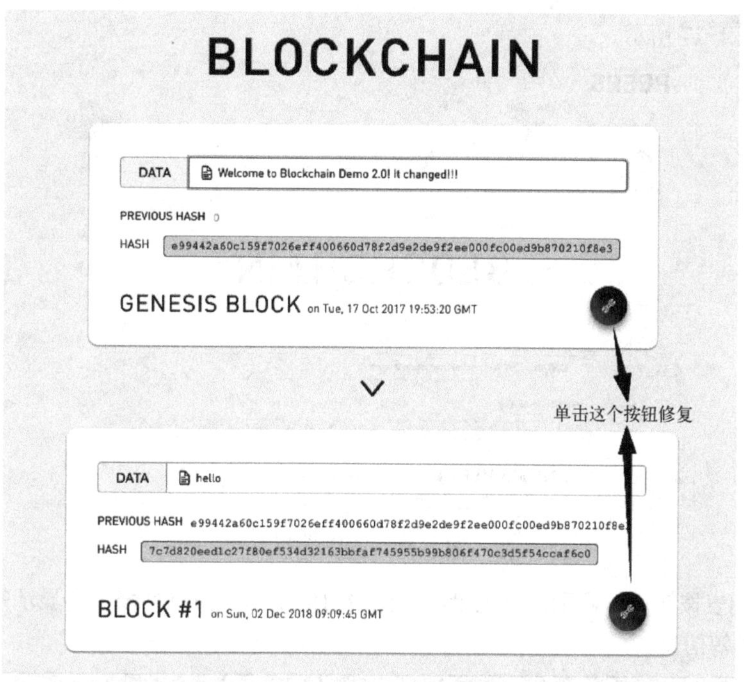

图 1-15 修复区块链

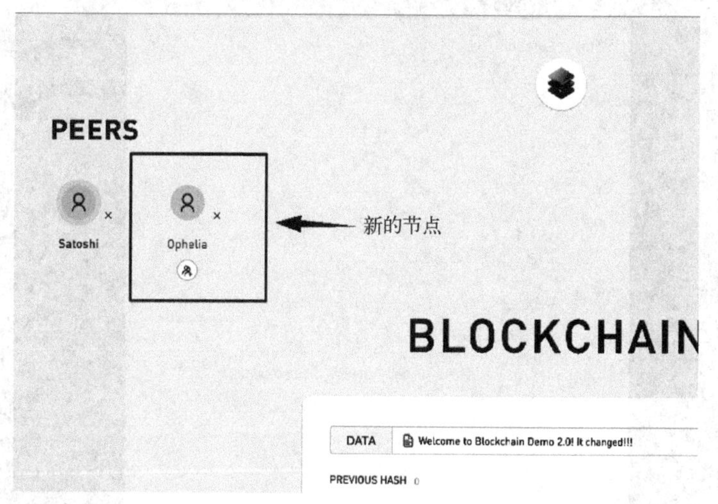

图 1-16 创建新节点

想要切换节点只要单击相应的节点就可以了。节点有 3 种颜色显示，蓝色表示当前节点，绿色表示和当前节点相连，红色表示未和当前节点相连。红色的节点下面有一个按钮，用来进行连接，鼠标悬浮到这个按钮上显示绿色，单击此按钮进行连接。

5）连接节点。单击节点“Rita”下的连接按钮进行连接后，可以看到“Rita”节点颜色变成了绿色，表示已连接，并且节点下面多了一个按钮，即消息列表按钮，节点右上角的数字表示消息的个数，如图 1-17 所示。

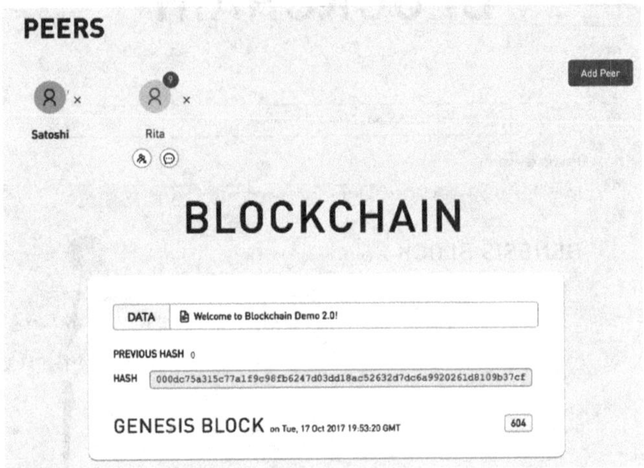

图 1-17　连接节点

单击消息列表按钮可以显示消息记录，如图 1-18 所示。消息列表中会显示每个连接、区块请求、区块发送等信息。

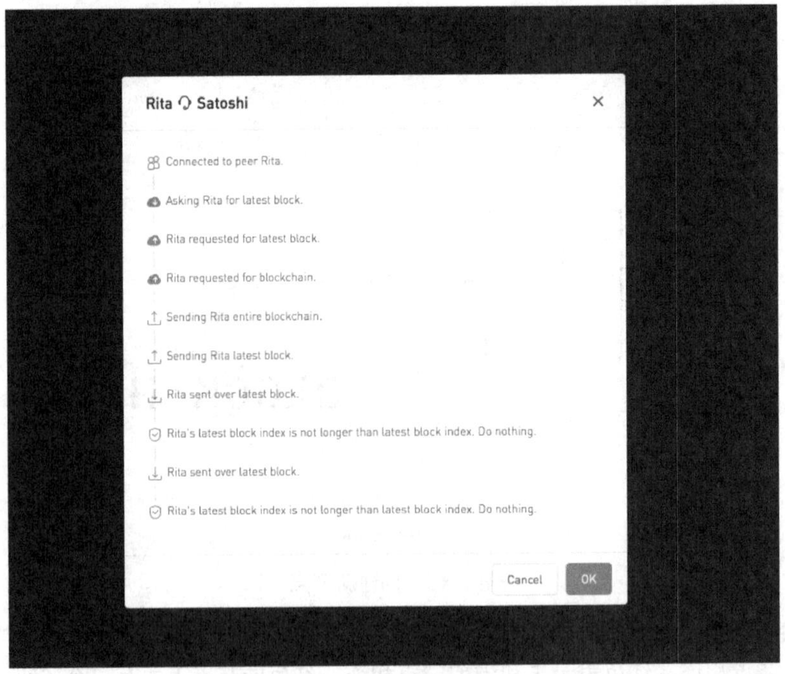

图 1-18　消息列表

6）同步区块信息。节点之间会互相同步区块信息。单击“Rita”节点，可以看到“Rita”节点下也包含了“Satoshi”节点中的 3 个区块，如图 1-19 所示。

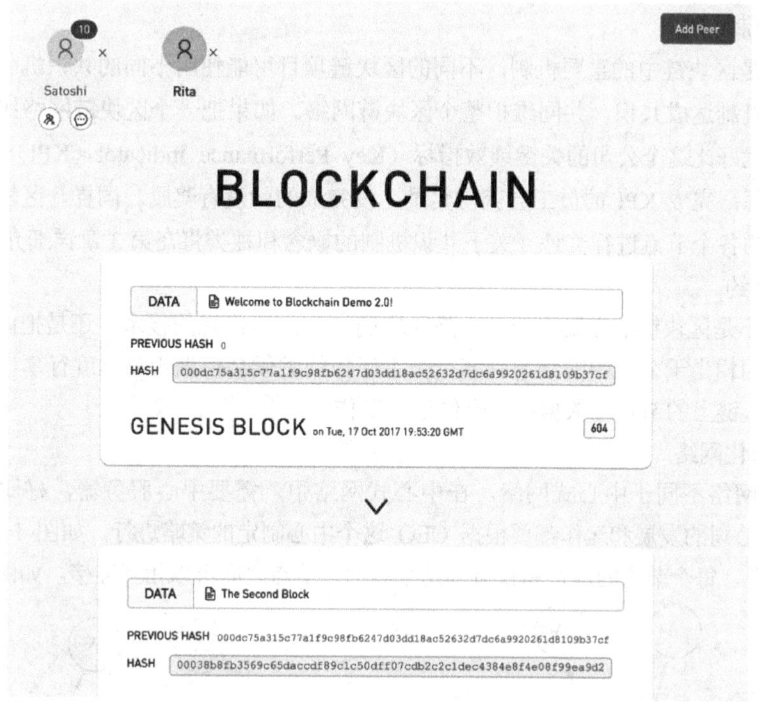

图 1-19　同步区块信息

通过上述模拟生成区块链的过程，可以对区块链的运行原理和区块同步过程有很直观的认识。区块链中的节点始终都将最长的链条作为正确的链，并持续延长和维护这条链。当节点发现有更长的链条并且本身的链条不是最新时，就会使用最长的链条替换当前节点的链条。若一个节点判断出本身的区块链是最新的，再收到新的区块信息时，节点就会把新的区块添加到自身链条的最后。

值得注意的是，当一个区块链的节点掌握了整个区块链中 51%以上的计算能力时，它就可以重写整个区块链。基于这个原因，区块链中的计算能力过度集中会很危险。只有一个庞大且均匀分布的区块链才比较安全。

通过模拟生成一个区块链，真实感受了区块链的特性之后，接下来介绍区块链的技术构成和逻辑架构。

1.2　区块链的技术构成与逻辑架构

1.2.1　区块链的技术构成

广义上说，区块链由分布式账本、共识机制、智能合约、去中心化网络等技术构成。分布式账本前面已经讲解过了，下面依次讲解其他几项的区块链的技术构成。

1．共识机制

共识机制是区块链中的重要机制，不同的区块链项目可能使用不同的共识机制。网络中各个节点根据共识机制达成共识，共同维护整个区块链网络。如果把一个区块链网络比作一个公司，那么共识机制就好比这个公司的关键绩效指标（Key Performance Indicator，KPI）。公司根据 KPI 对员工进行奖惩，完成 KPI 的员工会获得奖励，没完成的就没有奖励。同样，区块链网络根据共识机制对链上的各个节点进行奖惩（关于共识机制的概念和种类将在第 3 章详细介绍）。

2．智能合约

智能合约不是区块链的必要组成，它是区块链 2.0 之后出现的技术。还是把区块链比作一个公司，智能合约相当于公司中的规章制度，员工工作的时候会依据规章制度行事，而在有智能合约的区块链中，链上的节点会依据智能合约进行工作。

3．去中心化网络

去中心化网络不同于中心式网络。在中心式网络中，需要中心服务器，好比一般公司都有 CEO 的角色，公司的发展和运作都要根据 CEO 这个中心制定的策略进行，如图 1-20 所示。而在去中心化网络中，每个节点的地位和权益都是平等的，节点之间可以相互连接，如图 1-21 所示。

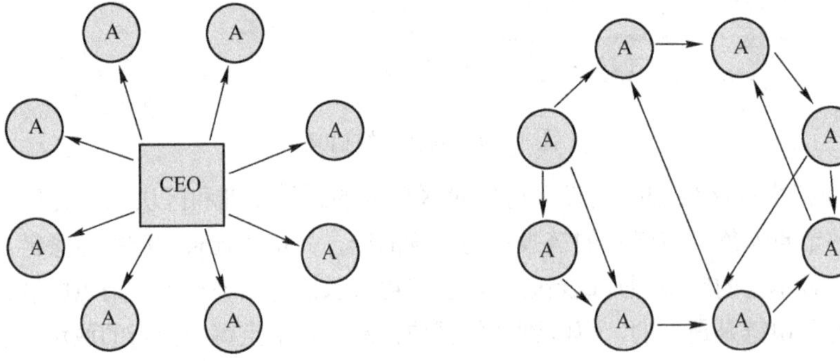

图 1-20　中心式网络示意图　　　　图 1-21　去中心化网络示意图

在去中心化网络中，各个节点之间可以发生交易，节点可以自由地加入和退出网络，如图 1-22 所示。

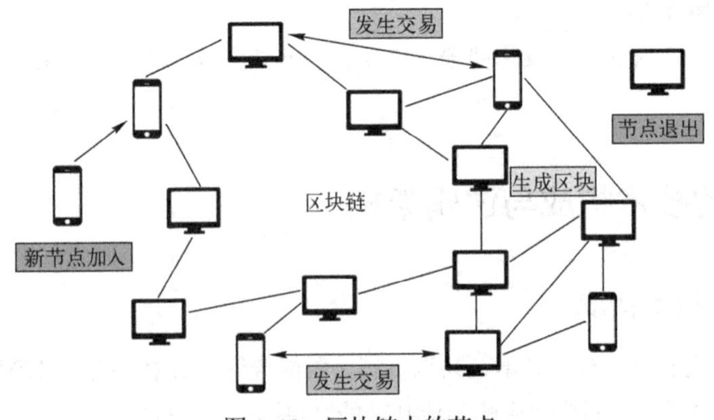

图 1-22　区块链中的节点

1.2.2　区块链的逻辑架构

从架构上说，区块链大致可以分为 4 层，从下到上依次为数据层、网络层、合约层和应用层，如图 1-23 所示。

1. 数据层

数据层是区块链的逻辑架构中最基础的一层，功能主要包括区块数据的存储、哈希值和 Merkle 树的计算以及链式结构的生成，其中进行数据的存储时需要重点考虑数据存储的性能和稳定性。在比特币和以太坊中的存储功能选择的是 LevelDB 数据库。LevelDB 是谷歌实现的一个非常高效的键值（Key-Value）数据库，目前最新的版本 1.2 能够支持万亿级别的数据量。基于良好的结构设计，LevelDB 数据库在万亿数量级别下的数据存储应用场景中有着非常高的性能表现。

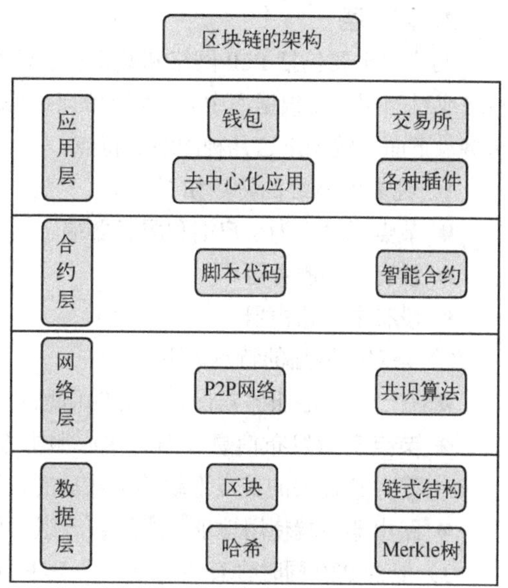

图 1-23　区块链的逻辑架构

数据层的功能是把交易数据存储到区块中并将区块加入到区块链中。当节点之间发生交易后会将交易数据广播到区块链的去中心化网络上，网络中其他节点负责校验这些交易。交易被确认有效后会存储到区块中，并加入到区块链。比如，张三转账给李四 0.2 比特币，王五转账给赵六 0.5 比特币，孙七转账给周八 0.1 比特币。这些转账信息被广播到区块链的去中心化网络中后由节点 A 最先确认，然后节点 A 通过共识算法（或者说“挖矿”）生成一个新的区块，新的区块被加到区块链上生成一个更长的区块链，如图 1-24 所示。

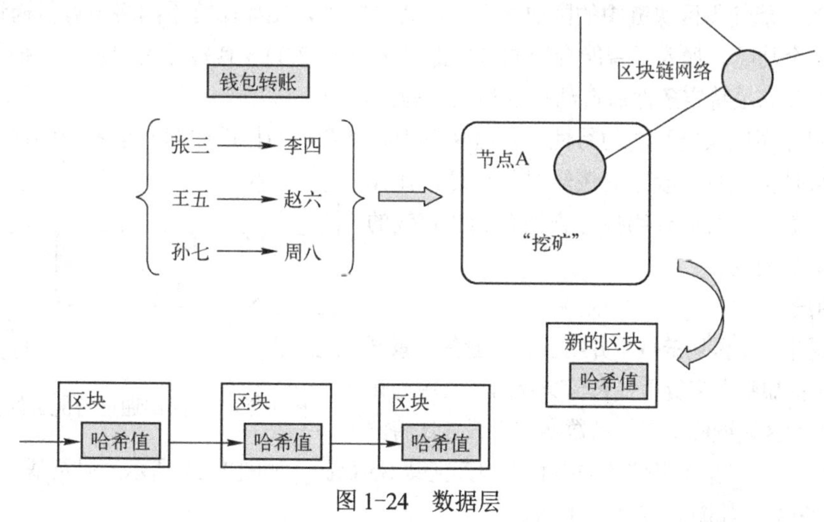

图 1-24　数据层

2．网络层

网络层主要包括 P2P 网络和共识算法两个组成部分。P2P（Peer to Peer）网络也称为点对点网络或对等网络，根据去中心化程度的不同可以将其分为纯 P2P 网络、杂 P2P 网络和混合 P2P 网络，下面比较一下这几种网络的特点。

1）纯 P2P 网络的特点如下。

- 节点同时作为客户端和服务器端。
- 没有中心服务器。
- 没有中心路由器。

2）杂对等网络的特点如下。

- 有一个中心服务器保存节点的信息并对请求这些信息的客户端做出响应。
- 节点负责发布信息（因为中心服务器并不保存文件），让中心服务器知道哪些文件被共享，让需要的节点下载其可共享的资源。
- 路由器终端使用地址，通过被一组索引引用来获取绝对地址。

3）混合 P2P 同时含有纯 P2P 和杂 P2P 的特点。

流行的下载工具 BT、迅雷等都是基于 P2P 网络的，这些下载工具的主要功能是进行文件资源分享，可能会选择杂 P2P 网络或混合 P2P 网络。而在区块链技术中 P2P 网络的作用是让网络中的所有节点一起平等地参与维护这个区块链的分布式账本，使用的是纯 P2P 网络。

但 P2P 网络中，各个节点需要对区块链中的各个区块达成共识才能共同维护同一分布式账本。这个共识的机制就是共识算法，比较常用的共识算法有工作量证明机制（Proof of Work，PoW）、权益证明机制（Proof of Stake，PoS）、股份授权证明机制（Delegated Proof of Stake，DPoS）等，这些共识算法会在第 3 章中详细讲解。

3．合约层

合约层的功能使得区块链中的区块具有可编程的特性，比如比特币网络中可以通过编写简单的脚本实现这个功能。加入了智能合约的区块链（区块链 2.0），具备了更加强大的编程功能，使得区块链可以在满足特定条件后自动触发相应的操作。

合约层赋予了区块链智能的特性，在区块链中智能合约的作用如同一个智能助理，对区块链中的数据和事件按照预先设定的逻辑进行处理，比如可以通过专门编写的智能合约执行查询余额和存钱的操作，如图 1-25 所示。

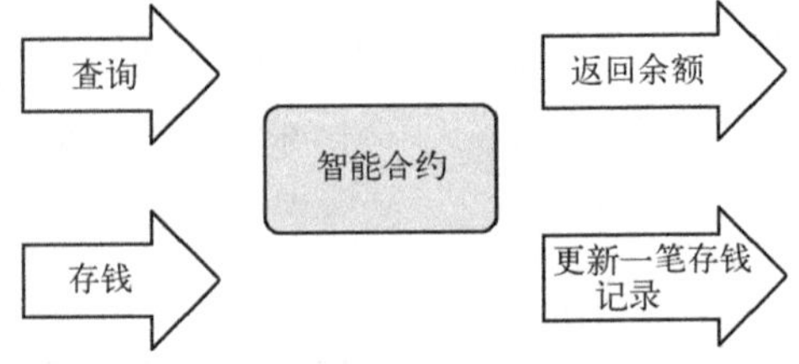

图 1-25　合约层通过智能合约实现功能

4．应用层

应用层泛指基于区块链技术并结合具体业务场景开发的应用，包括加密数字货币钱包、交易所、去中心化应用等。常见的区块链应用有加密数字货币钱包比特派（如图 1-26 所示）、类似于微信的去中心化聊天工具 BeeChat（如图 1-27 所示）以及基于以太坊的去中心化应用加密猫（如图 1-28 所示）等。

图 1-26 加密数字货币钱包比特派

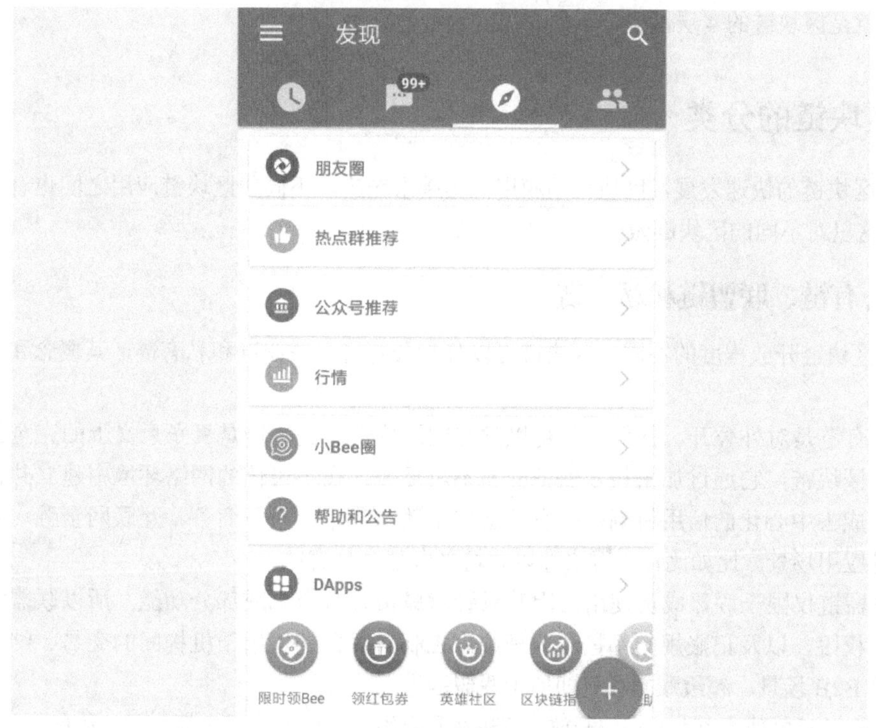

图 1-27 聊天工具 Beechat

图 1-28　基于以太坊的去中心化应用加密猫

以上就是区块链的 4 层模型，下面介绍区块链的分类。

1.3　区块链的分类

随着区块链的快速发展，区块链的应用范围越来越广，不同的区块链应用之间也有了比较大的差异，这里对不同的区块链做一下简单的分类。

1.3.1　公有链、联盟链和私有链

根据区块链开放程度的不同，区块链可以分为公有链、联盟链和私有链，其概念和应用场景如下。

- 公有链是对外公开、任何人都可以参与的区块链。公有链是真正意义上的完全去中心化的区块链，它通过加密技术保证交易不可篡改，在不可信的网络环境中建立共识，从而形成去中心化的信用机制。公有链适用于数字货币、电子商务、互联网金融、知识产权等应用场景。比如比特币网络和以太坊平台都是公有链。
- 联盟链仅限于联盟成员使用，因其只针对成员开放全部或部分功能，所以联盟链上的读写权限，以及记账规则都按联盟规则来控制。联盟链适用于机构间的交易、结算、清算等 B2B 场景。超级账本项目即属于联盟链。
- 私有链对单独的个人或实体开放，仅供在私有组织，比如公司内部使用。私有链上的读写权限，参与记账的权限都由私有组织来决定。私有链适用于企业、组织内部。

这 3 个类型的区块链对比如图 1-29 所示。

	公有链	联盟链	私有链
参与者	自由进出	联盟成员	链的所有者
共识机制	PoW/PoS/Dpos	分布式一致性算法	solo/ pbft 等
记账人	所有参与者	联盟成员协商确定	链的所有者
激励机制	需要	可选	无
中心化程度	去中心化	弱中心化	强中心化
特点	信用自创建	效率和成本得到优化	安全性高、效率高
承载能力	<100 笔/秒	<10 万笔/秒	视配置决定
典型场景	虚拟货币	供应链金融、银行、物流、电商	大型组织、机构
代表项目	比特币、以太坊	R3、Hyperledger	

图 1-29　不同区块链对比

不同类型区块链在多方面差异明显，开发者可以根据实际需要选择适合的区块链类型。

除了上面三种常规的区块链分类之外还有一个区块链的类型需要了解一下：跨链。

1.3.2　跨链

跨链（Inter-Blockchain），顾名思义，就是通过一个技术或协议，能让信息或资产跨过链和链之间的隔离，安全可信地进行传递、转移和交换。

在现实环境中，每一个区块链系统就是一个独立的账本，比如比特币有比特币的一条区块链，以太坊有以太坊的一条区块链。两者是相互独立的，比特币和以太币没有办法在两个账本间直接转移，这就使得每个区块链就像一个个孤岛，极大地限制了区块链的发展。

跨链技术应运而生，它使得区块链之间可以互联，就像互联网一样，跨链技术可以让各个区块链之间“互联网化”，从而使区块链产生更大的应运空间和价值。

目前跨链主要分为以下三种形式：

1．中心化或者多方签名的公证人形式

这种形式就是在两个独立不能直接进行互操作的区块链之间引入了一个共同信任的第二方公证人，区块链之间在获得公证人的签名和确认后才能实现资产的转移。多数情况下，这个公证人是交易所。这种形式的优点是支持任意两种不同的区块链，缺点是引入交易所后有中心化风险。

2．侧链或者中继形式

在一开始，侧链就是除了比特币区块链以外的，任何能遵循侧链协议并和比特币互通的其他区块链。现在侧链只是一个相对的概念，指与主区块链相对的那条链，不能简单地说一条链是侧链，只能说一条链是某链的侧链。若两条链之间可以连接互通，比如 A 链和 B 链可以连接互通，那么 A 链可以称为 B 链的侧链，B 链也可以称为 A 链的侧链，此时两条链之间也可以称为跨链。侧链实现是通过双向锚定技术。将资产暂时在主链中锁定，同时将等价的数字资产在侧链中释放。实现双向锚定的最大难点在于协议改造需兼容现有主链，也就是不能对现有主链的工作造成影响。

中继形式是公证人机制和侧链机制的融合和扩展，中继形式是通过在两个链中加入一个数据结构，使得两个链可以通过该数据结构进行数据交互。比侧链，使用更加灵活，中继是链与链之间的通道，如果通道本身是区块链，那就是中继链。

目前最活跃的两个跨链项目 Cosmos 和 Polkadot 采用的都是基于中继链的多链多层架构，可见中继形式是当前跨链的主要形式。

3．哈希时间锁等密码学形式

这种形式是先预设好一个触发条件，比如哈希锁和一系列交易，当哈希时间锁的条件被触发后对应的一系列交易可以被执行。典型实现是出现在比特币闪电网络中的哈希时间锁定合约 HTLC（Hashed TimeLock Contract）。哈希时间锁定合约巧妙地采用了哈希锁和时间锁，迫使资产的接收方在一定时间内确定收款并产生一种收款证明给打款人，否则资产会归还给打款人。收款证明能够被付款人用来获取接收人区块链上的等量价值的数量资产或触发其他事件。哈希锁只能做到交换而不能做到资产或者信息的转移，因此其使用场景有限。

以上就是当前跨链的三种主要形式，随着跨链的发展，各个区块链之间的关联会越来越紧密，这些关联的区块链会成为底层设施，为以后的价值互联打下基础。

1.4 区块链的特点

区块链的主要特点包括去中心化、去信任、集体维护、匿名性、可靠的数据库，如图 1-30 所示。

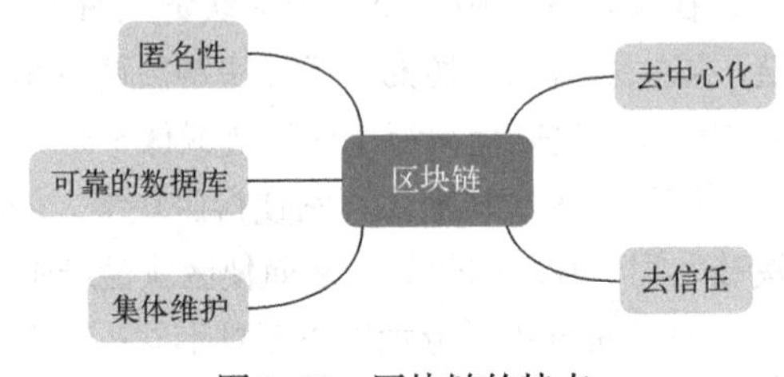

图 1-30 区块链的特点

区块链的这几个特点与区块链的架构密不可分，具体说明如下。

- 特点 1：去中心化。区块链技术基于 P2P 去中心化网络，区块链网络上的节点都是平等的，没有中心服务器，故区块链是去中心化的。
- 特点 2：去信任。区块链中的数据都是公开透明的，交易数据通过加密技术进行验证和记录，无须第三方信任机构的参与，故有去信任的特点。
- 特点 3：集体维护。区块链由全网节点共同参与维护，某一节点上数据的更新需要其他节点进行计算和验证，不会受少数节点控制。
- 特点 4：可靠的数据库。区块链中的每一个节点上的数据都是全网数据，单个节点的退出或瘫痪不会影响整个系统。
- 特点 5：匿名性。在区块链上用一串唯一的数字代表一个身份，使用数字签名进行身份认证，具有匿名的特点，可以保护个人的隐私。

1.5　区块链的发展历程

按照区块链技术典型应用的不同，其发展主要分为 3 个阶段，依次是以加密数字货币为代表的区块链 1.0 阶段、加密数字货币和智能合约相结合的区块链 2.0 阶段，以及面向企业和组织的区块链 3.0 阶段。

1．区块链 1.0

区块链 1.0 阶段是区块链技术的开创阶段，以比特币（Bitcoin）的出现为标志。在比特币的迅猛发展之下，区块链作为其底层技术慢慢受到了人们的关注。比特币出现的标志性事件是一个署名中本聪的人在网络上发表了一篇论文，标题为《比特币：一种点对点的电子现金系统》（Bitcoin: A Peer-to-Peer Electronic Cash System）。论文中详细描述了如何使用去中心化网络来创造一种“不需依赖信任的电子交易系统”。它基于密码学原理而不是基于信用，使得在线支付能够直接由一方发起并支付给另外一方，中间不需要通过任何的金融机构。在论文发表后中本聪又实现了一个比特币系统，比特币经过多年的发展在全球形成了巨大的影响力。区块链 1.0 的具体发展过程如图 1-31 所示。

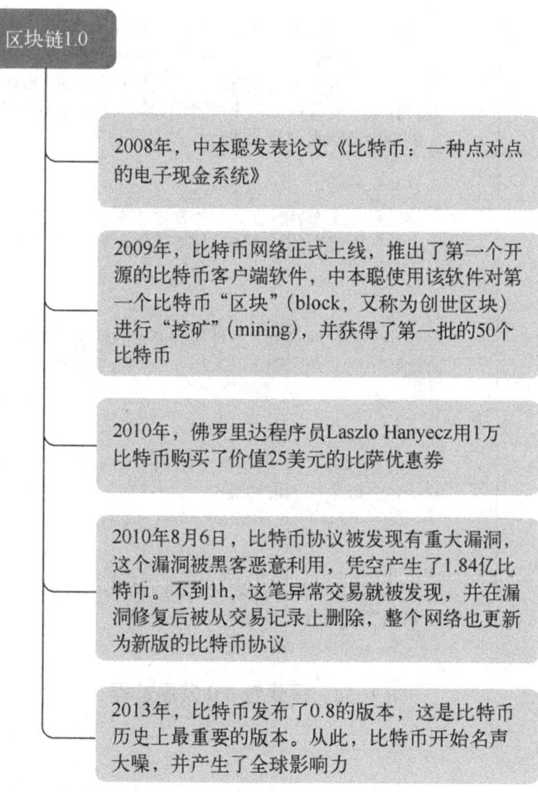

图 1-31　区块链 1.0 发展过程

2．区块链 2.0

在区块链 1.0 之后，区块链技术的应用范围不再局限于加密数字货币，而是可以在区块链上基于智能合约开发去中心化应用（Decentralized Applications，DApp），此阶段称之为区块链 2.0 阶段。其标志就是以太坊的出现。

以太坊是一个开源的、支持智能合约的去中心化应用开发平台。用户可以在这个平台上开发实现各种类型的去中心化应用。它将区块链应用于加密货币以外的领域。以太坊提供了一个带有内置的、成熟的、图灵完备语言的区块链，用这种语言可以创建合约来编码任意状态转换功能，用户只要简单地用几行代码来实现逻辑，就能够创建各种应用。这种合约称之为智能合约。

以太坊是 2013 年由程序员维塔利克·布特林提出的，他在同年发表了白皮书《以太坊：下一代智能合约和去中心化应用平台》，并在 2015 年发布了第 1 个版本，其具体发展过程如图 1-32 所示。

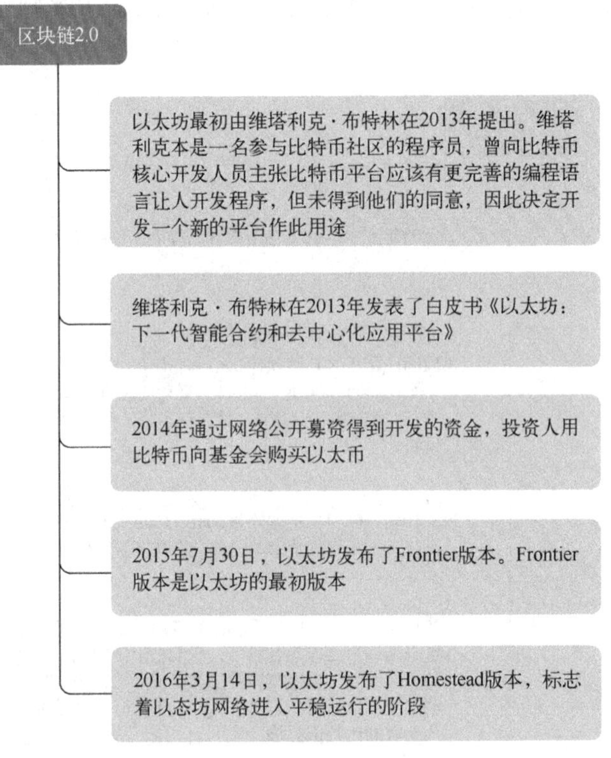

图 1-32　区块链 2.0 发展过程

3．区块链 3.0

在区块链 2.0 阶段，智能合约的使用使得区块链技术的功能更强大，但其应用范围还比较有限，缺乏具有实用价值的落地项目。随着区块链技术的发展，区块链技术的应用领域不断增加，许多组织和企业也参与到区块链技术的开发和使用中来。这些组织和企业利用区块链技术着手解决多个行业的实际问题，满足复杂的商业应用，这就进入了区块链 3.0 阶段。在这一阶段，区块链技术涉及的行业包括虚拟化资产、智能化物联网、供应链管理、去中心化操作系统、底层公链等，如图 1-33 所示。

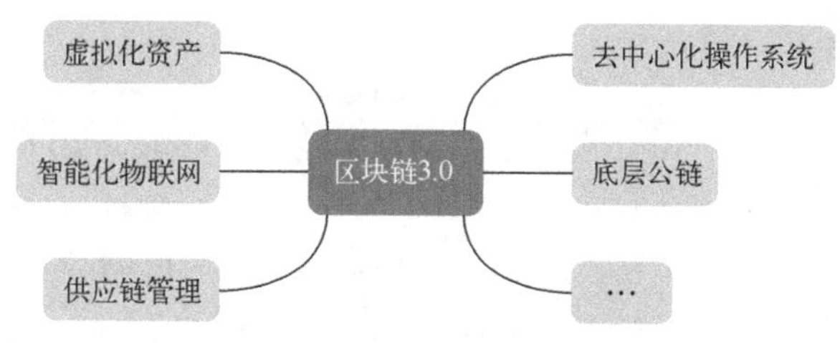

图 1-33　区块链 3.0 涉及的行业

1.6　区块链的典型应用

区块链当前的应用已经数以万计，这里选取几个比较有代表性的进行介绍。

1.6.1　加密数字货币的代表——比特币

比特币（Bitcoin，BTC）是区块链技术的第 1 个典型应用，由中本聪提出并实现。

比特币网络，是对传统交易和支付方式的一个伟大革新。《比特币：一种点对点式的电子现金系统》中指出，比特币的目的是改变传统支付系统“基于信用的模式”，减少交易费用，降低商业行为的损失。

比特币网络中的加密数字货币是比特币（bitcoin，注意第一个字母小写），在比特币网络进行挖矿可以获取比特币这种加密数字货币。这种加密数字货币可以通过比特币网络或其他交易网站进行交易，可以用来购买电子商品或与其他的加密数字货币兑换，也可以将比特币捐赠给其他人，如图 1-34 所示。

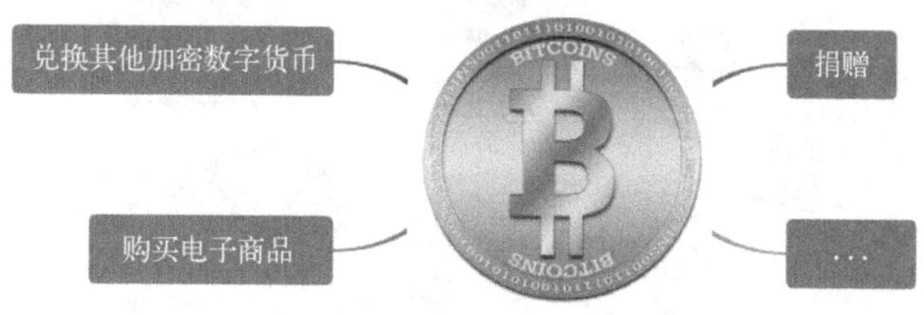

图 1-34　比特币

比特币的详细信息可访问比特币的官方网站 https://www.bitcoin.com/进行查阅，如图 1-35 所示。

图 1-35　比特币官方网站

1.6.2　智能合约鼻祖——以太坊

以太坊（Ethereum）是一个开源的、有智能合约功能的区块链公共平台。它是程序员维塔利克·布特林受比特币启发后提出并组织开发的一个开发平台，用于开发各种基于智能合约的去中心化应用（DApp）。以太坊的目的是要将区块链技术应用于加密数字货币以外的领域，比如社交、众筹、游戏等，如图 1-36 所示。

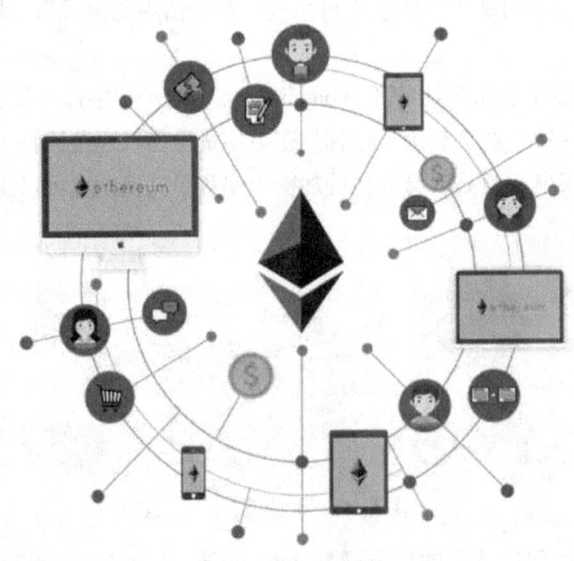

图 1-36　以太坊的应用领域

随着以太坊的不断发展，已经出现了各种各样的去中心化应用，如电子猫、RPG 游戏、微博客、身份管理、众筹等，以太坊的应用领域如图 1-37 所示。

图 1-37　以太坊的应用

关于以太坊的详细资料可访问以太坊官网 https://www.ethereum.org/，以太坊官网首页如图 1-38 所示。

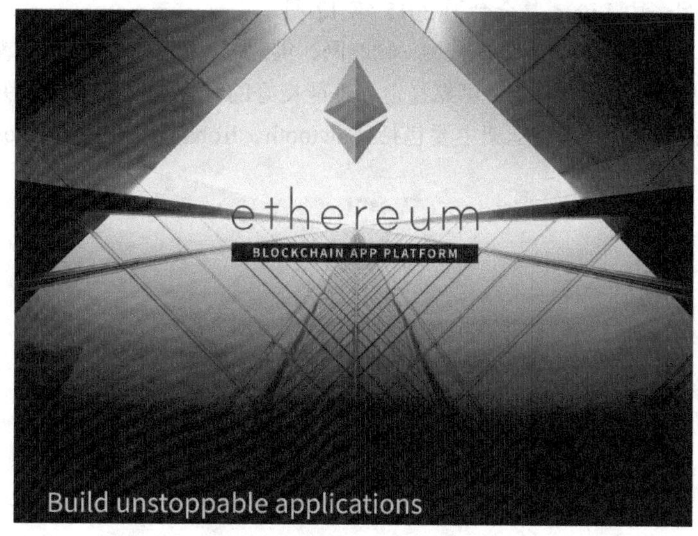

图 1-38　以太坊官网首页

1.6.3　迪士尼区块链平台——龙链

龙链（Dragonchain），是迪士尼（Disney）进行“孵化”的一个区块链项目，它是首个比较著名的娱乐行业的区块链项目。龙链的官网地址为 https://dragonchain.com/，关于龙链的详细信息可访问此网站进行查阅，龙链的官网首页地址如图 1-39 所示。

图 1-39　龙链网站首页

在龙链的白皮书中指出，它的目的是打造一站式的区块链商业服务平台。它有3个重要组成部分：开源平台、孵化器和产品及服务市场，如图1-40所示。

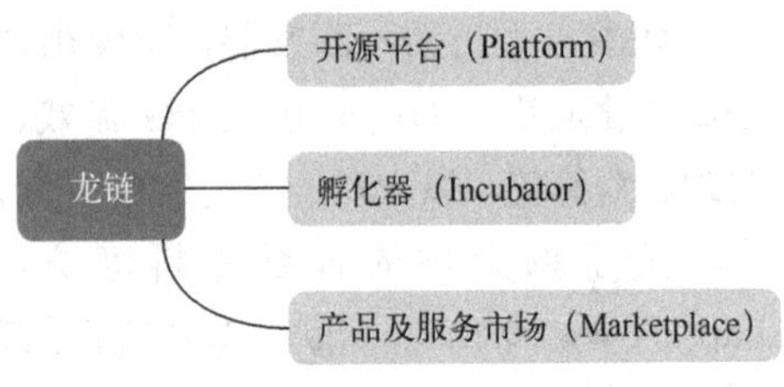

图1-40　龙链的重要功能

1.6.4　Linux基金会的开源账本——Hyperledger

超级账本（Hyperledger）是一个旨在推动区块链跨行业应用的开源项目，由Linux基金会于2015年12月主导发起该项目，参与项目的成员包括金融、物联网、供应链、制造业等众多领域的领军企业。

超级账本的目的是通过提供一个可靠稳定、性能良好的区块链框架促进区块链及分布式记账系统的跨行业发展与协作，这个框架主要包括Sawtooth、Iroha、Fabric、Burrow 4个项目，如图1-41所示。

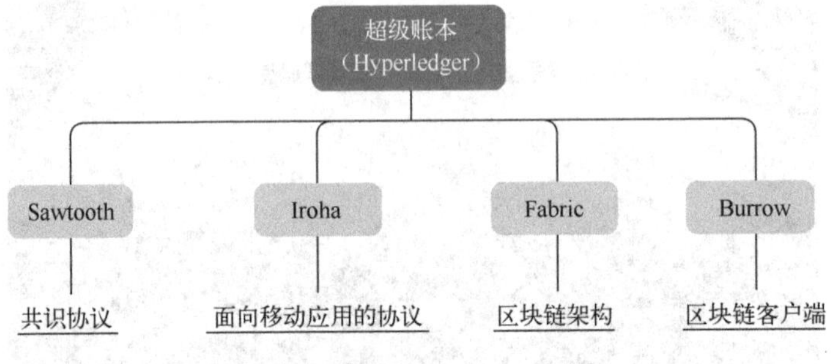

图1-41　超级账本的框架构成

Hyperledger的官网地址是https://www.hyperledger.org/，其首页如图1-42所示。

图1-42　超级账本官网首页

1.6.5　区块链操作系统——EOS

EOS（Enterprise Operation System）是为商用分布式应用设计的一款区块链操作系统，其官网首页如图1-43所示。

图 1-43　EOS 官网首页

EOS 是区块链领域的奇才 BM（Daniel Larimer）主导开发的类似操作系统的区块链架构平台，旨在实现分布式应用的性能扩展。EOS 提供账户、身份验证、数据库、异步通信以及在数以百计的 CPU 或集群上的程序调度。该技术的最终形式是一个区块链体系架构，该架构每秒可以支持数百万个交易，而普通用户无须支付任何使用费用。EOS 的详细资料可以访问它的官网 https://eos.io/进行查阅。

1.6.6　中国央行数字货币 DC/EP

随着比特币等数字货币的兴起，货币的数字化从理论走向现实，其必要性、可行性和安全性正在接受市场检验，同时也显示出广阔应用前景。一些国家的中央银行也正在积极研究探索法定数字货币的制度设计和关键技术，我国从 2014 年开始成立专门小组研究央行数字货币，并推出了中国央行数字货币 DC/EP，如图 1-44 所示。

图 1-44　DC/EP

1. DC/EP 介绍及其特点

中国央行数字货币 DC/EP（DC/EP：Digital Currency Electronic Payment），具有法定货币与电子支付的双重职能，官方的定义是“具有价值特征的数字支付工具”，它与纸币具有同样价值和相应的权利，商家不可以拒收。（下面出现的央行数字货币均指“中国央行数字货币”）

央行数字货币具有以下特点：

第一、发行成本更低。纸钞和硬币的发行、印制、回笼、储藏、防伪等各个环节成本非常高，央行数字货币可以极大地减少这些成本。

第二、交易更便捷。只要两个装有央行数字货币钱包的手机碰一碰，就能实现转账或支付功能。甚至在网络信号不佳的情况下，当网银和支付宝等支付平台的支付功能处于瘫痪状态时，央行数字货币的双离线技术也可保证正常使用。

第三、监管难度更小。现有的纸钞和硬币容易匿名伪造，存在用于洗钱等风险，管理难度大。而如果用央行数字货币，能够有效解决这些问题。

第四、央行数字货币不需要绑定任何银行账户，摆脱了传统银行账户体系的控制，还可以满足公众一些正常的匿名支付需求。最终，有利于重塑贸易清结算体系和推动人民币国际化。

央行数字货币是纸币这类实物货币的进化，是建立在互联网和数字加密技术基础之上的信用货币，可以促进贸易和经济发展。

2．央行数字货币与比特币的区别

那么，有人可能会想到，这个央行数字货币和比特币，以及比特币的底层技术——区块链技术有什么联系和区别。

央行数字货币的实现借鉴了区块链技术，但并不是基于区块链技术实现的。2019 年 8 月 10 日，时任央行支付司副司长在第三届中国金融四十人伊春论坛明确表示了央行数字货币在央行这一层并没有使用区块链技术。

央行数字货币与比特币之间的区别具体如下。

第一、比特币等数字货币是真正去中心化的，无任何信用做担保，价格由市场驱动，波动大。它更像是一种债券类的资产而非货币。而央行数字货币采用 100%缴纳准备金，由央行信用担保，属于国家主权货币，价格会很稳定。

第二、区块链技术的去信任和去中心化等特点是以牺牲性能为代价的，交易处理很慢，比特币每秒大约只能处理 7～8 笔交易，而央行数字货币采用中心化管理机制，有很高的交易性能，甚至可以在无网络情况下进行交易。

可见，央行数字货币和比特币完全是两个不同的东西，千万不要以为央行数字货币是另一种比特币。

3．央行数字货币与支付宝、微信支付等的区别

理解央行数字货币，除了要与比特币等做严格区分之外，还需要了解它也不同于如今手机上普遍使用的支付宝、微信支付等第三方支付平台。这两者之间有以下区别：

第一、央行数字货币支付具有强制性，而第三方支付平台没有。比如，淘宝，不支持微信支付，京东不支持支付宝支付，这是商业公司之间的竞争和支付壁垒。但央行数字货币不会存在这样的问题了，他与人民币一样具备支付的强制性，不管是淘宝，京东还是其他的商家都必须接受，就是任何商家不能拒收央行数字货币，因为它是法定货币，拒收就是违法。

第二、央行数字货币使用更简单。央行数字货币在支付的时候不需要绑定任何银行账户，不像支付宝和微信支付需要绑定银行卡。

第三、央行数字货币的支付具有可控匿名性。在使用支付宝和微信支付等时交易信息会被第三方平台获取和追踪，没有完全隐私性。而央行数字货币利用加密学技术将交易信息匿名，除了拥有私钥的管理员（央行），其他人或机构都无法获取交易信息。

第四、央行数字货币具有更高的安全性。支付宝和微信是基于企业的支付方式（支付宝基于阿里巴巴，微信基于腾讯），而央行数字货币是基于国家的，显而易见，央行数字货币的安全性比基于企业的第三方支付平台更高。

第五、央行数字货币具有支付完备性。央行数字货币的双离线支付可以让交易双方在无网络情况下也正常使用，就像用纸币一样，这是第三方支付平台当前无法做到的。

总之，央行数字货币比支付宝和微信支付等第三方支付平台有更多的优势。

4. 央行数字货币的运营框架

最后来简单了解一下央行数字货币的运营框架。目前已公开的技术是，央行数字货币会根据现有货币的运营框架进行适当调整，形成“一币、两库、三中心”的结构。

一币，就是由央行担保并签名发行的代表具体金额的数字货币。央行拥有私钥，基于私钥签名发行央行数字货币，央行数字货币钱包内置公钥，可用来验证数字货币是否是央行发行。

两库，就是中央银行发行库和商业银行的银行库。央行用私钥生成一定数量的数字货币先是存放在中央银行发行库，商业银行可以从中央银行发行库中提取部分数字货币到商业银行的银行库。然后，商业银行的银行库就可以将该银行库的数字货币流通到用户手中。

三中心，就是认证中心、登记中心和大数据分析中心。

认证中心主要负责签发数字货币相关的数字证书，提供签发数字货币相关的数字证书接口，为数字货币交易各方提供安全支付通道。

登记中心主要负责管理数字货币的整个生命周期，包括印制、转移、销毁、回笼等过程。主要由央行和银行共同来承担。

大数据分析中心主要运用大数据、云计算等技术分析用户交易行为，保障数字货币交易安全、规避违法行为等。

在“一币、两库、三中心”框架下，具体包括安全可信基础设施、发行系统与存储系统、登记中心、支付交易通信模块、终端应用模块五个部分，其结构如图 1-45 所示。

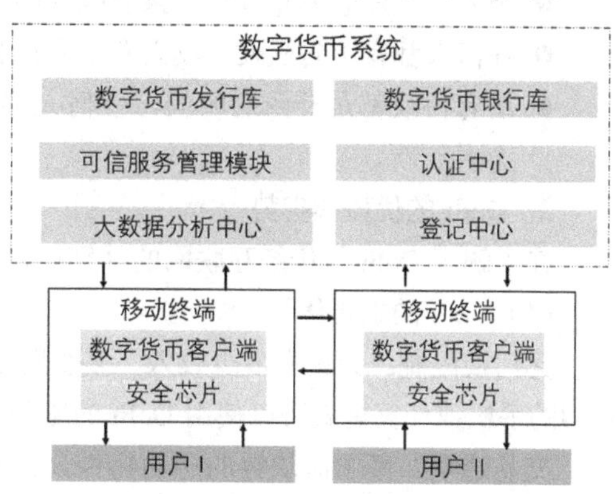

图 1-45　数字货币系统结构

以上，就是央行数字货币的简单介绍。目前，国家已经在深圳、苏州、雄安、成都等地推出“数字人民币钱包”，作为央行数字货币的试点，相信在不久的将来，央行数字货币就会进入大众的视野和生活中，并对经济和社会各个方面带来深刻影响。

1.6.7 去中心化金融（DeFi）的崛起

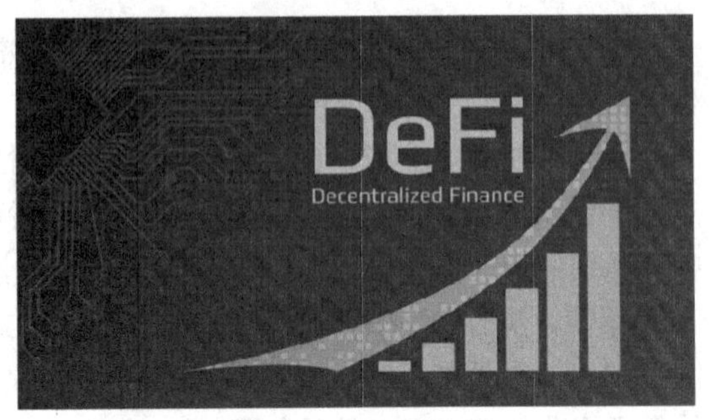

图 1-46 DeFi 的发展

从 2019 年年初起，DeFi 成为区块链领域里的热门话题，如图 1-46 所示。

DeFi 来源于英文 decentralized finance，直译是“去中心化金融”。顾名思义，DeFi 是要实现金融交易的去中心化，让世界上任何一个人都可以直接参与全球范围内的金融活动。具体来说，DeFi 是基于数字货币和区块链技术实现的各种金融类去中心化应用程序（DApp），当前 DeFi 主要基于以太坊的智能合约来实现。

1．与传统金融的区别

传统金融是中心化的，金融服务主要有中央数据库构成，由中央系统（银行）控制和调节。无论是最基本的存取转账、还是贷款或衍生品交易都需要银行。DeFi 则希望通过分布式区块链技术和智能合约建立一套具有透明度、可访问性和包容性的去中心化金融系统，通过这样一个开放的金融系统，让所有人更轻松便捷地参与金融活动。

据统计，全球目前有 17 亿人没有银行账户，占全球总人口的 31%。这 17 亿没有银行账户的人无法正常参与金融活动，但这其中约三分之二的人拥有智能手机，这意味着这三分之二（10 多亿人）可以直接通过 DeFi 参与金融活动。

另外，在传统金融中跨境的转账汇款非常烦琐，而且需要 3～5 个工作日才能完成。而 DeFi 是全球性的，只要能联网就可以，不存在跨境转账汇款等烦琐操作。

总之，相比传统金融，DeFi 平台具有以下特点。

- 个人无须任何中介机构，只要能联网就可参与金融活动。
- 任何人都有访问权限，没人有中央控制。
- 所有协议都是开源透明的，任何人都可以了解和创建新的金融产品，并在互联网下加速金融创新。

2．DeFi 的优势和劣势

在了解了 DeFi 与传统互联网的区别后，再聊聊 DeFi 的优势和劣势。

（1）DeFi 的主要优势

无门槛限制。无论有多少收入、多少财富，也不管是哪个国家以及位于何处，只要有一部能联网的手机或计算机就可以使用 DeFi 的服务。

交易透明。基于区块链的透明特性，DeFi 的每笔交易都被清晰地记录且可被随意查看，不必担心做假账和黑箱操作。

资产的绝对控制权。因为区块链上只有私钥的拥有者才能操作对应的资产，这意味着用户对资产有绝对的控制权，其他任何人或机构都无法操作该资产。

资产的灵活应用。由 DeFi 实现了资产的各种借贷和投资组合，用户可以选择适合自己的方式让自己的资产升值，而不仅仅是银行中的一个储蓄账户。这些借贷和投资组合策略是预先设置好并且公开透明的。

（2）DeFi 的主要劣势

在有以上优势的同时，DeFi 不可避免的也存在一些劣势，主要如下：

安全问题。由于 DeFi 还在快速发展阶段，技术（尤其是智能合约）在开发的过程中会出现缺陷或瑕疵导致资产的安全会出现问题。比如 2016 年的“The DAO”事件，黑客利用智能合约“先转账后清零”的漏洞盗取了价值六千万美元的以太币。但这个问题会随着技术的完善和平台的成熟被不断弱化。

信任问题。DeFi 的开放性导致了缺少第三方的信誉保障，信任是金融交易的基础。当前部分 DeFi 还需要依赖链下的数据以保障交易的信誉，比如金融机构的中心化数据库。

以上就是对 DeFi 优势和劣势的简单总结，接下来介绍当前热门的 DeFi 应用。

3．当前热门的 DeFi 应用

当前，DeFi 主要应用在借贷、现货交易、衍生品交易、稳定币、资产管理、市场预测以及合成资产等这几个场景，下面逐一介绍下各个场景的应用实例。

（1）借贷

DeFi 允许用户进行资产的借贷。出借人和贷款人通过智能合约进行借贷交易，出借人到期收取本金及利息，贷款人提供一定数量的数字资产抵押。有点类似于民间借贷，只是双方的资产都是数字资产。著名的 DeFi 借贷平台有 Compound、Maker、Aave 等，如图 1-47 所示。

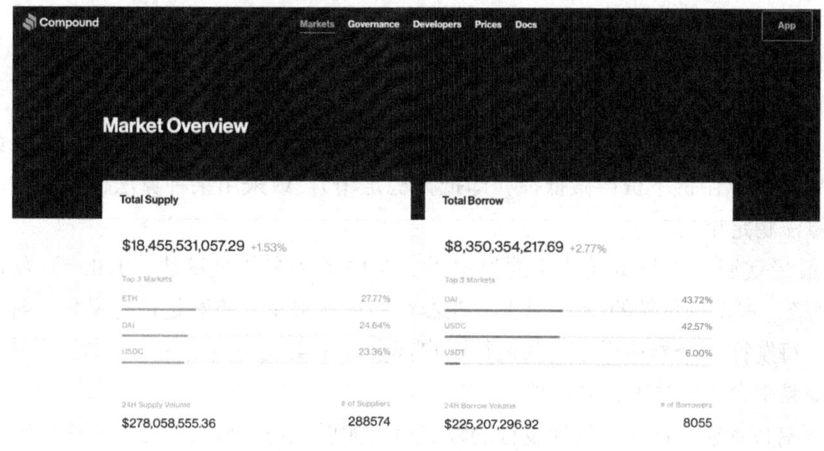

图 1-47　Compound 官网

Compound 是 DeFi 的明星项目之一，定位于去中心化的借贷协议，有被称为“去中心化的算法银行”。其本质是一堆智能合约，它完全开源免费，基于 Compound 协议可以开发一系列新的金融应用程序。

Maker，又称多担保 Dai（MCD）系统，可以让用户使用经过“Maker 治理”批准的资产作为担保物来生成 Dai（Dai 是一种挂钩美元的资产担保型加密货币）。Maker 治理是由社区组织并运营的一套管理 Maker 协议各方面的流程。

Aave 是基于以太坊上的一种去中心化协议，通过 Aave 可以存款并赚取利息也可以借贷。

Aave 团队致力于为分散式金融建立透明开放的基础架构而努力。

（2）去中心化交易所

去中心化交易所（DEX，Decentralized Exchange）在 2018 年开始出现，于 2020 年爆发了。与中心化交易所（CEX，Centralized Exchange）不同，去中心化交易所在区块链上通过智能合约完成，开放给所有用户，由社群驱动。

去中心化交易所主要分两种类型，一是订单式点对点交易系统，允许两个交易者直接进行加密货币的交易。这类交易在中心化交易所中非常常见，去中心化交易所没有明显的优势。二是自动做市商系统（AMM，Automated Market Maker）。这是当前去中心化交易所的热点和优势体现。

做市商（MM）是指负责为交易所提供流动性，进行价格操作的实体。它的目的是为了盈利，通过自己的账户的资产买卖行为其他交易者创造了流动性，降低了大宗交易的滑点，同时也获取被动收入。自动做市商系统（AMM）就是通过智能合约自动进行做市商行为。

当前著名的去中心化交易所有 Uniswap、1inch、Sushiswap、Curve、Kyber、0x 等。这里简单介绍下 Uniswap。

2018 年 11 月，Uniswap 正式上线，其定位是一个基于以太坊的去中心化交易所。它是一个运行在以太坊区块链上的流动性协议，它最大的特点是基于兑换池，而不是订单。在这里没有限价的买单卖单，用户与兑换池按照实时的市价进行交易，所谓的兑换池就是一个资金池，用户把一定量的代币充入资金池，就可以兑换出同等价格的另一种代币。Uniswap 是当前最热门的自动做市商系统。

（3）稳定币

稳定币，是币值具有稳定性的加密货币，这是它与其他加密货币最显著的特征。稳定币一般与法币挂钩，比如美元或欧元，有的则与黄金等商品挂钩，并与其保持相同的价值。为了保持价格稳定，稳定币可以由链下资产做抵押（即抵押稳定币），或采用某种算法在某个时间点调节供需关系（即算法稳定币）。

当前，最受欢迎的是与美元挂钩的稳定币。其中最著名的是泰达（Tether）发行的泰达币（USDT），据统计占市场份额的 80%以上。在泰达的白皮书里，将泰达币定义为一种与法币挂钩的数字货币，每发行 1 个泰达币币，其银行账户都会有 1 美元的资金保障。泰达币从此便开始作为数字货币交易平台里代替美元的币种。

其次，还有以加密资产作为抵押发行的稳定币，如以太坊上最大的去中心化稳定币 DAI，由 MakerDAO 开发并管理，是 DeFi 的基础设施。Dai 在抵押贷款、保证金交易、国际转账、供应链金融等方面都已经有落地应用。

此外，各国的央行数字货币，比如我国即将推出的央行数字货币 DE/EP，也属于稳定币的范畴。

随着市场的快速发展，稳定币或将产生其他类型，使得 DeFi 生态更加可靠，有更大的发展空间。

（4）市场预测

市场预测是对选举、游戏等事件结果进行下注的平台。它是可以改善治理和决策的创新工具。相比于中心化市场预测，去中心化市场预测更加灵活、更开放、交易费用也更低。任何人都可以根据任何结果进行交易和创造市场，其他任何感兴趣的人都可以参与进来。

比如 2020 年美国总统大选就进行了一次基于区块链的市场预测，以太坊联合创始人维塔利克·布特林也参与其中，并表示这是一种迷人的应用，他相信预测市场将成为越来越重要的以太坊应用。

著名的去中心化预测市场：Augur、Gnosis、Polymarket。Augur 是一个去中心化的预测市场平台，基于以太坊区块链技术。用户可以用数字货币进行预测和下注，依靠群众的智慧来预判事件的发展结果。

以上就是当前 DeFi 的热门应用，最后来展望一下 DeFi 的未来。

4．DeFi 的未来

自从 2019 年开始，DeFi 已成为区块链发展关键领域之一。随着近两年 DeFi 的崛起，其发展已经迎来了一波爆发。但相比于传统金融，其受众和规模还是很小。很多用户对 DeFi 产品和服务的第一次印象就是难用，界面不友好，上手门槛高，区块链网络拥堵，但相信这些问题都会在不久的将来得到优化和解决。DeFi 的未来会更加多元化、更加合规化、更加规模化，让我们拭目以待。

1.6.8　全球通用支付平台——Libra

2019 年 6 月 18 日，Facebook 发布 Libra 白皮书，愿景是作为一款全球性的数字原生货币，集稳定性、低通胀、全球普遍接受和可互换性于一体，推行金融普惠，主打支付和跨境汇款，如图 1-48 所示。

图 1-48　Libra

在白皮书中，Facebook 指出它希望打造一套简单的全球通用支付系统和金融基础设施，为数十亿人服务。它建立在安全、可扩展和可靠的区块链基础上，其中 Libra 数字货币是由美元、欧元、日元等法币和其他有实际价值的储备金支持，并且由独立的 Libra 协会负责开发。Libra 本身是开源并且面向全球受众，所有人都可以自由地参与开发和使用并依靠它来满足自己的金融需求。第 8 章会详细介绍 Libra 开发及使用。

1.6.9 区块链即服务平台——BaaS

微软、IBM 两个巨头于 2015 年提出来 BaaS 的概念。BaaS（Blockchain as a Service），直译过来是“区块链即服务”，是区块链和云技术紧密结合而成的一种新型云服务，如图 1-49 所示。

图 1-49　BaaS

当前很多互联网巨头都积极投身到区块链的热潮中，IBM、微软、亚马逊、甲骨文都相继推出了自己的 BaaS 服务。基于 BaaS 服务，企业不需要深入了解加密学、去中心化网络等区块链相关的深奥理论知识，只需要基于业务需求调用 BaaS 服务中的开放接口即可快速实现一个企业级区块链应用，关于 BaaS 会在第 9 章详细介绍。

1.7 区块链应用的开发技术

区块链技术不同于传统编程，是一门涉及加密学、分布式网络等知识的复杂技术，区块链开发方式大致可以分为三类，分别是自行研发、基于公链开发、基于框架开发等。

1.7.1 常用的区块链应用开发技术

在开发区块链的过程中，会用到多种开发技术和编程语言。用到的开发技术通常包括密码学原理、分布式编程、智能合约编程等；用到的编程语言通常包括 Go、Rust、Java、Python、JavaScript 等，如果是基于以太坊开发，还会涉及使用以太坊的智能合约语言 Solidity。不同的区块链项目使用的技术也是各有不同，所以不需要学会所有的技术和编程语言，针对具体的项目掌握相应的需求即可。上述这些技术和编程语言本书都有所涉及。

需要说明的是，这些用于区块链开发的技术和编程语言用途非常广泛，在其他领域，诸如前端开发、App 开发等都有着广泛的应用。通过学习本书，即可以较为系统地了解区块链这个事物，掌握区块链开发的基本技术，又可以对这些常用的开发技术和编程语言有一个全面的了解，为进行多样化的软件开发奠定技术基础。

1.7.2 常用的区块链应用开发方式

1. 自行研发

基于自行研发的方式即是从零开始造轮子，这种方式有利于学习区块链的基础知识，通过实践可以深入理解区块链的理论内容。但是，若要通过这种方式实现一个完整且成熟的区块链系统则需要花费巨大的时间和精力。

本书中将在第 4 章介绍如何利用 Python 这一工具从零开始实现一个简化的区块链系统，包括构建一个区块链原型、应用共识算法、构建账户和钱包以及 P2P 网络等模块。

2. 基于公链研发

基于公链开发的方式是这三种方式中最简单的区块链开发方式。开发者只需要了解和掌握该公链使用的区块链技术，学会该区块链的智能合约语法就可以开发出需要的区块链功能。比如，全球最大的公链以太坊上就有数以万计的区块链项目，近年来热门的 DeFi 和 NFT 就是基于以太坊开发的。这种方式的弊端是必须依赖于该公链的性能和发展。

本书中第 6、7、9、10 章的内容都是介绍基于公链开发区块链应用的，其中包括以太坊和 Libra 区块链这两条公链。

3. 基于框架研发

基于框架开发区块链应用的方式介于上述两种方式之间，框架本身提供了区块链系统的基本结构和功能模块，不必从零开始开发，节约了时间和人力成本，框架的可定制开发方式又使得开发出来的区块链项目被现有的区块链性能所限制。当前，成熟的主流区块链框架包括超级账本、Cosmos SDK、Parity Substrate 等。

其中超级账本是最有名的一个框架，由模块化架构支撑，并具备极佳的保密性、可伸缩性、灵活性和可扩展性。它被设计成支持不同的模块组件直接拔插启用，并能适应经济生态系统中错综复杂的各种场景。Cosmos-SDK 用于构建多资产股权证明（PoS）的区块链，比如 Cosmos Hub，以及权益证明（PoA）的区块链。Cosmos SDK 的目标是允许开发者从头开始轻松创建原生，就能同其他区块链相互操作的自定义区块链。Parity Substrate 是波卡区块链发展过程中独立出来的项目，波卡区块链本身也是基于 Substrate 进行开发的，它是一个可以创建数字货币和其他去中心化系统的框架，通过 Substrate 开发的区块链项目可以直接接入波卡的生态中。

本书中第 7 章将详细介绍超级账本，讲解它的特点和开发过程。

1.8　区块链技术的现状及展望

1.8.1　区块链技术的现状

近几年，区块链技术正处于爆发式增长过程中。除了在金融行业得到日趋广泛的应用，区块链在供应链、版权交易、医疗、保险、众筹等行业也有了不少的应用，如图 1-50 所示。

但区块链的发展还处在初级阶段，现在有不少的泡沫成分在里面。为此，一些国际组织正在积极探索区块链技术的标准化工作。2016 年 9 月，ISO 成立了专注于区块链领域的标准技术委员会 ISO/TC307。而各个区块链联盟也纷纷加入推进区块链技术标准化的进程。

另外，为了区块链的健康发展，不少国家也在颁布各种政策对区块链行业进行有效的监管，并逐步形成相关的法律体系。2017 年 9 月 4 日，中国人民银行、中央网信办、工业和信息化部、工商总局等机构联合发布了《关于防范代币发行融资风险的公告》。2018 年 1 月 23 日，中国互联网金融协会发布《关于防范境外 ICO 与“虚拟货币”交易风险的提示》，警惕投资者尤其要防范境外 ICO 机构由于缺乏规范，存在系统安全、市场操纵和洗钱等风险，同时也指出，为“加密数字货币”交易提供支付等服务的行为均面临政策风险，投资者应主动强化风险意识，保持理性。美国证券交易委员会发布《关于可能违法的数字资产交易平台的声明》，要求虚拟货币交易所需在美国证券交易委员会注册并接受监管。

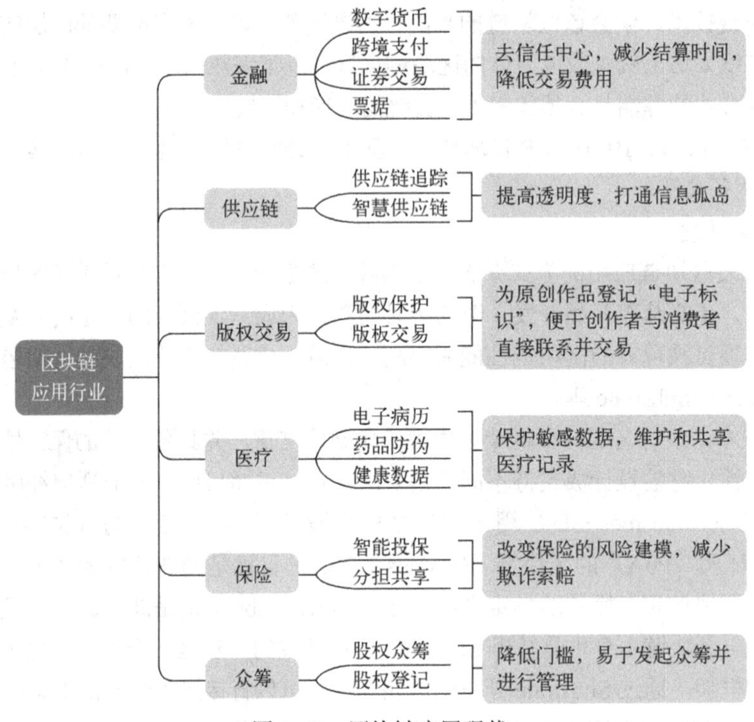

图 1-50　区块链应用现状

再者，区块链作为一个快速发展的新技术，其本身也在实际运用过程中遇到不少技术瓶颈，特别是安全和性能上的问题。据统计，仅在 2017 年，黑客攻击、网络诈骗等安全方面的问题给区块链投资者造成的损失就达 4.9 亿美元；在性能方面，2017 年，一个叫区块链撸猫的游戏突然火遍以太坊，在短短一周时间内暴增的巨大流量就让以太坊网络几乎瘫痪。

总之，当前区块链技术正处于迅猛发展阶段，还有不少问题亟待解决。

1.8.2　未来的区块链

从长远来看，区块链将是下一代价值互联网的基础解决方案，很可能就像互联网的一样对世界产生巨大的影响。

在接下来的几年里，加密数字货币可能成为全球跨国贸易重要的支付手段，并被应用到更多的非金融领域。而且，随着区块链技术基础设施的搭建和完善，更多的区块链行业解决方案将会得到应用，形成一个遍地开花的局面。

除了技术本身的发展，区块链还会和当下的热门技术，如物联网、大数据、人工智能等紧密结合。比如，区块链的分布式、公开透明等特点正好契合物联网的需求，智能合约的功能可以支持物联网的智能化应用。如近来，国际商业机器公司（IBM）将区块链技术应用于贸易和物流行业，用区块链技术来审计和跟踪物品信息，不仅节约了交易成本，也加快了交易速度。区块链公开的数据还可以为大数据和人工智能的发展提供数据支撑，大数据和人工智能对区块链进行数据分析，优化性能，提高安全性，促进区块链的发展。

第 2 章 区块链中的密码学

在这一章中，将介绍区块链技术的理论基础，包括哈希算法和哈希值，以及区块链涉及的密码学知识。通过这一章的内容可以对区块链技术有比较深入的了解，为自己动手开发区块链应用打下理论基础。

本章学习目标

- 熟悉哈希算法和哈希值。
- 熟悉区块链中常用的密码学知识。

2.1 哈希算法和哈希值

区块链中使用了很多加密算法，其中哈希算法是区块链技术的基础算法。如果把区块链想象成一条长长的链条，这个链条由很多个块组成，块与块之间用“钩子”挂接而成。这里的钩子（或者叫作指针），就是由哈希算法生成的一个哈希值。那什么是哈希算法和哈希值呢？

2.1.1 什么是哈希算法和哈希值

在介绍哈希算法之前，先说明一下数据在计算机中的存储方式。在计算机中，数据是以二进制的形式存储的，一切数据都是由一连串的 0 和 1 组成的，如图 2-1 所示。

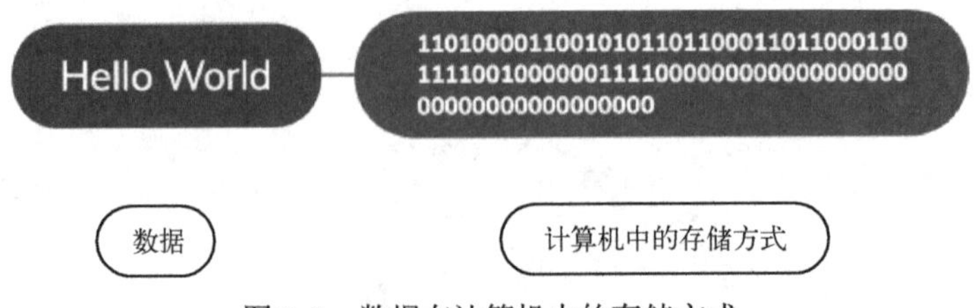

图 2-1 数据在计算机中的存储方式

哈希算法又称散列算法，它是一类数学方法，能将任意长度的二进制字符串转换成较短的二进制字符串，转换生成的这个二进制字符串叫作哈希值。哈希算法的公式如下：

$$h = hash(x)$$

其中 x 表示任意长度的二进制字符串，hash 表示哈希函数，h 表示生成的固定长度的哈希值，过程如图 2-2 所示。

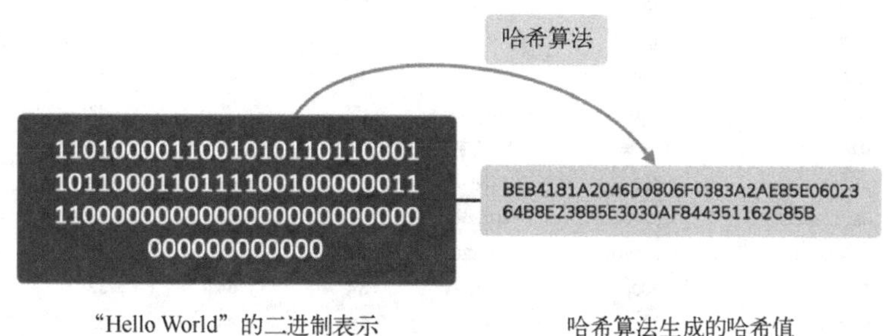

图 2-2　由哈希算法生成哈希值

上面 "BEB418..." 这个字符串就是一个哈希值。而 hash 这个哈希函数不是唯一的，有很多数学函数都可以计算生成不同长度的哈希值。目前常用的哈希函数主要有两个系列，MD 和 SHA 系列。

MD（Message Digest）主要包括 MD4 和 MD5 两种。MD4 是 MIT 的 Ronald L. Rivest 在 1990 年设计的哈希函数，其输出值为 128 位，但已被证明不够安全。MD5 是 Rivest 于 1991 年对 MD4 的改进版本。它的输入值仍以 512 位进行分组，其输出值也是 128 位。但 MD5 比 MD4 更加安全，只是过程更复杂，计算速度要慢一些。

SHA（Secure Hash Algorithm）包括 SHA1 和 SHA2（SHA224、SAH256、SHA384、SHA512）系列，其中 224、256、384、512 都是指其输出值的位长度。目前 SHA1 已经被破解，大多数应用场景下，推荐使用 SHA256 以上的算法。SHA256 是由美国国家安全局研发，美国国家标准与技术研究院（NIST）于 2001 年发布的算法，将任何一串数据通过 SHA256 算法计算都将得到一个 256 位的 Hash 值。

了解了哈希算法的分类后，接下来对哈希算法的特点进行介绍。

2.1.2　哈希算法的特点

典型的哈希算法有以下特性。

- 单向性。如果两个哈希值是不相同的（根据同一函数），那么这两个哈希值的原始输入值也是不相同的。这个特性称之为单向性，具有这种性质的哈希函数称为单向哈希函数。
- 确定性。对于同一个输入，无论用哈希函数计算多少次，都会得到相同的结果。
- 抗碰撞。哈希函数的输入值和输出值不是一一对应的关系，如果两个哈希值相同，两个输入值很可能是相同的，但也可能不同，输入值不同的情况称为"碰撞（collision）"。好的哈希算法很难找到两段内容不同的明文使得它们的哈希值一致（发生碰撞）。
- 抗篡改。对于任意一个输入值，哪怕是很小的改动，其哈希值的改变也会非常大，所以可以用哈希值判断内容是否被篡改。

由于哈希函数的多样性，不同哈希算法的特性也不尽相同。SHA 相对于 MD 来说，防碰撞性更好，而 MD 的运行速度比 SHA 更快。常见的哈希算法差异对比如图 2-3 所示。

算法名称	输出大小（bits）	内部大小（bit）	区块大小（bit）	长度大小（bit）	字符尺寸（bit）	碰撞情形
HAVAL	256/224/192/160/128	256	1024	64	32	是
MD2	128	384	128	No	8	大多数
MD4	128	128	512	64	32	是
MD5	128	128	512	64	32	是
PANAMA	256	8736	256	否	32	是
RadioGatún	任意长	58 个字	3 个字	否	1~64	否
RIPEMD	128	128	512	64	32	是
RIPEMD-128/256	128/256	128/256	512	64	32	否
RIPEMD-160/320	160/320	160/320	512	64	32	否
SHA-0	160	160	512	64	32	是
SHA-1	160	160	512	64	32	有缺陷
SHA-256/224	256/224	256	512	64	32	否
SHA-512/384	512/384	512	1024	128	64	否
Tiger（2）-192/160/128	192/160/128	192	512	64	64	否
WHIRLPOOL	512	512	512	256	8	否

图 2-3 常见哈希算法差异对比

2.1.3 哈希算法的应用

哈希算法有着诸多的应用，常见的应用如下所述。

- 数据校验。由于哈希算法抗篡改的特性，可以利用哈希算法进行数据的校验。在网络上发送信息和传送文件的时候，经常会通过 MD5 校验数据的正确性和完整性。
- 哈希指针。哈希指针是一种数据结构，是一个指向数据存储位置及其位置数据的哈希值的指针。一个普通指针只能指示数据的位置，哈希指针除了指示数据位置，还提供一种方法可以验证数据是否被篡改过。
- 数字摘要。数字摘要是对数字内容进行哈希运算，获取唯一的摘要值来指代原始完整的数字内容。数字摘要是哈希算法最重要的一个用途。利用哈希函数的抗碰撞特性，数字摘要可以确保内容未被篡改过。

这里再结合上一章中的演示网站说明一下在区块链中的哈希指针。比如一个区块的索引是 1，父区块哈希是“00074fd268cd...”，数据是“你好，区块链”，时间是“Thu，27 Sep 2018 16:00:54”，初始 Nonce 值是 0，将这几个数据加起来得到一个如下所示的字符串。

“100074fd268cd46d7ee6cdfb30a45cce635671a91e8173e8f79b16d950f2f4e18 你好，区块链 Thu, 27 Sep 2018 16:00:540”

注：实际区块链的哈希计算过程中会将时间“2018 16:00:54”转换成时间戳的时间格式进行操作，这里讲解的时候为了更加直观没有将时间转成时间戳的格式。

将这个字符串经过 SHA256 算法的计算得到一个哈希值，如图 2-4 所示。

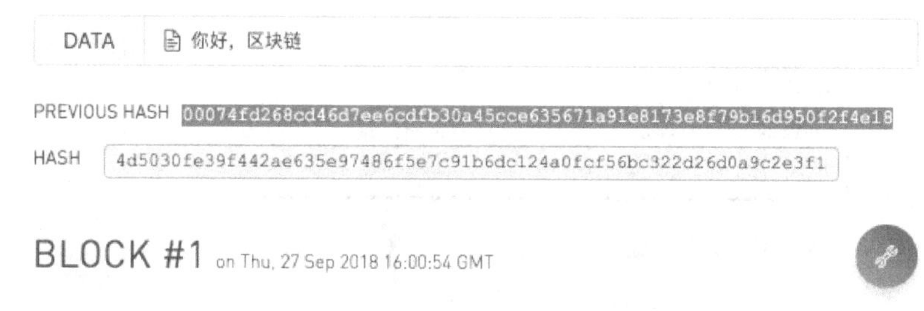

图 2-4　区块链中的哈希值

但这个哈希值不是有效的哈希值（图中的 HASH 一栏是红色的表示无效），由于哈希的单向性，为了得到一个有效的哈希值，需要改变输入，即改变以下字符串：“100074fd268cd46d7ee6cdfb30a45cce635671a91e8173e8f79b16d950f2f4e18 你好，区块链 Thu, 27 Sep 2018 16:00:540”。

改变的方式是更新 Nonce 值而保持其他字段不变，比如将 Nonce 值由 0 变成 1，从而这个字符串会变为：“100074fd268cd46d7ee6cdfb30a45cce635671a91e8173e8f79b16d950f2f4e18 你好，区块链 Thu, 27 Sep 2018 16:00:541”。

需要说明的是，因为 Nonce 值拼接在最后，故只有最后一位由 0 变成了 1。更新后再次计算哈希值还是无效，于是继续更新，把 Nonce 更新为 2，此时字符串变为：“100074fd268cd46d7ee6cdfb30a45cce635671a91e8173e8f79b16d950f2f4e18 你好，区块链 Thu, 27 Sep 2018 16:00:542”。

计算哈希值，直到 Nonce 变成 2321，字符串更新为：“100074fd268cd46d7ee6cdfb30a45cce635671a91e8173e8f79b16d950f2f4e18 你好，区块链 Thu,27 Sep 2018 16:00:542321”。则哈希值变成有效的：“0000e9adb800bedda497ddd8e766e6395a30557c46e54b3bee4459f7c5a44851”，如图 2-5 所示。

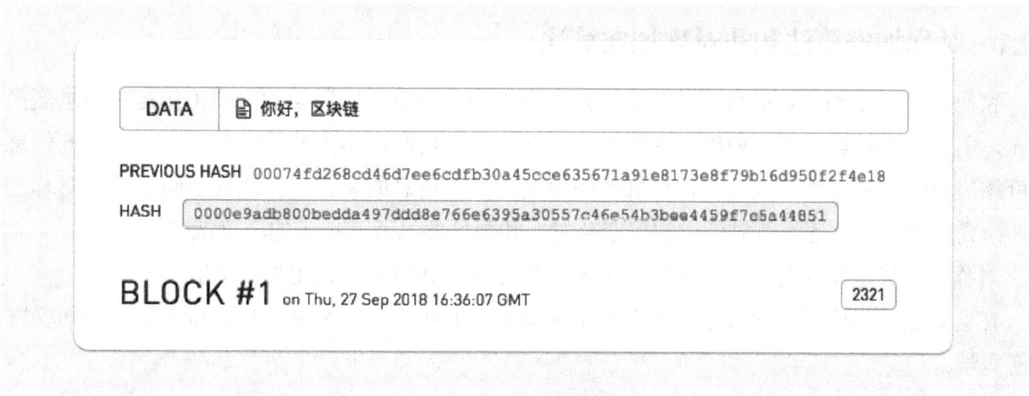

图 2-5　区块链中的哈希值

而生成的这个哈希值就是一个哈希指针，下一个区块的“PREVIOUS HASH”即为这个哈希值，相当于一个指向区块的指针，如图 2-6 所示。

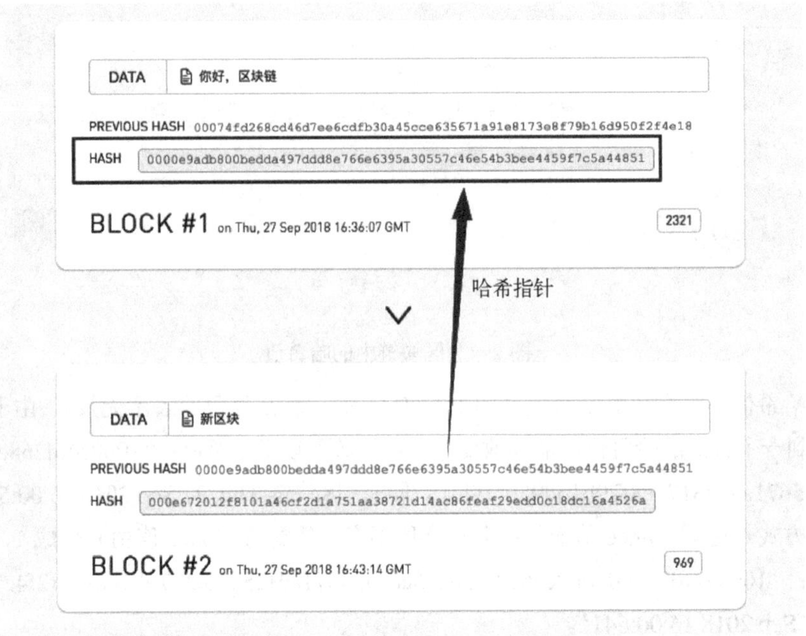

图 2-6　区块链中的哈希值

2.2　区块链涉及的密码学知识

讲完哈希算法和哈希值之后再介绍一下非对称加密、椭圆曲线密码学、默克树、数字签名与数字证书等密码学知识。

2.2.1　对称加密算法和非对称加密算法

密码学是数学和计算机科学的分支，还大量涉及信息论。密码学的主要工作是对信息变换的研究，主要包括经典密码学和现代密码学两个部分。经典密码学主要研究对称密码，研究信息在不可靠信道的保密传输，以及对信息篡改的检测，实现消息的完整性；现代密码学是非对称密码学，研究密钥在可验证不可靠信道的保密分发，和数字签名及其提供的不可抵赖性。

对称加密算法和非对称加密算法有很大的差异性，其异同点如图 2-7 所示。

在区块链技术中用了比较多的非对称加密算法，其中比较有名的是在比特币中使用的椭圆曲线密码学。

2.2.2　椭圆曲线密码学

椭圆曲线密码学（Elliptic Curve Cryptography，ECC），一种建立公开密钥加密的算法，基于椭圆曲线数学。椭圆曲线在密码学中的使用是在 1985 年由 Neal Koblitz 和 Victor Miller 分别独立提出的。

	对称加密算法	非对称加密算法
特点	使用相同的密钥	需要两个密钥，一个是公开密钥，另一个是私有密钥；一个用于加密，另一个则用于解密
优点	算法公开、计算量小、加密速度快、加密效率高	与对称加密算法相比，其安全性更好。公钥是公开的，密钥是自己保存的，不需要像对称加密算法那样在通信之前要先同步密钥
缺点	需提前共享密钥，密钥泄露，加密信息就会被破解	加密和解密花费时间长、速度慢，只适合对少量数据进行加密
代表算法	DES、3DES、AES、IDEA	RSA、Elgamal、背包算法、椭圆曲线系列算法

图 2-7　对称加密算法和非对称加密算法

椭圆曲线密码学的主要优势有。

- 比其他的方法使用更小的密钥，如，ECC 164 位密钥提供的保密强度相当于 RSA 1024 位密钥提供的保密强度。ECC 被广泛认为是在给定密钥长度的情况下，最强大的非对称算法。小的密钥更便于网络传输，因此在对带宽要求高的场景中会十分有用。
- 可以定义群之间的双线性映射，基于 Weil 对或是 Tate 对。双线性映射已经在密码学中发现了大量的应用，例如基于身份的加密。

椭圆曲线密码学的缺点是加密和解密的实现比其他机制花费的时间长。

在比特币中，利用椭圆曲线密码学生成私钥、公钥和数字签名。

2.2.3　Merkle 树

Merkle 树，也称哈希树，由瑞夫·默克于 1979 年申请专利，故亦称默克树（Merkle tree）。Merkle 树是一种树形数据结构，每个叶节点均以数据块的哈希值作为标签，而除了叶节点以外的节点则以其子节点标签的加密哈希值作为标签。哈希树能够高效、安全地验证大型数据结构的内容，是哈希的推广形式。其结构如图 2-8 所示。

1．Merkle 树的生成过程

一个 Merkle 树的生成过程如下。

1）由数据生成一系列哈希值，如图 2-9 所示。

2）从上述哈希值再二次生成哈希值，如图 2-10 所示。

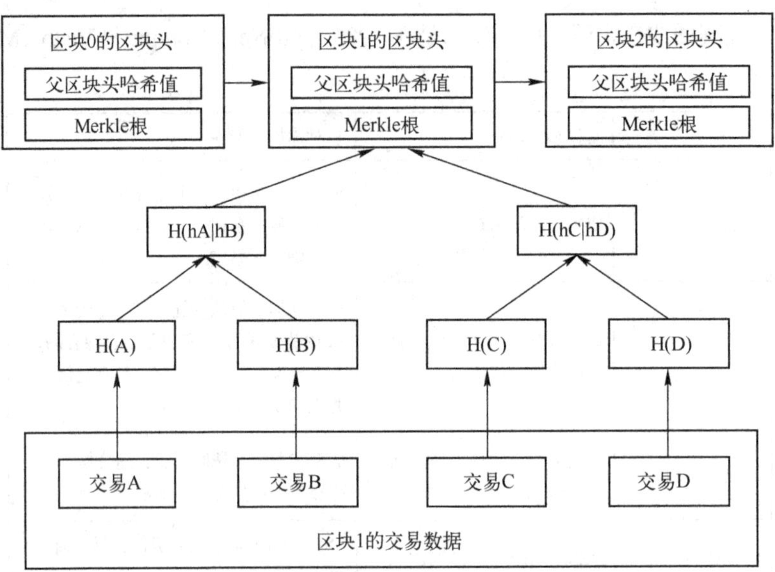

图 2-8　Merkle 树

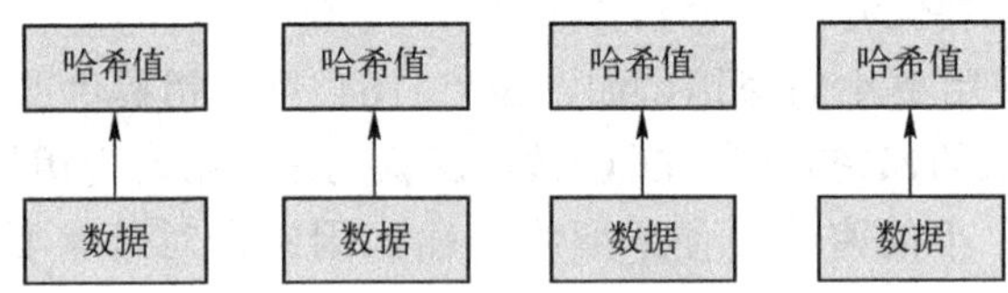

图 2-9　由数据生成哈希值

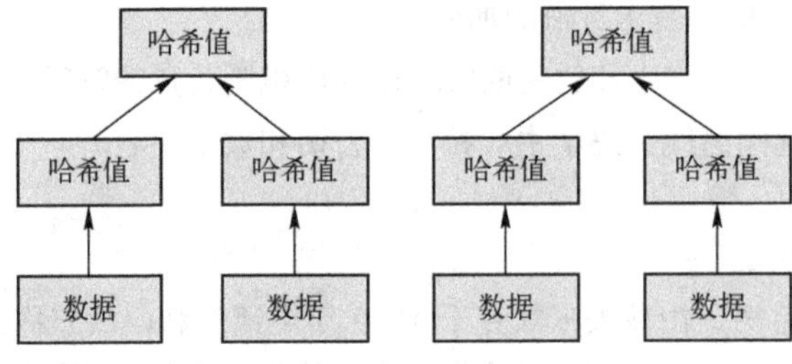

图 2-10　二次生成哈希值

3）然后由二次生成的哈希值再生成根节点，如图 2-11 所示。

2. Merkle 树的特点

Merkle 树具有如下特点。

- 一般是二叉树，也可以是多叉树，具有树状结构的所有特点。
- 树的根节点只取决于数据，和其中的更新顺序无关。换个顺序进行更新，甚至重新计算树，并不会改变根节点。

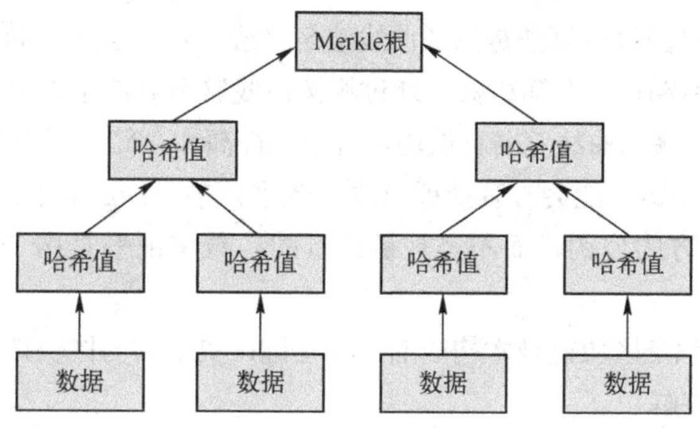

图 2-11　生成根节点

- 当两个 Merkle 树的根节点相同时，则意味着所代表的数据必然相同，用根节点校验可以大大减少数据的传输量以及计算的复杂度。
- Merkle 树的一个分支也是 Merkle 树，可以独立进行校验。

当区块链中的交易数据过多时，可以通过只保留 Merkle 树的根节点，删除其下的节点有效地节约存储空间。在区块链中使用 Merkle 树有以下好处。

- Merkle 树提供了证明数据完整性和有效性的手段。
- Merkle 树只需要很少的内存和磁盘空间，并且很容易验证树的正确性。
- Merkle 树同步时在网络上只传输很少的数据。

2.2.4　数字签名和数字证书

在区块链中还有一个重要的技术，那就是数字签名。数字签名用于证实某项数字内容的完整性和来源，保证签名的有效性和不可抵赖性。数字签名使用了公钥密码学。公钥密码学是非对称加密技术。数字签名的运作过程是：发送方先将要发送的数据生成摘要，然后使用私钥加密生成数字签名，把数字签名随同数据一起发给接收方；接收方收到后，再将数据生成摘要并用发送方的公钥解密数字签名，如果两者相同则说明这个信息确实是发送方发来的并且数据没有被篡改过，如图 2-12 所示。

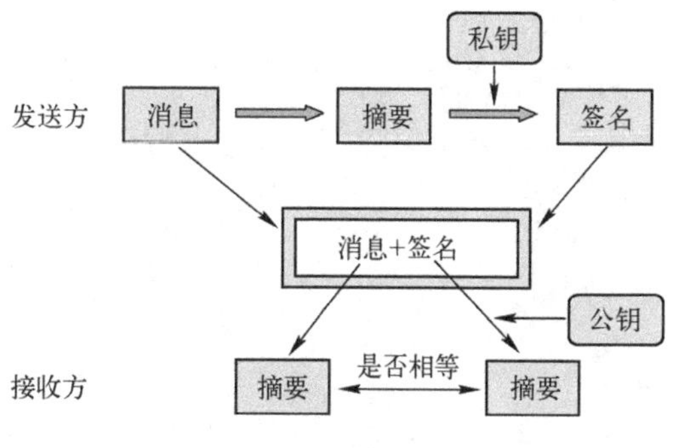

图 2-12　数字签名

在区块链技术中常见的签名算法是椭圆曲线签名算法。其算法用对椭圆曲线上的点进行加法或乘法运算。区块链中私钥是一个随机数，通过椭圆曲线签名算法生成公钥。但反向从公钥计算出私钥几乎是不可能的。椭圆曲线签名算法还具有安全性高和存储空间小的特点。

在传输的过程中，公钥可能会被替换或篡改。数字证书（Digital Certificate）是用来确保接收方拿到的确实是发送方的公钥，而不是被篡改过的。数字证书是由 PKI 体系中的证书中心（CA）机构颁发的。

以上这些密码学知识是区块链技术构成的重要基础，更多的与区块链相关的密码学知识会在对应的章节中进行相应讲解。

第3章 区块链的核心机制

在上一章中，介绍了区块链的技术基础——哈希算法和密码学，在这一章中将进一步介绍区块链的核心机制，主要内容包括：区块链的共识机制，账户、钱包、交易，智能合约的概念，通过这一章的内容可以对区块链技术的构成形成完整的认识。

本章学习目标

- 熟悉区块链常见的共识机制。
- 掌握账户、钱包和交易等概念。
- 掌握智能合约的原理和应用场景。

3.1 共识机制

由于区块链是去中心化的，节点是各处分散且平行的，所以必须设计一套制度来维护系统的运作顺序与公平性，统一区块链的版本，并奖励提供资源维护区块链运行的使用者，惩罚危害区块链运行的恶意使用者。这样的制度必须依赖某种方式来证明，是谁取得了一个区块链的记账权，可以获得生成这一个区块的奖励；又是谁意图进行破坏，就会受到一定的惩罚，这就是共识机制。共识机制是区块链技术的核心部分，它是保证区块链在分布式架构下的一致性方案。在这一节将具体讲解共识机制。

3.1.1 共识问题的产生——拜占庭将军问题

在分布式系统中一致性的问题（也就是共识问题）被抽象成了一个著名的问题，即拜占庭将军问题，这个问题由大名鼎鼎的莱斯利·兰波特在1982年提出，其描述如下。

一组拜占庭的将军分别率领一支军队共同围困一座城市。为了简化问题，将各支军队的行动策略限定为进攻或撤离两种。因为部分军队进攻部分军队撤离可能会造成灾难性后果，因此各位将军必须通过投票来达成一致策略，即所有军队一起进攻或所有军队一起撤离。因为各位将军分处城市不同方向，他们只能通过信使互相联系。在投票过程中每位将军都将自己投票给进攻还是撤退的信息通过信使分别通知其他所有将军，这样每位将军根据自己的投票和其他所有将军送来的信息就可以知道共同的投票结果而决定行动策略。

问题在于，将军中可能出现叛徒，他们不仅可能向较为糟糕的策略投票，还可能选择性地发送投票信息。假设有 9 位将军投票，其中 1 名叛徒。8 名忠诚的将军中出现了 4 人投票进攻，4 人投票撤离的情况。这时候叛徒可能故意给 4 名投进攻的将军送信表示投票进攻，而给 4 名投撤离的将军送信表示投撤离。这样在投票进攻的将领看来，投票结果是 5 人确认进攻，从而发起进攻；而在投票撤离的将军看来则是 5 人决定撤离，从而不发起进攻，这样各支军队的一致协同就遭到了破坏，如图 3-1 所示。

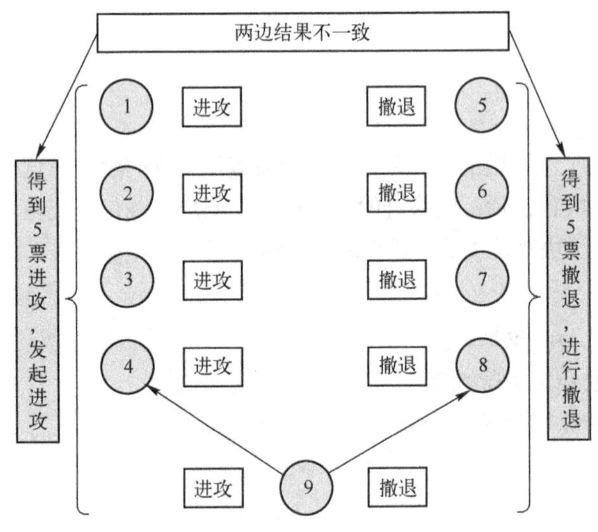

图 3-1　拜占庭将军问题

除了上面两边投不同票的情况，还需要考虑信息传递的问题。因为将军之间需要通过信使进行信息传递，即便所有的将军都是忠诚的，派出去的信使也可能被敌军截杀，或者被间谍替换，也就是说将军之间传递的信息是不能保证可信的。

以上就是拜占庭将军问题的简单描述。如果将军们在有叛徒存在的情况下仍然达成了一致，就称达到了“拜占庭容错”。

拜占庭将军问题映射到去中心化的分布式系统里，将军便成了系统中的节点，而信息传递就相当于网络通信。将军叛变代表着一个节点可能同时向不同的服务器发送不一致的消息，导致节点之间存储的信息不一致。信息传递的问题代表网络通信过程中被黑客截获或篡改。

那么，拜占庭将军问题如何解决呢？

在区块链之前，有两种解决方案：“口头协议”（又称为拜占庭容错算法）和“书面协议”。

所谓“口头协议”，就是将军们通过口头进行传达和确认，它要满足以下三个条件。

- 被发送的消息能够被正确传递。
- 接收者知道消息是哪个将军发的。
- 能够知道谁没有发送消息。

整个过程如下：每位将军都给其他将军传递消息；每位将军将自己收到的消息分别转给其他将军；每位将军根据收到的消息做出决策。最后每个将军都知道了其他将军手里的投票，如果有一半以上的将军说“进攻”，那么就可以进攻。即便是有叛徒，只要听从大部分人的决策，就可以保证达成一致。

“口头协议”的缺点是口头协议并不会告知消息的上一个来源是谁，也就是消息不可追根溯源，出现信息不一致也很难找到叛徒在哪儿。

不同于“口头协议”中将军间口头传递信息，“书面协议”使用书信传递信息，并且在书信上都要加上自己的签名。相比于“口头协议”，多了下面几个条件。

- 将军传递信息需要签名，可以追溯来源。
- 签名不可伪造，篡改签名可被发现。
- 任何将军都可以验证签名的有效性。

“书面协议”的本质就是引入了“签名系统”，这使得所有消息都可追本溯源。只要采用了书面协议，忠诚的将军就可以达到一致。这种方式下，将军们按照以下方式发送消息：每位将军分别给其他将军发送书信，并在书信上附上自己的签名；其他将军收到书信后，附上自己的签名后再转发给所有其他将军；每位将军根据自己收到的书信进行决断。理论上“书面协议”解决了拜占庭将军问题，但在实际使用过程中还有一些限制条件。

“书面协议”的缺点如下。

- 在系统中传递消息会有时间延迟问题。
- 真正可信的签名体系难以实现，签名造假的问题也没法避免。

随着互联网技术的出现，传递消息的效率得到极大的提高，加上非对称加密算法解决了签名的问题，拜占庭将军问题的解决方案就有了技术基础。2008 年，中本聪提出的《比特币白皮书》中，为拜占庭将军问题提供了一种新的解决方案，也就是工作量证明（PoW）。随后又出现了权益证明（PoS）、委托权益证明（DPoS）等多种应用于不同区块链项目的共识机制，如图 3-2 所示，是区块链中常见的共识机制及使用该机制的项目。

下面对几个重要的共识机制逐一做介绍。

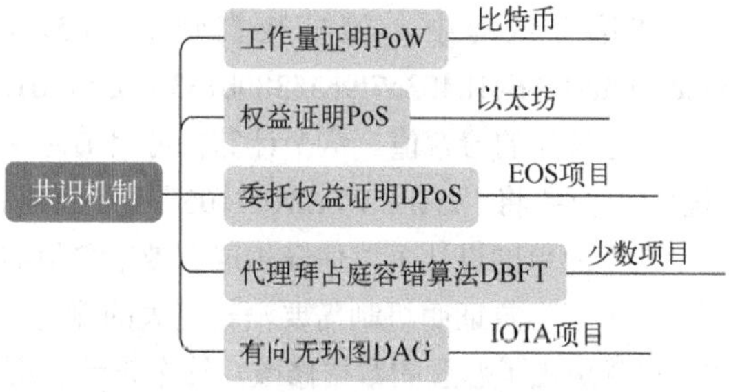

图 3-2　区块链中的共识算法

3.1.2　几个重要的共识机制

1. PoW 机制

工作量证明机制（Proof of Work，PoW），简单来说，工作量证明就是一份证明，它用来确定完成了一定量的工作并可以因此获得一定的奖励。

工作量证明是一种应对服务与资源滥用，或是阻断服务攻击的对策。一般要求发起者进行一些耗时的复杂运算，并且结果能被快速验算。在计算过程中耗用的时间和资源作为成本，据此来确定奖励或惩罚，以此来维护系统的一致性。这一概念最早在 Cynthia Dwork 和 Moni Naor 于

1993 年发表的学术论文中出现，而“工作量证明”一词则是在 1999 年 Markus Jakobsson 与 Ari Juels 发表的文章中正式提出。现在工作量证明机制（PoW 机制）在加密数字货币中被广泛使用。比如在比特币中使用的哈希现金就是工作量证明机制之一。

工作量证明机制最常用的技术原理是哈希函数。工作量证明机制的工作原理如下。

1）取得一些公开的数据，并加上一个随机数（Nonce）。

2）以数据和随机数作为输入值计算哈希值。

3）检查生成的哈希值是否符合一定的条件。若符合就记下这个随机数的值并退出。若不符合则改变随机数的值再重新计算，这样不断重复，如图 3-3 所示。

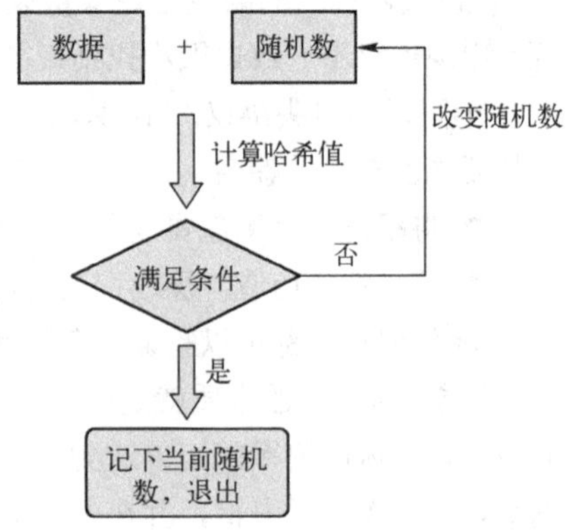

图 3-3　PoW 机制的工作原理

上面的过程在当前的计算模型下需要大量的计算。以 SHA256 哈希函数举例，假设公开的数据是“Hello World”，需要找出一个随机数使得生成的哈希值前四位为 0000，这样的哈希值称为有效哈希值。如图 3-4 所示，从随机数 0 开始不断更新随机数直到生成的哈希值满足条件——前 4 位为 0000。

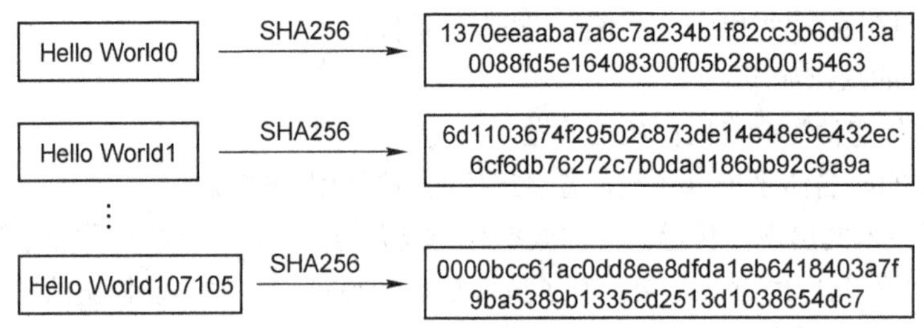

图 3-4　PoW 机制中哈希值的计算

在这个过程中，随机数直到 107105 时才会得到匹配条件的哈希值：0000bcc61ac0dd8ee8dfda1eb6418403a7f9ba5389b1335cd2513d1038654dc7，也就是说需要计算十万多次才能得到一个满足条件的哈希值。这个计算任务目前除了暴力计算外，还没有有效的算法可以快速完成。而验证时只要将“Hello World107105”通过 SHA256 函数计算一次即可。

这个简单的设计可以保证生成有效哈希值需要付出大量的算力成本和电力成本。

由于工作量证明机制需要消耗巨大的算力，如果有人尝试恶意破坏，需要付出巨大的经济成本，这就防止了恶意的数据修改。这个设计的不足在于，只有第 1 个获取有效哈希值的节点能得到奖励，其他节点的计算会被浪费掉。这里所谓的奖励一般就是加密数字货币，比如在比特币网络中，奖励就是一定量的比特币。当节点在比特币网络中第 1 个完成了一个区块的工作量证明就能获得相应的比特币作为奖励，严格来说是获得一条拥有比特币的记录，好比完成工作后公司给员工发工资，往员工的银行卡账户上转一笔钱。在比特币网络中比特币一开始是不存在的，只有当完成一定量的工作量证明生成新的区块后才会生成比特币。并且，每生成一个区块获得的比特币数量也是不同的。根据比特币网络的设计，每个区块获得的比特币数量每 4 年减半。第 1 个 4

年挖出每个块获得 50 个比特币，第 2 个 4 年挖出每个块产出 25 个比特币，依次类推，每挖出一个区块获得的比特币数将越来越少，最终比特币总数接近 2100 万个时将全部挖完，如图 3-5 所示。

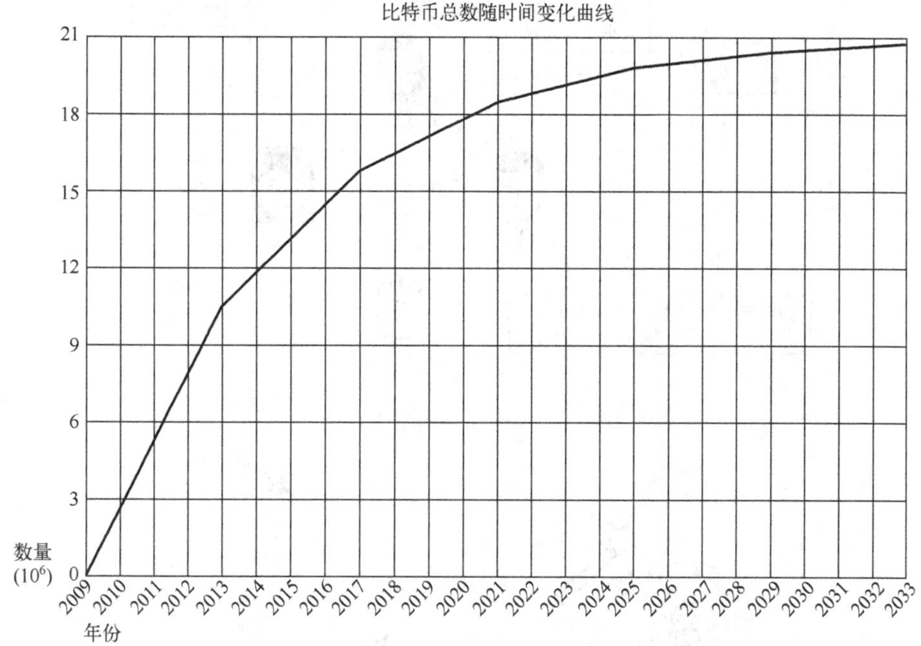

图 3-5　比特币数量变化

一般来说，谁的算力强，谁最先解决问题并生成区块，获取奖励的概率就越大。当掌握超过整个区块链中的一半算力时，从理论上讲就能控制整条链的走向，这也就是所谓 51%攻击的由来。当然，像比特币这样庞大的区块链网络是不会有谁能够轻易拥有超过 51%的算力的，但在小的区块链网络中就会存在这种隐患。

2．PoS 机制

权益证明机制（Proof of Stake，PoS）试图解决在 PoW 机制中大量资源被浪费的问题。PoS 机制最早在 2013 年被提出，在点点币中被实现，PoS 机制类似公司中的股东机制，拥有股份越多的人越容易获取权益。

不同于 PoW 机制要求进行一定量的计算，PoS 机制要求提供的是保证金，或者说是一定数量数字货币的拥有权。PoS 机制的工作原理是通过保证金来确认一个合法的块成为新的区块，收益为保证金的利息和交易服务费。提供证明的保证金越多，则获得记账权的概率就越大。比如系统中有 A、B、C、D 4 个人，A 有 40 个币，B 有 30 个币，C 有 20 个币，D 有 10 个币，那么 A 获得记账权的概率就是 D 的 4 倍，如图 3-6 所示。

PoS 机制的好处是在一定程度上缩短了共识达成的时间，不再需要大量消耗能源挖矿，其与 PoW 机制的区别如图 3-7 所示。

3．DPoS 机制

股份授权证明机制（Delegated Proof of Stake，DPoS），与 PoS 机制基本原理相同，只是选举了若干代理人，由代理人执行验证和记账功能，其工作原理如图 3-8 所示。

图 3-6　PoS 机制的工作原理

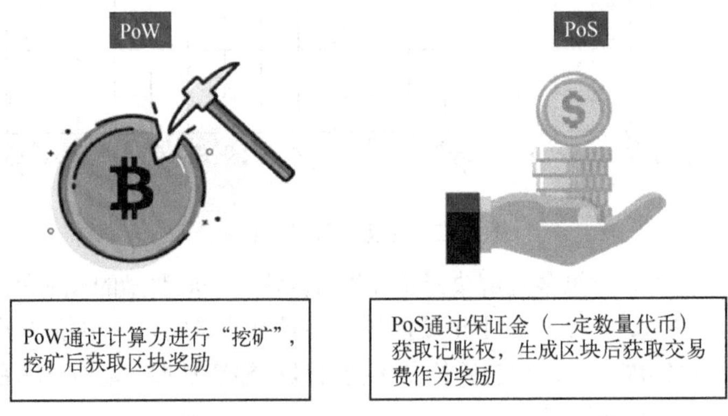

图 3-7　PoW 与 PoS 的区别

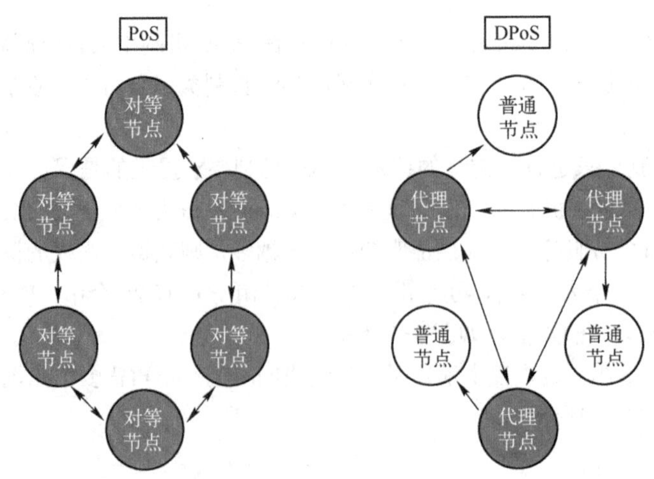

图 3-8　PoS 与 DPoS

DPoS 机制最早由 BitShares 社区提出，在 DPoS 机制下，每个节点按其持币比例拥有影响力，51%节点投票的结果将是不可逆且有约束力的。其过程为：每个节点可以将其投票权授予一名代表，获票数最多的前 100 位代表按既定时间表轮流产生区块。每名代表分配到一个时间段来生产区块。所有的代表将收到等同于一个平均水平的区块所含交易费的 10%作为报酬。如果一个平均水平的区块含有 100 股作为交易费，每个节点将获得 1 股作为报酬。

网络延迟有可能使某些代表没能及时广播他们的区块，而这将导致区块链分叉。然而，这不太可能发生，因为制造区块的代表可以与制造该区块前后区块的代表建立直接连接（建立这种直接连接是为了确保制造区块的代表能得到报酬）。该模式可以每 30s 产生一个新区块，并且在正常的网络条件下区块链分叉的可能性极其小，即使发生也可以在几分钟内得到解决。

DPoS 的好处是大幅缩小了参与验证和记账节点的数量，可以达到秒级的共识验证。

4．DAG 机制

有向无环图（Direct Acyclic Graph，DAG），从定义上讲，DAG 是一个没有有向循环的、有限的有向图。具体来说，它由有限个顶点和有向边组成，每条有向边都从一个顶点指向另一个顶点，从任意一个顶点出发都不能通过这些有向边回到原来的顶点，如图 3-9 所示。

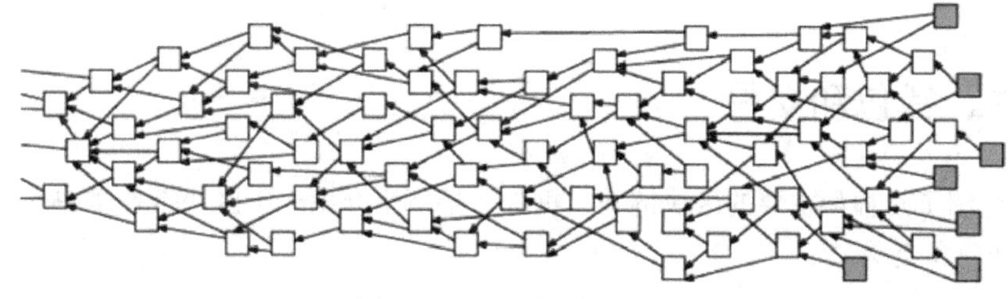

图 3-9　DAG 机制示意图

最早在 2013 年，bitcointalik.org 网站上由 ID 为 avivz78 的以色列希伯来大学学者提出在区块链中引入 DAG 机制（当时称为 GHOST 协议）作为共识算法，用来加强比特币网络交易的处理能力。后来 NXT 社区有人提出用 DAG 的拓扑结构来存储区块，以解决区块链的效率问题。由于区块链只有一条单链，在一条链上无法并发打包区块，如果改变区块的链式存储结构为 DAG 的拓扑结构，就可以并发进行打包。在区块打包时间不变的情况下，区块链上可以并行打包 N 个区块，区块链的交易容纳能力就可以变成原来单链情况下的 N 倍。但以上方案依旧停留在类似侧链的解决思路，将交易打包并行在不同的分支链条进行，以达到提升性能的目的。

2015 年 9 月，Sergio Demian Lerner 发表了《DagCoin：A Cryptocurrency Without Blocks》一文，提出了 DAG-Chain 的概念，首次把 DAG 网络从基于区块打包这样的粗粒度层面提升到了基于交易的层面，但 DagCoin 本身是一篇论文，没有代码实现。

DagCoin 的思路，是让每一笔交易都直接参与维护全网的交易顺序。交易发起后，直接广播全网，跳过打包区块阶段，达到所谓的无区块链状态（Blockless），这样省去了打包交易出块的时间。如前文提到的，DAG 最初跟区块链的结合就是为了解决效率问题，现在不用打包确认，交易发起后直接全网广播确认，理论上效率得到了质的飞跃。DAG 进一步演变成了完全抛弃单链的一种区块链解决方案。

2016 年 7 月，基于 Bitcointalk 论坛发布的创世贴，IOTA（基于 DAG，专门针对物联网设计的区块链项目）横空出世，随后 ByteBall（字节雪球，另一个基于 DAG 的区块链项目）也闪亮登场，IOTA 和 Byteball 是 DAG 网络真正的技术实现，号称无块之链、独树一帜的 DAG 链家族雏形基本形成了。

PoW、PoS、DPoS、DAG 的优劣，如图 3-10 所示。

共识机制	优势	劣势
PoW	实现简单 安全可靠	计算资源消耗大 产生分叉概率较高 共识时间较长
PoS	资源消耗少	实现较为复杂 中间步骤较多 网络流量压力大
DPoS	资源消耗少 共识时间短 吞吐量高	实现复杂 中间步骤多
DAG	吞吐量极高 可以离线进行	高效实现极为复杂 不支持强一致 无全局排序

图 3-10　共识机制对比

3.2　账户、钱包和交易

上一节介绍了几种最主要的区块链共识机制，接下来介绍一下区块链技术中的几个核心概念：账户、钱包和交易。

3.2.1　账户

在区块链技术中账户是一个实体，在区块链中代表自己的是一串二进制数字。这一串二进制数字也可以说是这个实体的地址，是唯一且不能修改的。不同于传统金融机构申请账户需要提供个人信息，比如申请银行卡账户需要提供用户身份等信息，在区块链中不需要提供个人信息即可创建一个账户。不提供个人信息也避免了个人隐私的泄露。

区块链中账户的地址是利用非对称加密算法从个人的私钥计算得到的，不能由账户地址反推出私钥，如图 3-11 所示。

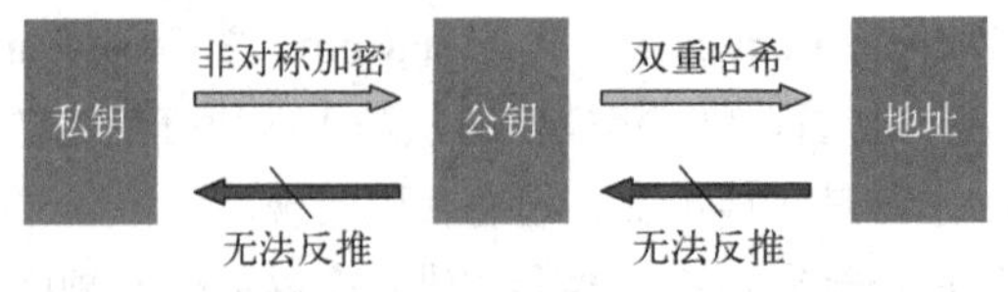

图 3-11　账户地址的生成

下面以比特币网络和以太坊网络的账户系统为例讲解区块链中账户的原理。

在比特币网络中，比特币账户是一个由数字和字母组成的字符串，任何人都可以通过这个字符串给你发送比特币，故也称作比特币地址。比如下面这串字符串就是一个比特币地址。

1J7mdg5rbQyUHENYdx39WVWK7fsLpEoXZy

比特币地址可由公钥经过单向的加密哈希算法得到。由公钥生成比特币地址时使用的是 SHA 算法家族中的 SHA256 算法和 RIPEMD 算法家族中的 RIPEMD160 算法。比特币地址经过 SHA256 和 RIPEMD160 双哈希后进行 Base58 算法处理得到。比特币地址的生成原理如图 3-12 所示。

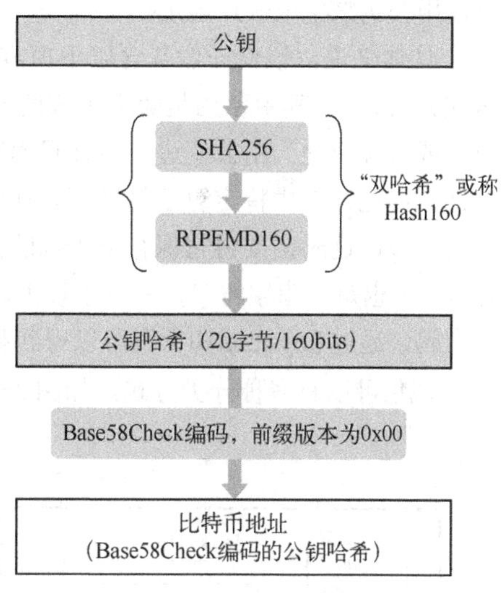

图 3-12　比特币地址的生成原理

比特币账户用来接收别人发送的比特币，并且可以通过用户的私钥确认其持有权限。

不同于比特币账户的核心功能是单一的交易身份识别，以太坊账户系统除了具有交易身份识别的功能，还与数据及其操作之间有更为直接的联系。以太坊网络中共有两种类型的账户：外部账户和合约账户。外部账户功能与比特币账户类似，是由公私钥生成的账户，也就是我们常用的存储自己的代币的账户地址。合约账户指智能合约的账户地址，是在创建合约时确定的，由代码进行控制。每当合约账户收到一条消息，合约内部的代码就会被激活，允许它对内部存储进行读取和写入，发送其他消息或者创建合约。直观上看，以太坊账户是长度为 20 字节的纯二进制数据串，并且一般通过带 0x 前缀的十六进制字符串表示出来，例如：0x25601cf6ee597a56da1e848ec56cf0a2ad7581f4。

外部账户和合约账户在功能上也有着很大的不同。一个外部账户可以通过创建和用自己的私钥来对交易进行签名，来发送消息给另一个外部账户或合约账户。在两个外部账户之间传送的消息只是一个简单的价值转移。但是从外部账户到合约账户的消息会激活合约账户的代码，允许它执行各种动作（比如转移代币，写入内部存储，挖出一个新代币，执行一些运算，创建一个新的合约等）。另外，合约账户不可以自己发起一个交易。合约账户只有在接收到一个交易之后（从一个外部账户或另一个合约账户处），为了响应此交易而触发一个交易，以太坊账户的工作原理如图 3-13 所示。

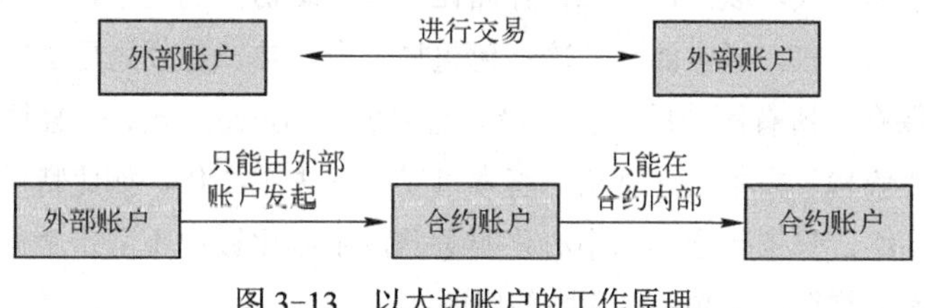

图 3-13　以太坊账户的工作原理

以上就是关于账户的内容，下面讲解的是存储账户的工具——钱包。

3.2.2　钱包

在区块链中，一个钱包可以存放多个账户，本质上来说，钱包存放的是用户的密钥对，也就是说，钱包是密钥的管理工具，钱包中包含的是几个成对的私钥和公钥，用户用私钥来签名交易，用公钥来生成账户地址。

具体来说，钱包一般包含以下内容：私钥、公钥、助记词、keystore（私钥的一种文件存储格式）、密码。其中私钥是随机生成的一个字符串，公钥由私钥计算而来，公钥和私钥成对，账户（或者说地址）由公钥进一步计算而来。由于私钥是随机字符串，所以就出现了帮助记忆的助记词。助记词是由特定算法将私钥转换成十多个常见的英文单词。助记词一般会在创建新账户的时候出现，这时需要将它保存下来以防丢失。助记词相当于私钥，但比私钥更方便记忆和保管。keystore 也是一串字符串，常见于以太坊钱包，它的本质是加密后的私钥，生成 keystore 需要设置密码，通过 keystore 和密码可以得到私钥。钱包的工作原理如图 3-14 所示。

钱包可以有多种分类方式，如图 3-15 所示。

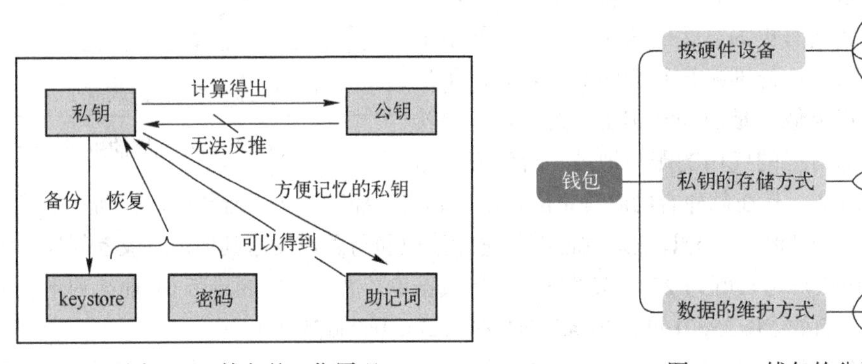

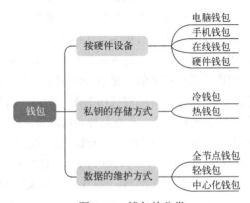

图 3-14　钱包的工作原理　　　　图 3-15　钱包的分类

其中电脑钱包是运行于桌面操作系统（Windows、macOS、Linux 等）上的钱包软件；手机钱包是运行于安卓、iOS 等手机操作系统上的 App；在线钱包运行于云服务上，私钥加密存储于云服务器上，用户通过浏览器访问的钱包，如 Bitcoin Block Explorer；硬件钱包是运行在专门定制的硬件上的钱包。冷钱包中的冷代表离线、断网，即私钥存储的位置不能被网络所访问，例如硬件钱包；热钱包中的热代表联网，即私钥存储在能被网络访问的位置，例如电脑钱包、手机钱包、在线钱包都属于热钱包。通常而言，冷钱包更加安全，热钱包使用更加方便。全节点钱包除了保存私钥外，还保存了所有区块的数据，最为著名的是 Bitcoin-core；轻钱包只保存跟自己相关区块的数据，需要依赖于去中心化网络，基本可以实现去中心化，如比特币钱包；中心化钱包不依赖于去中心化网络，只依赖自己的中心化服务器，中心化钱包不同步数据，所有的数据均从自己的中心化服务器中获得，如在交易所中使用的钱包。

了解了钱包后，下面讲解如何使用钱包进行交易。

3.2.3　交易

在区块链中，拥有钱包和余额的任意两个人即可进行交易。一个交易过程如图 3-16 所示。

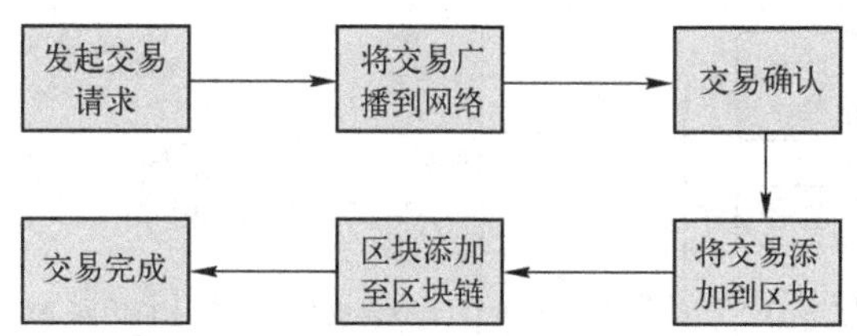

图 3-16　区块链上的交易过程

交易过程如下。

1）某人发起交易，输入交易对象和交易数量，并用私钥对交易进行签名，请求的内容包括交易数量、对方的地址、签名和公钥，如图 3-17 所示。

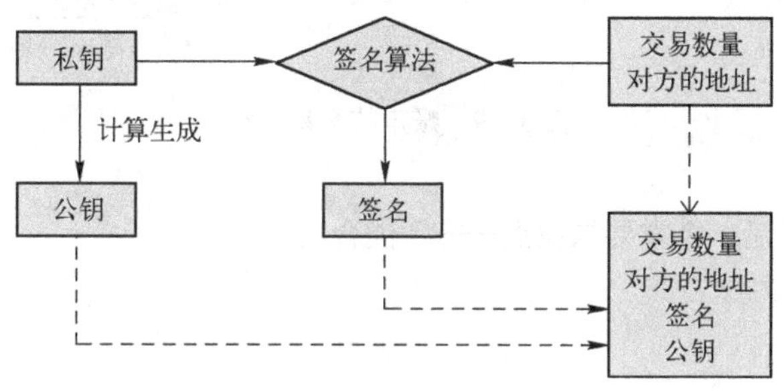

图 3-17　发起交易

2）交易被广播到去中心化网络，网络中的其他节点都知道了这笔新生成的交易。

3）其他节点收到这笔交易信息后开始验证交易的正确性，验证通过交易信息中的交易数量、地址、签名和公钥计算是否匹配，如图 3-18 所示。

4）多个交易组成一个区块，即前面说的挖矿过程。

5）新生成的区块加入到一个区块链的末端。

6）至此，一个交易完成。

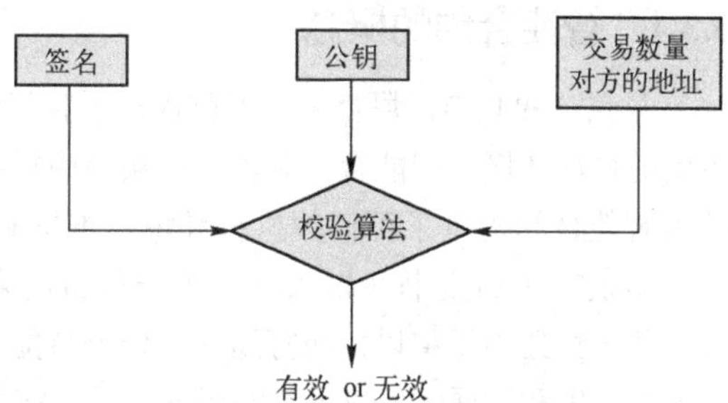

图 3-18　校验交易

这里再结合上一章的算法举一个例子。比如悟空在比特币网络中通过挖矿获得了 3 个比特币。他想把这 3 个比特币发送给唐僧，他拿到了唐僧的比特币账户，然后用自己的私钥对这笔交易进行签名，完成后他通知所有的神仙。诸位神仙收到通知后都知道了这笔交易，其中如来第一个验证这笔交易没问题并生成一个区块加到比特币区块链中，如来因此也获得奖励。这样这笔比特币就存到唐僧的账户中，他需要的时候就可以通过他的账号进行使用。由于私钥只有悟空才有，其他人如八戒是无法伪造签名进行恶意的交易的。整个账户的交易过程如图 3-19 所示。

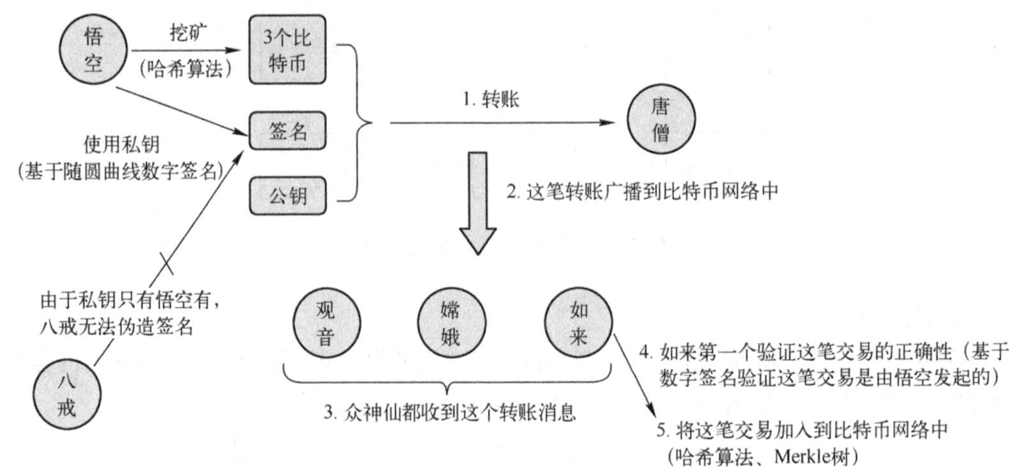

图 3-19　账户的交易过程

下面讲解本章的最后一个重要知识点——智能合约。

3.3　智能合约

在前面的章节中已经提到过智能合约，它是区块链 2.0 的典型特征。在此对智能合约进行更深入地介绍。

3.3.1　智能合约的概念

早在 1994 年，尼克・萨博就提出了智能合约的概念，几乎与互联网同时产生。但由于缺少可信的执行环境，智能合约并没有在实际中得到应用。自比特币诞生后，比特币的底层技术区块链为智能合约提供了可信的执行环境。维塔利克・布特林首先预见到了区块链和智能合约的契合，并发布了白皮书《以太坊：下一代智能合约和去中心化应用平台》，建立了以太坊这个平台，并一直致力于将以太坊打造成最佳的智能合约开发应用平台。可以说是比特币引领了区块链技术的产生和发展，而以太坊激活并发展了智能合约。

智能合约是一种旨在以信息化方式传播、验证或执行合同的计算机协议。智能合约允许在没有第三方的情况下进行可信交易，这些交易可追踪但不可逆转，这个定义比较抽象。举个例子来说，张三从李四那边租了一套房子，约定每月支付一定数量的房租，另外，如损坏房间内的物件也需要赔偿对应的价格。这里“每月支付房租”和“损坏赔偿”就是“合约”。而“智能”是指由计算机自动执行。如果“每月支付房租”和“损坏赔偿”实现为智能合约，每月就会由计算机自动触发收取房租，每当发生损坏时也会触发赔偿的智能合约。

但智能合约不只是一个可以自动执行的计算机程序，它还是一个基于区块链的参与者。它对接收到的信息进行回应，它可以接收和储存价值，也可以向外发送信息和价值。所以，智能合约具体是指运行在可复制、共享的账本上的计算机程序，可以处理信息，接收、储存和发送价值的脚本，智能合约的工作模型如图 3-20 所示。

图 3-20　智能合约的工作模型

3.3.2　智能合约的特点和作用

区块链为智能合约提供可信执行环境，智能合约为区块链扩展功能。基于区块链的智能合约有以下特点。

- 不可篡改。由于区块链不可篡改的特性，写入区块链的智能合约也是不可篡改的。这就保证了智能合约不会被恶意的修改。
- 分布式。区块链是基于去中心化网络的。智能合约创建后会在区块链全网中广播，每个节点都会收到一份。
- 自动触发。智能合约是在满足条件的时候自动执行的，不需要人工干涉。
- 不依赖第三方。智能合约的关键特点是它的执行不依赖任何信用背书。也就是说，不需要依赖第三方来执行各种条款。既不需要依靠对方对合约的履行的言行一致，也不需要在合约执行出现问题时依靠律师和法律制度来纠正，智能合约可以及时客观地执行合约约定的各个事项。

基于智能合约的以上特点，使得基于智能合约的交易更加方便、交易成本也更低。简单来说智能合约最核心的作用在于更高效率地存储和传输价值，如图 3-21 所示。

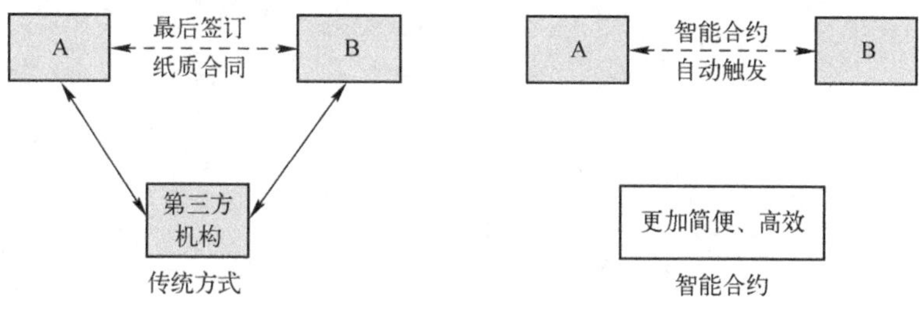

图 3-21　智能合约与传统合约的比较

3.3.3　智能合约的应用场景

由于智能合约是一套满足条件后就自动触发运行的程序，减少了人工的操作，免除了人为因素的干扰，创造了一种公平、公正的执行和分配环境。智能合约再加上区块链的共识机制，区块链上所有的操作都需要全体成员验证、确认后才算成功，这样就可以有效解决双方不信任的问题。区块链不可篡改的特性也保证智能合约一旦建立就不能修改，以避免违约。智能合约的特性可以让很多不同的流程和操作得以自动化进行，减少了人工操作过程中产生的错误和成本，同时提高了效率及透明度。现在智能合约应用的常见领域包括贸易与金融、记录、抵押贷款、保险、医学研究、投票、供应链、证券等，如图 3-22 所示。

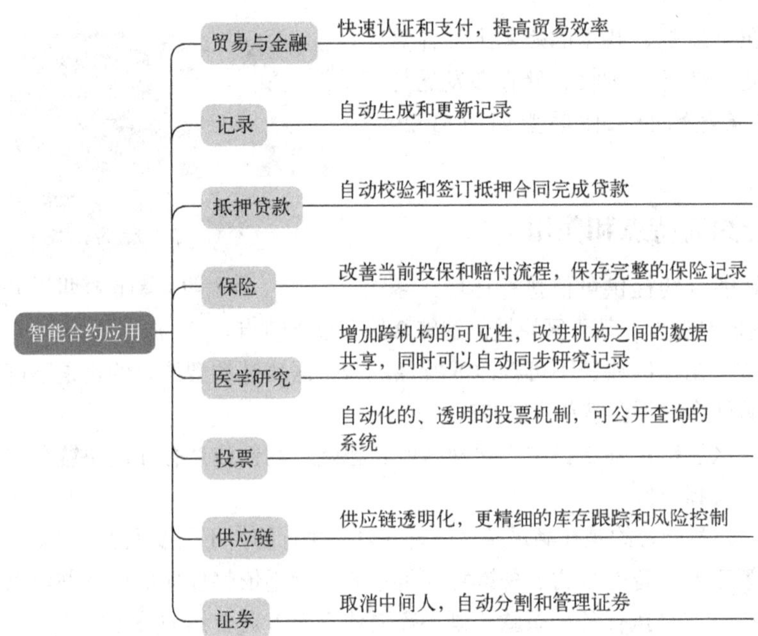

图 3-22　智能合约的应用

至此，区块链理论的部分基本已经介绍完毕，从下一章开始将进入区块链的实践部分，开始着手搭建自己的区块链，并开发各种基于区块链的应用。

第 4 章 打造自己的第一个区块链——基于 Python

前几章中介绍了区块链技术的理论部分，从这一章开始将围绕区块链的几个实践项目进行讲解。本章将介绍如何基于 Python 语言实现一个功能比较完善的区块链系统。

本章学习目标

- 掌握 Python 的基本语法。
- 实现一个简单的区块链原型。
- 实现区块链的工作量证明、账户和交易等功能。

4.1 Python 基础

Python 是一门简单易学、语法优美且功能强大的编程语言。它拥有一个自由开放的社区环境，该社区提供了诸如 Web、爬虫、数据分析、机器学习等方面的开发框架和类库，可直接使用进行快速开发。另外，Python 代码也被称为是可执行伪代码，好的 Python 代码就像伪代码一样，干净、简洁、一目了然，所以这里选择 Python 作为开发语言实现一个区块链原型。

本节将首先介绍 Python 的基础知识，有 Python 基础的读者可跳过这部分内容，直接进入区块链实现的部分。

4.1.1 Python 简介

Python 是一种广泛使用的高级编程语言，由荷兰人由吉多·范罗苏姆发明，第一版发布于 1991 年。之所以选中 Python 作为这门开发语言的名字，是因为范罗苏姆是 BBC 电视剧《Monty Python》的爱好者，故选取了 Python 一词作为这门语言的名字。范罗苏姆对 Python 的定位是"优雅""明确""简单"，所以 Python 程序语法简单易懂，即使是编程初学者，也能轻易上手，而且 Python 内置了丰富的数据结构和类库，即便是初学者也能通过 Python 轻松实现功能非常复杂的程序。

Python 开发者的理念是：用一种方法，最好是只有一种方法来做一件事，这种理念深刻地体现在 Python 程序的设计中。在开发 Python 程序时，如果面临多种选择，Python 开发者一般会拒绝花哨的语法，而选择明确没有或者很少有歧义的语法。这些 Python 程序开发中的准则被称为“Python 之禅”。Python 开发者蒂姆·彼得斯对“Python 之禅”的总结如下。

- Beautiful is better than ugly. 美比丑好。
- Explicit is better than implicit. 直言不讳比心照不宣好。
- Simple is better than complex. 简单比内部复杂更好。
- Complex is better than complicated. 内部复杂比外部复杂好。
- Flat is better than nested. 平面的比嵌套的好。
- Sparse is better than dense. 错落有致比密密匝匝的好。
- Readability counts. 可读性很重要。
- Special cases aren't special enough to break the rules. 特殊情况不能特殊到打破规律。
- Although practicality beats purity. 虽然实用比纯粹更重要。
- Errors should never pass silently. 永远别让错误悄悄地溜走。
- Unless explicitly silenced. 除非是你故意的。
- In the face of ambiguity, refuse the temptation to guess. 碰到模棱两可的地方，绝对不要去作猜测。
- There should be one——and preferably only one——obvious way to do it. 什么事情都应该有一个，而且最好只有一个显而易见的解决办法。
- Although that way may not be obvious at first unless you're Dutch. 一开始并不容易，因为你不是 Python 之父（这里 Dutch 指 Python 之父）。
- Now is better than never. 现在就开始要比永远都不做好。
- Although never is often better than right now. 很多时候永远都不做要比匆匆忙忙去做要好。
- If the implementation is hard to explain, it's a bad idea. 如果一个想法实现起来很困难，那它本身就不是一个好想法。
- If the implementation is easy to explain, it may be a good idea. 如果一个想法实现起来很容易，那它或许就是一个好想法。
- NameSpaces are one honking great idea——let's do more of those! 名字空间是个了不起的想法，所以我们现在就开始吧。

这些准则让 Python 开发者倾向于注重简单，避免复杂，更加关注如何高效地解决问题，是值得每个开发者思考和遵循的。

下面让我们开始进入 Python 的世界，首先要做的是搭建一个 Python 开发环境。

1. Python 安装

Python 的安装过程比较简单，前往 Python 官网：https://www.python.org/downloads/下载对应操作系统的 Python 安装文件进行安装即可，Python 安装文件的下载页面如图 4-1 所示。

图 4-1　Python 安装文件的下载页面

这里需要注意一点，当前 Python 默认下载的是 Python 3 版本。除了 Python 3 之外还可以选择 Python 2 版本。在 2008 年，为了修正 Python 语言以前的设计缺陷，Python 社区发布了 Python 3。Python 3 实现了很多非常有用的功能，并且打破了向后兼容性，导致 Python 2 和 Python 3 的代码有兼容问题。现在大部分的框架和工具都已经支持 Python 3，加上 Python 核心团队计划在 2020 年停止支持 Python 2，故一般建议使用 Python 3 来开发项目，在本书中也将使用 Python 3 进行开发。

安装好 Python 之后，下面开始准备配置 Python 开发环境。

2．配置 Python 开发环境

（1）选择 Python 代码编辑器

首先是选择一款合适的 Python 代码编辑器。

工欲善其事，必先利其器。虽然说用操作系统中自带的文本编辑器，比如记事本这种编辑器也可以用来编写 Python 代码，但这样的编辑器没有代码高亮、自动补全和代码错误提示等功能，会大大降低开发效率。所以，需要选择一款功能比较全面的 Python 代码编辑器，这样可以有效地提升开发效率和代码质量。这里对 PyCharm、Sublime Text 3、Visual Studio Code、Atom、Jupyter Notebook 等这几个主流的 Python 代码编辑器做一下简单比较，读者可结合自己的需求选择一款适合自己的编辑器。

- PyCharm，专门面向 Python 的全功能集成开发环境。不论是在 Windows、Mac OS X 系统中，还是在 Linux 系统中都可以快速安装和使用。PyCharm 中集成了与 Python 开发相关的编辑、调试、代码管理等各项功能，打开一个新的文件就可以开始编写代码。PyCharm 启动的时候稍微有点慢，比较适合开发和管理大型项目。PyCharm 的启动界面和编辑界面如图 4-2 和图 4-3 所示。PyCharm 的下载地址是https://www.jetbrains.com/pycharm/

download，下载版本分为付费版（专业版）和免费开源版（社区版），一般免费的社区版即可满足日常开发需求。

图 4-2　PyCharm 的启动界面

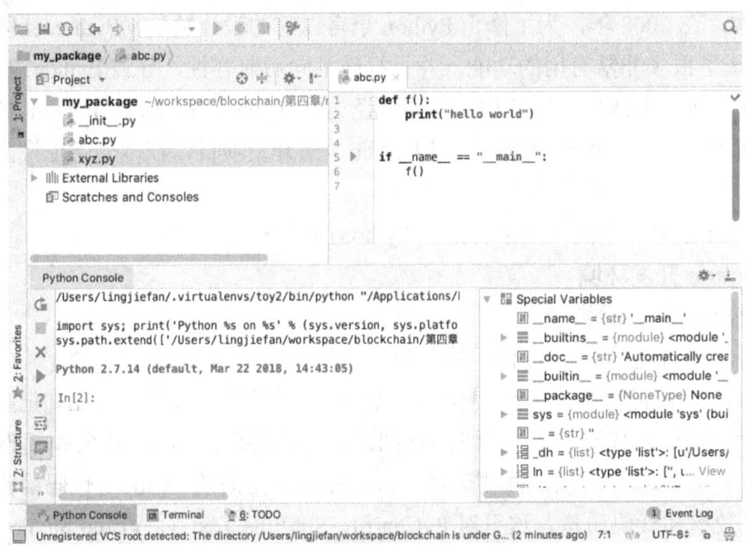

图 4-3　PyCharm 的编辑界面

- Sublime Text 3，是一个轻量而强悍的跨平台文本编辑器，具有自动补全、语言定义、代码片段、宏定义、快捷键绑定等功能。而且它具有很强的扩展能力，可以通过丰富的插件库强化它的代码开发功能。值得一提的是，Sublime Text 3 的插件是使用 Python 语言开发的，也就说，开发者可以通过编写 Python 代码实现一个插件来为 Sublime Text 3 添加自己想要的功能。Sublime Text 3 的开发界面如图 4-4 所示。Sublime Text 3 的下载地址是 https://www.sublimetext.com/3。

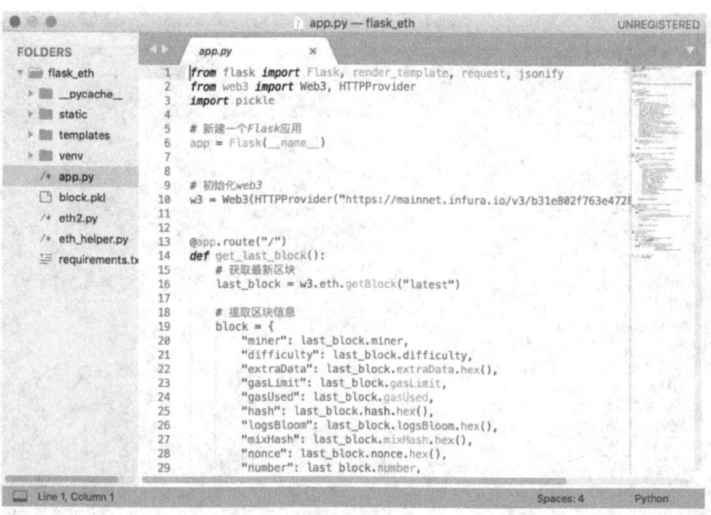

图 4-4　Sublime Text 3 的开发界面

- Visual Studio Code，简称 VS Code，它是由微软发布的一款免费开源的现代化轻量级代码编辑器，支持语法高亮、智能代码补全、自定义热键、括号匹配、代码片段、代码对比、代码管理等功能，并针对网页开发和云端应用开发做了优化。VS Code 跨平台支持 Windows、macOS 以及 Linux 操作系统，运行流畅，可谓是微软的良心之作。VS Code 的开发界面如图 4-5 所示。VS Code 的下载地址是 https://code. visualstudio.com/download。
- Atom，它是目前全球范围内影响力最大的代码仓库社区 GitHub 发布的跨平台免费开源编辑器。它的功能和 Sublime Text 3 类似，并且也拥有丰富的插件库。其开发团队将 Atom 称为“为 21 世纪创造的可配置的编辑器”。Atom 的开发界面如图 4-6 所示。Atom 的下载地址是 https://atom.io/。

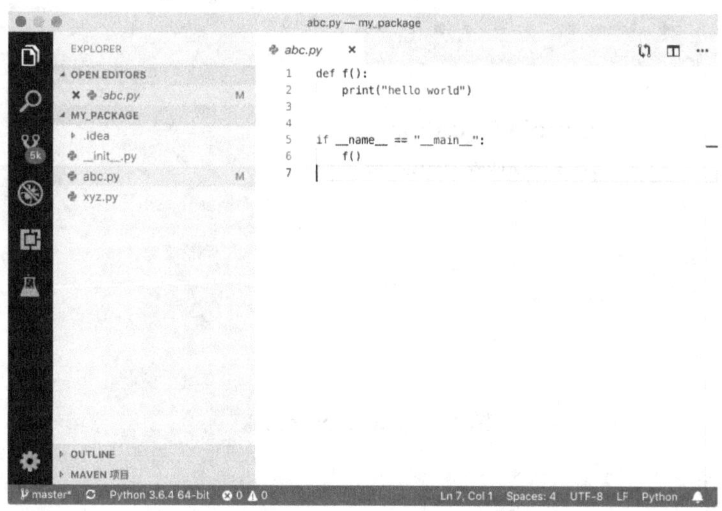

图 4-5　VS Code 的开发界面

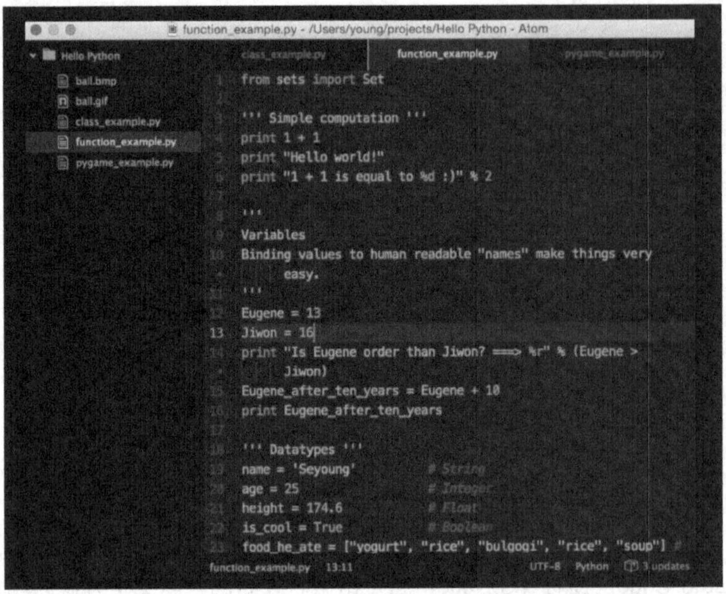

图 4-6 Atom 的开发界面

● Jupyter Notebook，是一款网页版的 Python 编辑器，可以在浏览器中编写和执行代码，执行结果会以 HTML 等富媒体格式进行展示。另外，Jupyter Notebook 还支持使用 LaTeX 编写数学公式和使用 Markdown 编写文档。Jupyter Notebook 的主界面如图 4-7 所示。Jupyter Notebook 无须额外下载安装文件，只需要在终端（Linux 和 macOS）或命令行窗口（Windows）下使用 Python 包管理工具进行安装即可，安装命令如下。

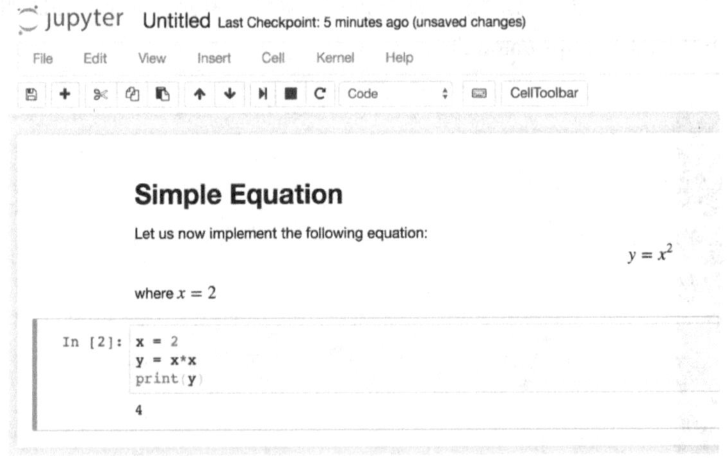

图 4-7 Jupyter Notebook

```
pip install jupyter
```

本书将使用 Jupyter Notebook 进行 Python 代码的开发和调试。

介绍完编辑器后，再简单了解一下 Python 的包管理工具。

（2）安装 Python 包管理工具

目前最流行的 Python 包管理工具是 pip 命令，当使用 Python 安装文件安装完成后，pip 也会一起安装到系统中。常用的包管理命令见表 4-1。

表 4-1　常用的包管理命令

功　能	命　令　行
安装	pip install jupyter
卸载	pip uninstall jupyter
查看当前安装列表	pip list
查看软件包安装了哪些文件及路径等信息	pip show –files jupyter
导出包列表	pip freeze > requirements.txt
根据文件安装包列表	pip install –r requirements.txt

其他的命令可以使用 pip –help 进行查看，如图 4-8 所示。

```
bash-3.2$ pip --help

Usage:
  pip <command> [options]

Commands:
  install                     Install packages.
  download                    Download packages.
  uninstall                   Uninstall packages.
  freeze                      Output installed packages in requirements format.
  list                        List installed packages.
  show                        Show information about installed packages.
  check                       Verify installed packages have compatible dependencies.
  config                      Manage local and global configuration.
  search                      Search PyPI for packages.
  wheel                       Build wheels from your requirements.
  hash                        Compute hashes of package archives.
  completion                  A helper command used for command completion.
  help                        Show help for commands.

General Options:
  -h, --help                  Show help.
  --isolated                  Run pip in an isolated mode, ignoring environment variables and user configuration.
  -v, --verbose               Give more output. Option is additive, and can be used up to 3 times.
  -V, --version               Show version and exit.
  -q, --quiet                 Give less output. Option is additive, and can be used up to 3 times (corresponding
                              and CRITICAL logging levels).
  --log <path>                Path to a verbose appending log.
  --proxy <proxy>             Specify a proxy in the form [user:passwd@]proxy.server:port.
  --retries <retries>         Maximum number of retries each connection should attempt (default 5 times).
  --timeout <sec>             Set the socket timeout (default 15 seconds).
  --exists-action <action>    Default action when a path already exists: (s)witch, (i)gnore, (w)ipe, (b)ackup, (a
  --trusted-host <hostname>   Mark this host as trusted, even though it does not have valid or any HTTPS.
  --cert <path>               Path to alternate CA bundle.
  --client-cert <path>        Path to SSL client certificate, a single file containing the private key and the ce
                              format.
  --cache-dir <dir>           Store the cache data in <dir>.
  --no-cache-dir              Disable the cache.
  --disable-pip-version-check
                              Don't periodically check PyPI to determine whether a new version of pip is availabl
                              Implied with --no-index.
  --no-color                  Suppress colored output
```

图 4-8　pip 命令帮助

介绍了包管理工具以后，再来了解一下 Python 的虚拟环境。

（3）创建 Python 虚拟环境

在 Python 的开发过程中需要安装第三方包和依赖库，而开发不同的项目需要安装的包和依赖库通常各不相同。为了防止不同的应用之间包和依赖库冲突，最好能创建一个独立的 Python 开发环境，也就是 Python 的虚拟环境。这样可以使每个项目的环境与其他项目独立开来，保证开发环境不受其他项目影响，解决包冲突的问题。而创建独立环境的方法就是使用虚拟环境管理工具。

当前最流行的 Python 虚拟环境管理工具叫 virtualenv，它是 Python 的一个第三方工具。安装命令如下。

```
pip install virtualenv
```

安装完成后就可以创建一个独立的 Python 虚拟开发环境了。将这个虚拟环境命名为 venv，创建命令是 virtualenv venv -p python3，其中“-p python3”是指定 python 的版本为 python 3。命令执行过程如图 4-9 所示。

```
bash-3.2$ virtualenv venv -p python3
Running virtualenv with interpreter /usr/local/bin/python3
Using base prefix '/usr/local/Cellar/python/3.6.4_4/Frameworks/Python.framework/Versions/3.6'
New python executable in /Users/lingjiefan/workspace/blockchain/venv/bin/python3.6
Also creating executable in /Users/lingjiefan/workspace/blockchain/venv/bin/python
Installing setuptools, pip, wheel...

done.
```

图 4-9　创建虚拟环境

要使用这个虚拟环境需要先用 source venv/bin/activate 命令将其激活，激活成功后会在当前行的最前面显示当前虚拟环境的名字，如图 4-10 所示。

```
bash-3.2$ source venv/bin/activate
(venv) bash-3.2$ 
```

图 4-10　激活虚拟环境

至此，当前的 Python 开发环境就是前面创建的 venv 这个虚拟环境了。若想退出当前虚拟环境，可使用 deactivate 命令进行操作，退出后（venv）这个虚拟环境的名字也会消失，如图 4-11 所示。

```
(venv) bash-3.2$ deactivate
bash-3.2$ 
```

图 4-11　退出虚拟环境

（4）Jupyter Notebook 的启动和使用

下面在 Python 虚拟开发环境中安装 jupyter 并启动 Jupyter Notebook，安装和启动 Jupyter Notebook 的命令及执行过程如图 4-12 和图 4-13 所示，启动命令是 jupyter notebook。

```
(venv) bash-3.2$ pip install jupyter
Collecting jupyter
  Using cached https://files.pythonhosted.org/packages/83/df/0f5dd132200728a86190397e1ea87cd76244e42d39ec5e88efd25
0-py2.py3-none-any.whl
Collecting notebook (from jupyter)
  Downloading https://files.pythonhosted.org/packages/a2/5d/d1907cd32ac00b5ead56f6e61d9794fa60ef105a22ac5da6e75560
```

图 4-12　安装 jupyter

```
(venv) bash-3.2$ jupyter notebook
[I 23:20:32.756 NotebookApp] Serving notebooks from local directory: /Users/lingjiefan/workspace/blockchain
[I 23:20:32.756 NotebookApp] 0 active kernels
[I 23:20:32.756 NotebookApp] The Jupyter Notebook is running at:
[I 23:20:32.756 NotebookApp] http://localhost:8888/?token=a890ac135eab19794ebcbba28abad8bea12acdb06b43e1dc
[I 23:20:32.756 NotebookApp] Use Control-C to stop this server and shut down all kernels (twice to skip confirmati
[C 23:20:32.760 NotebookApp]

    Copy/paste this URL into your browser when you connect for the first time,
    to login with a token:
        http://localhost:8888/?token=a890ac135eab19794ebcbba28abad8bea12acdb06b43e1dc
[I 23:20:32.989 NotebookApp] Accepting one-time-token-authenticated connection from ::1
^C[I 23:21:24.132 NotebookApp] interrupted
Serving notebooks from local directory: /Users/lingjiefan/workspace/blockchain
0 active kernels
The Jupyter Notebook is running at:
http://localhost:8888/?token=a890ac135eab19794ebcbba28abad8bea12acdb06b43e1dc
```

图 4-13　启动 Jupyter Notebook

启动 Jupyter Notebook 后会自动在浏览器中打开一个页面（启动后程序默认监听 8888 端口），如图 4-14 所示。

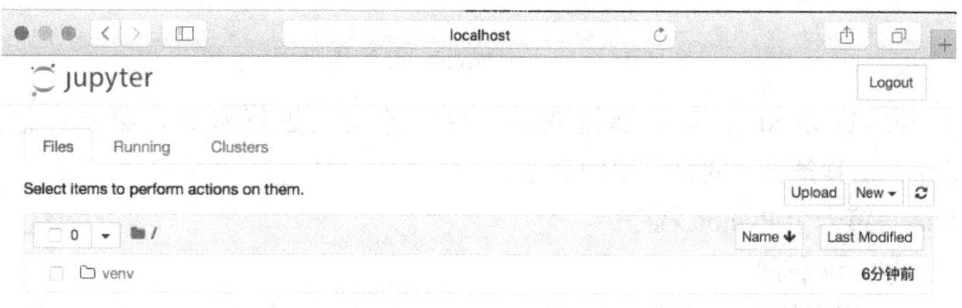

图 4-14　Jupyter Notebook 启动页面

该页面显示的是“Files”标签下的内容，其中列出当前文件夹下的文件目录结构，第 2 个标签“Running”显示的是当前运行的 notebook 页面，第 3 个标签“Clusters”显示的是集群功能。要编写 Python 代码可以选择右上角的“New”菜单，在下拉框中选择“Python 3”来新建一个 notebook 页面，如图 4-15 所示。

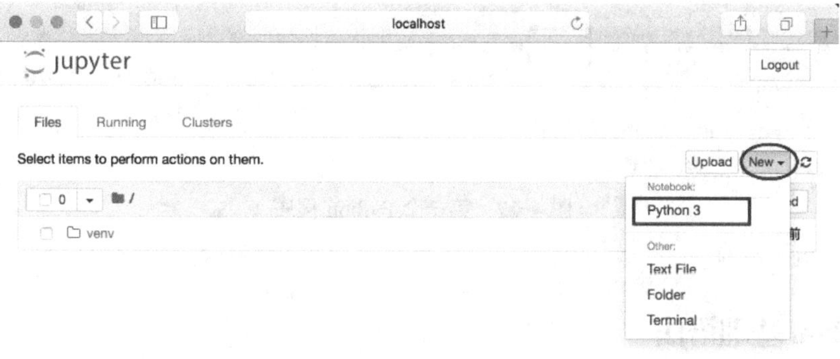

图 4-15　Jupyter Notebook 新建页面

新建的 notebook 页面主要可分为 4 块区域，名称、菜单栏、工具条和编辑区域，如图 4-16 所示。

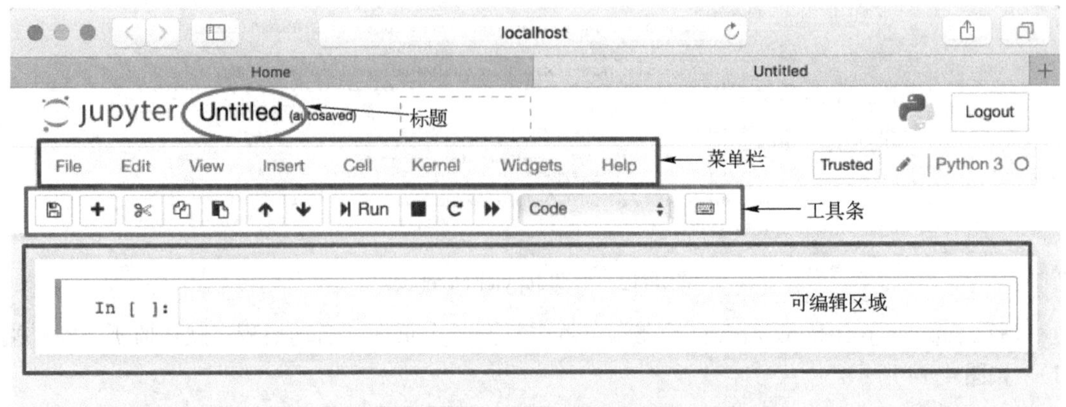

图 4-16　Jupyter Notebook 编辑页面

标题默认是“Untitled”，可以通过双击标题位置对其进行修改，菜单栏包括了所有对 notebook 的操作，工具条显示的是常用的命令。

下面开始编写第一个 Python 程序。

3．第一个 Python 程序

第一个 Python 程序的功能比较简单，就是输出“你好，区块链”这几个字，使用 Python 中的打印函数 print 函数实现，输入代码 print（“你好，区块链”）后，单击“工具条”上的“Run”按钮或使用快捷键〈Shift+Enter〉执行代码，如图 4-17 所示，可以看到下面打印了结果“你好，区块链”。

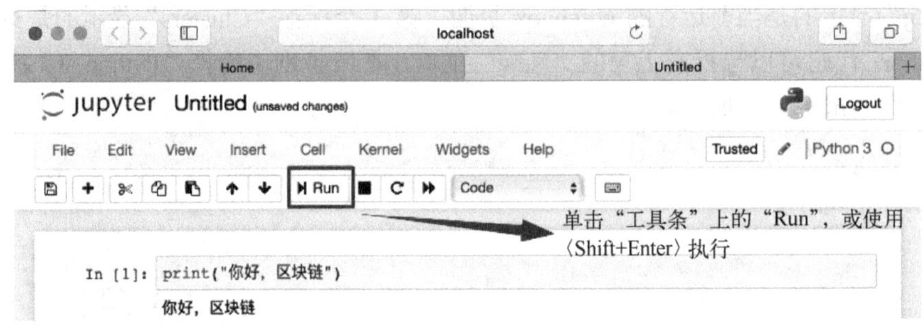

图 4-17　第一个 Python 程序

怎么样，很简单吧？

4.1.2　Python 基础语法

Python 语言与 C 和 Java 等语言有许多相似之处，如果有其他编程语言基础的话可以很快上手。这里需要注意的是，Python 的代码控制没有像 C 和 Java 那样使用大括号控制代码块，而采用缩进方式进行控制，这样做的好处是要求开发者必须写出格式化的代码，这样代码看起来比较简洁清晰。如图 4-18 所示，用 Java 和 Python 分别实现交换两个变量的值，左边是 Java 代码，右边是 Python 代码，可以看到右边代码比较简洁。

a.py — ~/Downloads

a.java

```java
# Java代码

if ( a > b )        // 判断条件用小括号包含
{               // 代码块的起始和结束用大括号
    a = b;
    b = c;
}
```

a.py

```python
# Python代码

if a > b: # 代码块用缩进标示，不需要使用括号
    a,b = b,c
```

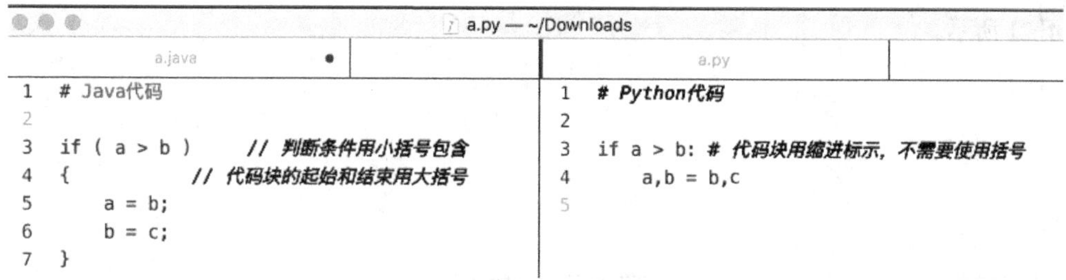

图 4-18　Java 和 Python 代码对比

接下来首先介绍 Python 的数据类型和变量。

1. 数据类型和变量

Python 是动态编程语言，即在代码运行时执行数据类型检查，不需要进行变量的数据类型声明。常见的数据类型，如整型、浮点型、字符串等只需要将对应的值赋值给一个变量就可以了，如图 4-19 所示。

```python
In [1]: a = 1                          # 整型
        b = 3.14                       # 浮点型
        c = 'abc'                      # 字符串
        e = b'abc'                     # 字节流，即字符串的二进制表示
        f = [1, 2, 3]                  # 列表
        g = ('Python', 'Java', 'C') # 元组，相当于不能修改的列表
        h = {"Alice": "Girl"}          # 字典
        i = {'apple', 'orange', 'pear'} # 集合
```

图 4-19　数据类型和变量

2. 控制语句

Python 的控制语句也和其他语言类似，使用 if、elif、else 关键词控制条件判断语句，使用 for 和 while 关键词控制循环语句，而且语法更加简洁，控制语句的用法如图 4-20 所示。

```python
In [2]: # 条件判断
        x = 1
        if x > 0:
            print("大于零")
        elif x == 0:
            print("等于零")
        else:
            print("小于零")

        大于零

In [3]: # 循环
        for i in [1, 2, 3]:
            print(i)

        1
        2
        3
```

图 4-20　控制语句

3. 注释

在 Python 中使用“#”作为单行注释，多行注释使用三个单引号（'''）或三个双引号（"""），

如图 4-21 所示。

```
In [4]: # 这是单行注释

        '''
        这是
        多行
        注释
        '''
```

图 4-21　注释语句

4．函数

在 Python 中使用 def 定义一个函数，定义方法如下所示。

```
# function_name 是函数名，
# params 是函数参数
def function_name(params):
    # function_body 是函数执行内容
    function_body
```

下面的代码定义了一个计算正方形面积的函数，以及求最大值和求绝对值两个函数的使用（这两个函数是 max 和 abs 是 Python 自带的），如图 4-22 所示。

```
In [5]: # 定义计算正方形面积函数

        def area(x):
            return x * x

In [6]: # 求最大值

        max(1, 3, 0, -2)

Out[6]: 3

In [7]: # 求绝对值

        abs(-26)

Out[7]: 26
```

图 4-22　函数

5．异常

当 Python 程序在运行过程中遇到了预料之外的情况时就会出现异常，这些需要用 try…except…语句将异常捕获并处理，如图 4-23 所示。

```
In [8]: # 捕获1除以0的异常并打印错误信息

        try:
            1/0
        except Exception as e:
            print(e)

        division by zero
```

图 4-23　异常

6. 类和对象

在 Python 中，所有数据类型都可以视为一个对象，类是用来描述具有相同的属性和方法的对象的集合，使用 class 关键词来定义一个简单的、名为 ClassName 的类，这个类的定义方法如下所示。

```
# 其中 ClassName 是类名
def ClassName:
    # __init__是类的初始化函数
    # self 是类的指针，params 是自定义初始化参数
    def __init__(self, params):
        # init_body 是自定义初始化函数体
        init_body
    # class_function 是自定义的类函数
    def class_function(self, params):
        # function_body 是自定义的函数体
        function_body
```

下面定义一个名为 People 的类，包含姓名和年龄的属性，并定义一个名为 speak 的函数，功能是打印输出姓名和年龄，如图 4-24 所示。

```
In [9]:  # 定义一个人 (People)类，包含姓名 (name) 和年龄(age)

         class People:

             def __init__(self, name, age):
                 """
                 初始化方法，将参数赋值给类成员变量
                 """
                 self.name = name
                 self.age = age

             def speak(self):
                 """
                 打印成员变量
                 """
                 print("我叫%s, 我今年%s岁。" % (self.name, self.age))

In [10]: # 实例化一个类的实例对象并调用它的方法

         p = People('张三', '33')
         p.speak()

         我叫张三，我今年33岁。
```

图 4-24　定义类和对象

7. 包和模块

Python 文件一般以.py 结尾，一个.py 文件就称之为一个模块（Module），而包（Package）是指一个包含__init__.py 这样的特殊文件的文件夹，如图 4-25 所示，my_module 是一个自定义的包，其中包含 abc 和 xyz 这两个模块。

```
my_module
├── __init__.py
├── abc.py
└── xyz.py
```

图 4-25　包和模块

使用模块和包的好处是大大提高了代码的可维护性，可以把很多函数和代码按功能分组存放，使得逻辑更加清晰，还可避免变量和函数的名称冲突，并且还可以共享到开发社区中，作为第三方类库供其他开发者下载使用。

以上简单介绍了 Python 的基础语法。由于本章内容是面向区块链技术开发的，这里重点介绍与之相关的内容，关于 Python 的高级特性，如函数式编程、装饰器、描述器、迭代器与生成器等不做进一步讲解，有兴趣的读者朋友可自行查询相关教程进行学习。

下面再对 Python 区块链开发实践中常用的类库做一些介绍。

4.1.3 Python 区块链开发常用库

在区块链的开发中，获取当前的时间，对数据进行加密等操作是必不可少的，这就要用到 Python 的时间模块库和常用的加密算法库。

1．时间模块库

Python 语言提供了 time 和 datetime 这两个模块用于处理日期和时间相关的事务。这里讲解一下这两个模块的使用方法。先使用 import 语句导入 time 和 datetime 库，再获得当前的时间戳（格林尼治时间 1970 年 01 月 01 日 00 时 00 分 00 秒起到现在的总秒数）和当前时间，如图 4-26 所示。

```
In [1]: # 导入time
        import time

In [2]: # 获取当前时间戳，以秒为单位
        time.time()
Out[2]: 1536331131.600277

In [3]: # 导入datetime库
        from datetime import datetime

        # 获取当前时间，返回datetime对象
        datetime.now()
Out[3]: datetime.datetime(2018, 9, 7, 22, 38, 52, 288190)

In [4]: # 格式化显示，以"年-月-日 时:分:秒"格式返回
        datetime.now().strftime("%Y-%m-%d %H:%M:%S")
Out[4]: '2018-09-07 22:38:52'
```

图 4-26　时间库的使用方法

2．哈希算法库

在 Python 中已经内置了一个哈希库——hashlib，它提供了常见的哈希算法，如 MD5，SHA256 等，以下为 MD5 和 SHA256 的使用方法，如图 4-27 所示。

3．Base64 库

Base64 是一种用 64 个字符来表示任意二进制数据的方法，Python 中内置了 Base64 库以供使用，下面内容是将字符串“你好，区块链”进行 Base64 加密和解密的过程，代码如图 4-28 所示。

```
In [5]: # 导入哈希库
        import hashlib

In [6]: # md5示例

        # 初始化md5
        m = hashlib.md5()

        # 传入需加密的字符串,字符串需要编码成utf-8格式
        m.update('使用md5加密的数据'.encode('utf-8'))

        # 打印加密后的密文
        print(m.hexdigest())

        a4504a3987fd629426acbd6f38bd6fd4

In [7]: # SHA256 示例

        # 初始化SHA256
        s = hashlib.sha256()

        # 传入需要加密的字符串，同样需要编码成utf-8格式
        s.update('使用SHA256加密的数据'.encode('utf-8'))

        # 打印加密后的密文
        print(s.hexdigest())

        4e628c394bfd7c276e40fb70cb09baa62268c10e035b8bad9b6ca04e83f7f7d3
```

图 4-27　哈希算法库的使用

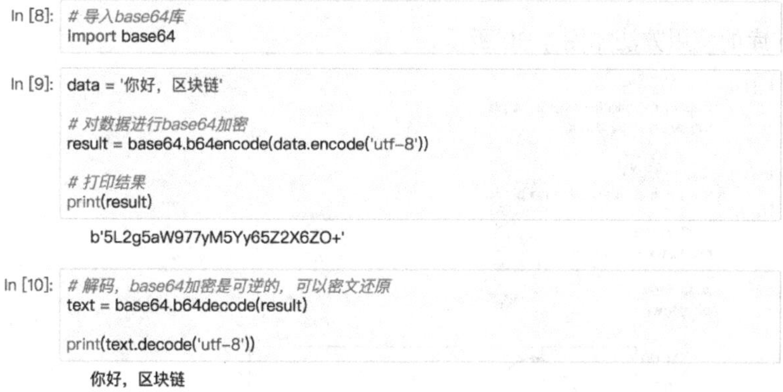

```
In [8]: # 导入base64库
        import base64

In [9]: data = '你好，区块链'

        # 对数据进行base64加密
        result = base64.b64encode(data.encode('utf-8'))

        # 打印结果
        print(result)

        b'5L2g5aW977yM5Yy65Z2X6ZO+'

In [10]: # 解码，base64加密是可逆的，可以密文还原
         text = base64.b64decode(result)

         print(text.decode('utf-8'))

         你好，区块链
```

图 4-28　Base64 库使用

4. 非对称加密算法库

在 Python 中使用非对称加密算法，比如椭圆曲线算法时，需要安装第三方库。在此简单讲解如何在 Python 中使用椭圆曲线算法。要用椭圆曲线算法，需要先安装第三方库 ECDSA，安装命令如下。

```
pip install ecdsa
```

安装完成后先导入算法库，生成一对私钥和公钥，然后用私钥进行签名，用公钥进行签名验证，如图 4-29 所示，先使用 SigningKey.generate()方法生成一个私钥，由这个私钥可以生成一个唯一的公钥。然后使用私钥对“Something”这个字符串生成签名，而由私钥生成的公钥就可以用来验证这个签名是否正确。

```
In [11]: # 导入椭圆加密算法
         from ecdsa import SigningKey, SECP256k1

In [12]: # 生成私钥
         sk = SigningKey.generate(curve=SECP256k1)

In [13]: # 生成公钥
         vk = sk.get_verifying_key()

In [14]: # 生成签名
         signature = sk.sign("Something".encode("utf-8"))

In [15]: # 验证签名
         vk.verify(signature, "Something".encode("utf-8"))

Out[15]: True
```

图 4-29　使用椭圆曲线库

5. 绘图库

最后介绍 Python 的绘图库 Matplotlib，这个库用来生成常用的图表和进行数据可视化。Matplotlib 支持各种平台，并且功能强大，能够轻易绘制出各种专业的图形。要使用这个库需要先进行安装，安装命令如下。

```
pip install matplotlib
```

Matplotlib 库的使用方法如图 4-30 所示。

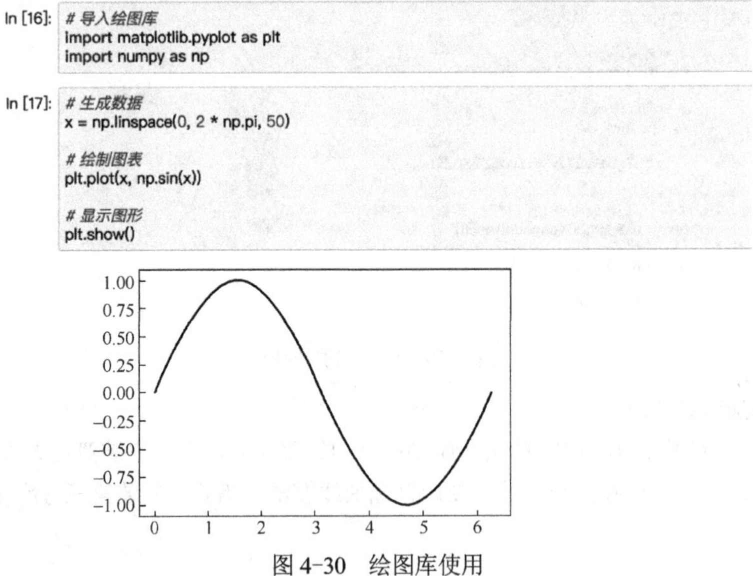

图 4-30　绘图库使用

关于 Python 与区块链开发相关的库就讲解到这里，下面开始用 Python 开发区块链。

4.2　基于 Python 实现区块链

在这一节中将基于 Python 语言，开发一个简单的区块链系统。虽说简单，但区块链的基本功能和特性都会实现。

完成一个区块链系统的第 1 步是先实现一个区块链原型。好比建造一幢大楼之前先打下地基，这个区块链原型就是区块链系统的地基。

4.2.1　区块链原型的实现

简单来说，区块链就是一条链，由一个个区块连接起来的链，如图 4-31 所示。要实现这个区块链原型，首先需要定义一下区块的结构。

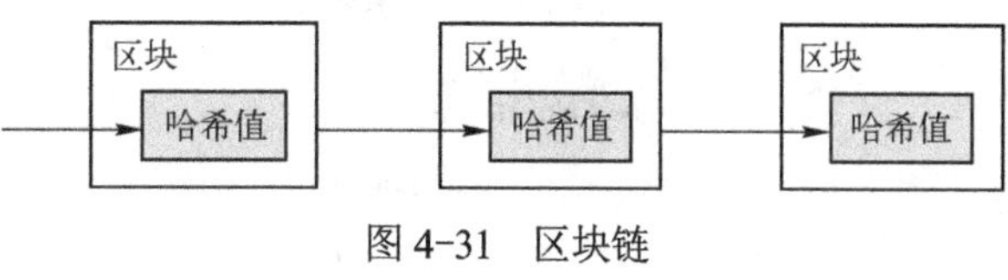

图 4-31　区块链

（1）定义区块的结构

在前面第 2 章中已详细介绍过区块的结构，区块包括区块头和区块体两个部分，区块头由版本、父区块哈希值、数据、Merkle 根、时间戳、目标难度、Nonce 值组成；区块体实际上可以包含任何内容，在比特币中包括交易输入数量、交易输出数量和长度不定的交易记录等信息。在以太坊中的区块体中除了交易数据还包含智能合约。为方便开发和理解，这里要开发的区块链系统简化了区块的结构，只使用最关键的几个字段，其他非必要的字段先忽略。简化后的区块包括父区块哈希值、数据、时间戳、哈希值这四个字段，区块的哈希值由区块中父区块哈希值、数据和时间戳这 3 个字段拼接起来通过哈希算法计算而成。通过 Python 定义区块的结构，如图 4-32 所示。

In [1]:
```python
import hashlib
from datetime import datetime


class Block:
    """
        区块结构
            prev_hash:      父区块哈希值
            data:           区块内容
            timestamp:      区块创建时间
            hash:           区块哈希值
    """
    def __init__(self, data, prev_hash):
        # 将传入的父区块哈希值和数据保存到类变量中
        self.prev_hash = prev_hash
        self.data = data
        # 获取当前时间
        self.timestamp = datetime.now().strftime("%Y-%m-%d %H:%M:%S")

        # 计算区块的哈希值
        message = hashlib.sha256()
        message.update(str(self.prev_hash).encode('utf-8'))
        message.update(str(self.data).encode('utf-8'))
        message.update(str(self.timestamp).encode('utf-8'))
        self.hash = message.hexdigest()
```

图 4-32　简单区块的 Python 实现

（2）定义区块链的结构

区块链是由区块组成的链条，定义了区块的结构后还需要定义一个区块链的结构。将各个区块通过哈希值前后依次相连，然后将这些区块都放到一个数组中，初始化时列表为空，新的区块依次放到这个列表中，再定义一个函数来实现向这个列表中添加区块的功能，从而定义了这个区块链的结构，具体代码如图 4-33 所示。

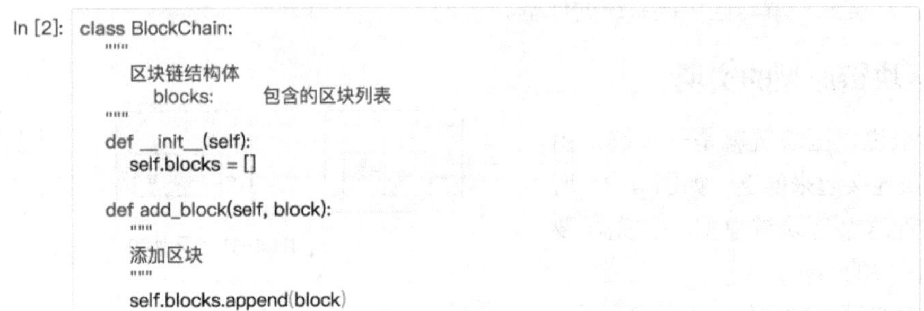

```
In [2]: class BlockChain:
            """
                区块链结构体
                    blocks:        包含的区块列表
            """
            def __init__(self):
                self.blocks = []

            def add_block(self, block):
                """
                添加区块
                """
                self.blocks.append(block)
```

图 4-33　区块链结构

以上就完成了最简单的区块链结构，下面在此基础上一步步对其完善直至实现一个真正的区块链系统。

（3）实现区块链原型

1）先来创建第 1 个区块，或者叫作创世区块，代码如图 4-34 所示，创世区块没有父区块，所以 prev_hash 的值为空。

```
In [3]: # 生成创世区块
        # 创世区块是第一个区块,无父区块哈希
        genesis_block = Block(data="创世区块", prev_hash="")
```

图 4-34　创世区块

2）再创建两个区块，数据是关于张三的转账记录，prev_hash 依次是前一个区块的哈希值，如图 4-35 所示。

```
In [4]:  # 再新建两个区块，prev_hash分别为父区块哈希值
         new_block = Block(data="张三转给李四1个比特币", prev_hash=genesis_block.hash)
         new_block2 = Block(data="张三转给王五2个比特币", prev_hash=new_block.hash)
```

图 4-35　新建两个区块

3）然后新建一个区块链并将上面的区块添加到区块链中，如图 4-36 所示。

```
In [5]: # 新建一个区块链
        blockchain = BlockChain()

        # 将上面的几个区块添加到区块链中
        blockchain.add_block(genesis_block)
        blockchain.add_block(new_block)
        blockchain.add_block(new_block2)
```

图 4-36　创建区块链

4）最后打印输出当前区块链的信息，可以看到这个区块链包含了 3 个区块，如图 4-37 所示。

```
In [6]:
# 打印区块链

print("区块链包含区块个数: %d\n" % len(blockchain.blocks))

for block in blockchain.blocks:
    print("父区块区块哈希: %s" % block.prev_hash)
    print("区块内容: %s" % block.data)
    print("区块哈希: %s" % block.hash)
    print("\n") #
```

```
区块链包含区块个数: 3

父区块区块哈希:
区块内容: 创世区块
区块哈希: 5fc1fd14375c042fcca3d91ff2256970e555559a2071821b7ec3a60019617080


父区块区块哈希: 5fc1fd14375c042fcca3d91ff2256970e555559a2071821b7ec3a60019617080
区块内容: 张三转给李四1个比特币
区块哈希: afebbc18934c4b4bd1fdae1ade60f7e598be70f0b0f3ef5902b7853e379da87b


父区块区块哈希: afebbc18934c4b4bd1fdae1ade60f7e598be70f0b0f3ef5902b7853e379da87b
区块内容: 张三转给王五2个比特币
区块哈希: 24148ee8d99fc0b6f5888b0a5756360ccdeca0e23cf3af02195febb6f01c750d
```

图 4-37　打印输出区块链信息

以上就实现了一个最简单的区块链原型，但它缺少了区块链的核心功能，比如共识机制、账户和交易、去中心化网络等，不能算是一个真正的区块链。接下来会在这个原型基础上一步步添加区块链的各种特性，直至实现一个完整的区块链。首先是为其加入共识机制——PoW（工作量证明）。

4.2.2　区块链之工作量证明

共识机制是区块链技术的重要组成部分，在 3.1 共识机制中已经介绍过常见的几种共识机制。这里将使用 Python 实现比较简单的 PoW，即工作量证明机制。PoW 的原理是通过不断计算，直到找到一个随机数（Nonce）的值使得生成的哈希值满足一定的条件，如图 4-38 所示。

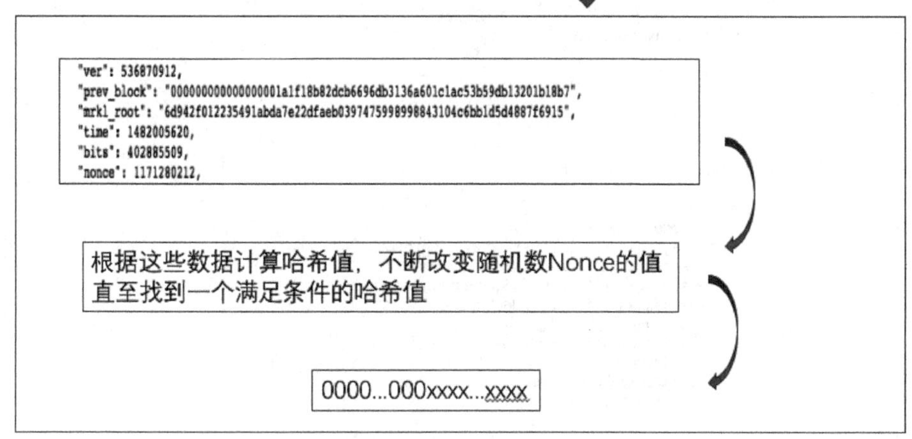

图 4-38　工作量证明机制工作原理

下面我们将工作量证明机制加入上面的区块链原型中。

1）首先更新区块的结构，加入 Nonce 字段，如图 4-39 所示。

```
In [1]:
import hashlib
from datetime import datetime


class Block:
    """
        区块结构
            prev_hash:      父区块哈希值
            data:           区块内容
            timestamp:      区块创建时间
            hash:           区块哈希值
            Nonce:        随机数
    """
    def __init__(self, data, prev_hash):
        # 将传入的父区块哈希值和数据保存到类变量中
        self.prev_hash = prev_hash
        self.data = data
        # 获取当前时间
        self.timestamp = datetime.now().strftime("%Y-%m-%d %H:%M:%S")

        # 设置Nonce和哈希的初始值为None
        self.nonce = None
        self.hash = None

    def __repr__(self):
        return "区块内容: %s\n哈希值: %s" % (self.data, self.hash)
```

图 4-39　新增 Nonce 字段

2）加入了 Nonce 变量后还需要定义一个数据结构来表示工作量证明。这个工作量证明应该关联到一个区块并包含一个变量来说明工作量证明的难度。另外，这个工作量证明还需要有两个方法，一个方法是通过算法来寻找一个特殊的 Nonce 值使得生成的哈希值满足一定的条件，也可以称之为挖矿函数；另一个方法是通过计算验证这个区块是否有效。工作量证明和验证函数的代码分别如图 4-40 和图 4-41 所示。

```
In [2]: class ProofOfWork:
    """
        工作量证明
    """
    def __init__(self, block, difficult=5):
        self.block = block

        # 定义工作量难度，默认为5，表示有效的哈希值以5个“0”开头
        self.difficulty = difficult

    def mine(self):
        """
            挖矿函数
        """
        i = 0
        prefix = '0' * self.difficulty

        while True:
            message = hashlib.sha256()
            message.update(str(self.block.prev_hash).encode('utf-8'))
            message.update(str(self.block.data).encode('utf-8'))
            message.update(str(self.block.timestamp).encode('utf-8'))
            message.update(str(i).encode("utf-8"))
            digest = message.hexdigest()
            if digest.startswith(prefix):
                self.block.nonce = i
                self.block.hash = digest
                return self.block
            i += 1
```

图 4-40　工作量证明

```
def validate(self):
    """
    验证有效性
    """
    message = hashlib.sha256()
    message.update(str(self.block.prev_hash).encode('utf-8'))
    message.update(str(self.block.data).encode('utf-8'))
    message.update(str(self.block.timestamp).encode('utf-8'))
    message.update(str(self.block.nonce).encode('utf-8'))
    digest = message.hexdigest()

    prefix = '0' * self.difficulty
    return digest.startswith(prefix)
```

图 4-41　验证函数

3）定义了工作量证明后，接下来再新建一个区块，并计算出一个能够生成有效哈希值的 Nonce 值，然后用验证函数进行验证，整个过程如图 4-42 所示。

```
In [3]: # 先定义一个区块

        b = Block(data="测试", prev_hash="")

        # 再定义一个工作量证明
        w = ProofOfWork(b)

In [4]: # 进行挖矿，并统计函数执行时间
        %time  valid_block= w.mine()

        CPU times: user 1.42 s, sys: 2.95 ms, total: 1.42 s
        Wall time: 1.42 s

In [5]: # 验证区块，并计算执行时间
        %time  w.validate()

        CPU times: user 20 µs, sys: 0 ns, total: 20 µs
        Wall time: 26 µs

Out[5]: True
```

图 4-42　测试工作量证明

前面 3.1.2 几个重要的共识机制曾提到，在工作量证明的计算过程中，“挖矿”的计算量很大，而验证的方法很简单，计算量很小。从上图中的代码中也可以看到，“挖矿”消耗的时间为 1.42s，而验证时间只需要 0.026s（26μs），很明显验证比计算工作量证明简单得多。

4）完成工作量证明机制后，再生成一个新的加入工作量证明机制的区块链，如图 4-43 所示。

```
In [8]: blockchain = BlockChain()

        new_block1 = Block(data="创世区块", prev_hash="")
        w1 = ProofOfWork(new_block1)
        genesis_block = w1.mine()
        blockchain.add_block(genesis_block)

        new_block2 = Block(data="张三转给李四1个比特币", prev_hash=genesis_block.hash)
        w2 = ProofOfWork(new_block2)
        new_block = w2.mine()
        blockchain.add_block(new_block)

        new_block3 = Block(data="张三转给王五2个比特币", prev_hash=new_block.hash)
        w3 = ProofOfWork(new_block3)
        new_block = w3.mine()
        blockchain.add_block(new_block)
```

图 4-43　加入工作量证明

将上述区块链的区块信息打印出来可以看到，区块的哈希值都是以“00000”开头，如图 4-44 所示。

```
In [9]:
# 打印区块链

print("区块链包含区块个数: %d\n" % len(blockchain.blocks))

for block in blockchain.blocks:
    print("父区块区块哈希: %s" % block.prev_hash)
    print("区块内容: %s" % block.data)
    print("区块哈希: %s" % block.hash)
    print("\n")
```

```
区块链包含区块个数: 3

父区块区块哈希:
区块内容: 创世区块
区块哈希: 00000d814835a1f29f56fc3ea249fb6c4848f50cd10f4a9874d16a9e2a6b791b


父区块区块哈希: 00000d814835a1f29f56fc3ea249fb6c4848f50cd10f4a9874d16a9e2a6b791b
区块内容: 张三转给李四1个比特币
区块哈希: 00000b0c53554bb5f777b7bb2a1d0b94460f0e984a09368cb2ee55a54df2bb3e


父区块区块哈希: 00000b0c53554bb5f777b7bb2a1d0b94460f0e984a09368cb2ee55a54df2bb3e
区块内容: 张三转给王五2个比特币
区块哈希: 0000045e5126d2840497339a8231733b23e6c92dfc9095ee52aa8530eed8facf
```

图 4-44　加入工作量证明后的区块链

至此，新建的这个区块链有了共识机制，但尚未引入奖励机制，也没有账户和交易的功能，在下一节中将会逐一实现这些功能。

4.2.3　钱包、账户和交易功能

第 3 章已经介绍过区块链技术中账户其实就是区块链网络中的一个地址，用来标示区块链网络中的某个节点。而钱包是用来存放账户的工具。账户的本质是一对唯一的私钥和公钥，也就是说钱包的本质是生成和管理这些密钥对的工具。以下是创建钱包、账户并实现其交易功能的步骤。

（1）创建钱包及账户

首先定义一个 Wallet 的类用来代表钱包，Wallet 初始化时会生成一对唯一的私钥和公钥，即一个账户，生成的算法基于椭圆曲线算法，具体代码如图 4-45 所示。

```
In [1]:
# 导入椭圆曲线算法
from ecdsa import SigningKey, SECP256k1, VerifyingKey, BadSignatureError


class Wallet:
    """
        钱包
    """
    def __init__(self):
        """
            钱包初始化时基于椭圆曲线生成一个唯一的秘钥对，代表区块链上一个唯一的账户
        """
        self._private_key = SigningKey.generate(curve=SECP256k1)
        self._public_key = self._private_key.get_verifying_key()

```

图 4-45　创建钱包

（2）生成签名

创建账户后还需要提供这个账户的地址和公钥并利用账户的私钥生成签名。其中，地址由公钥先经哈希算法再进行 Base64 算法计算而成，签名生成的是一串二进制字符串，为便于查看，这里将这个二进制字符串转换成 ASCII 字符串进行输出，具体代码如图 4-46 所示。

```
    @property
    def address(self):
        """
            这里通过公钥生成地址
        """
        h = sha256(self._public_key.to_pem())
        return base64.b64encode(h.digest())

    @property
    def pubkey(self):
        """
            返回公钥字符串
        """
        return self._public_key.to_pem()

    def sign(self, message):
        """
            生成数字签名
        """
        h = sha256(message.encode('utf8'))
        return binascii.hexlify(self._private_key.sign(h.digest()))
```

图 4-46　账户的地址、公钥和签名

（3）生成验证函数

然后还需要实现一个验证函数用来验证签名是否正确，生成验证函数的代码如图 4-47 所示。

```
def verify_sign(pubkey, message, signature):
    """
        验证签名
    """
    verifier = VerifyingKey.from_pem(pubkey)
    h = sha256(message.encode('utf8'))
    return verifier.verify(binascii.unhexlify(signature), h.digest())
```

图 4-47　生成验证签名的函数

（4）测试钱包的功能

接下来对钱包功能进行测试，包括：账户的生成、账户的地址、公钥信息以及签名功能是否正常，如图 4-48 所示。

基于上面的公钥和签名，可验证签名的正确性，如图 4-49 所示，代码执行的返回结果为 True，说明这个签名是基于和这个公钥配对的私钥生成的，也就是说钱包（账户）功能正常。

```
In [2]:
# 新建一个钱包

w = Wallet()
```

```
In [3]:
# 打印钱包地址

w.address
```

```
Out[3]: b'QUYwruoi9eNUhBToWuDflgchvKv0fb2I98rBBLFyxTw='
```

```
In [4]:
# 打印钱包公钥

w.pubkey
```

```
Out[4]: b'-----BEGIN PUBLIC KEY-----\nMFYwEAYHKoZIzj0CAQYFK4EEAAoDQgAEbAt7Tn7wfYT
MASx3z6dpqVGzyXYSi1VG\nqKxMTXvB97ueqDHwfVtsCsvG1rUV8/pvsM32sXZhUwKadg6V6jW
fEw==\n-----END PUBLIC KEY-----\n'
```

```
In [5]:
# 测试数据

data = "交易数据"
```

```
In [6]:
# 生成签名

sig = w.sign(data)

# 打印签名
print(sig)
```

```
b'2386612dc20dd40519a468ff5f1ffaf6ccd1b69d27a59dcffeba754ccb2db98eb52d5008e3aa
e3a8e2533b279d75ce8e7155899b5022d4fb47e1290a0e3ddf1a'
```

图 4-48　测试生成钱包地址、钱包公钥、签名

```
In [7]:
# 验证签名

verify_sign(w.pubkey, data, sig)
```

```
Out[7]: True
```

图 4-49　验证签名是否正确

（5）实现钱包的交易功能

钱包和账户的功能实现后还需要加入交易的功能。为了支持交易，这里需要再定义一个交易的数据结构。

在前面的步骤中，区块结构中的数据只是一个简单的字符串，而在实际的区块链中，数据是一个个的交易记录，这些交易记录需要包含交易的发送方、接收方、交易数量，以及用来验证交易的发送方公钥和发送方签名，这里定义一个包含这几个字段的 Python 类 Transaction，如图 4-50 所示。

（6）整合钱包和交易功能

完成了钱包和交易的功能后，将这两个功能更新到前面完成的区块链原型中。

1）首先，将区块结构中的数据替换为交易列表，如图 4-51 所示。

```
In [8]:
import json

class Transaction:
    """
    交易的结构
    """
    def __init__(self, sender, recipient, amount):
        """
        初始化交易，设置交易的发送方、接收方和交易数量
        """
        if isinstance(sender, bytes):
            sender = sender.decode('utf-8')
        self.sender = sender            # 发送方
        if isinstance(recipient, bytes):
            recipient = recipient.decode('utf-8')
        self.recipient = recipient      # 接收方
        self.amount = amount            # 交易数量

    def set_sign(self, signature, pubkey):
        """
        为了便于验证这个交易的可靠性，需要发送方输入他的公钥和签名
        """
        self.signature = signature      # 签名
        self.pubkey = pubkey            # 发送方公钥

    def __repr__(self):
        """
        交易大致可分为两种，一是挖矿所得，二是转账交易
        挖矿所得无发送方，以此进行区分显示不同内容
        """
        if self.sender:
            s = "从 %s 转至 %s %d个加密货币" % (self.sender, self.recipient, self.amount)
        else:
            s = "%s 挖矿获取%d个加密货币" % (self.recipient, self.amount)
        return s
```

图 4-50　定义包含交易记录的类 Transaction

```
In [9]:
import hashlib
from datetime import datetime


class Block:
    """
        区块结构
            ...
            transactions:    交易列表
            ...
    """
    def __init__(self, transactions, prev_hash):
        ...
        # 更新为交易列表
        self.transactions = transactions
        ...
```

图 4 51　更新区块结构，包含交易列表

2）接着，在工作量证明中添加奖励机制，这个奖励机制为挖矿成功后可以获得加密数字货币作为奖励。这里假定为每完成一个区块可获得 1 个加密数字货币，代码如图 4-52 所示。

3）然后，为了方便获取区块链中账号的加密数字货币情况，这里再添加一个名为 get_balance 的查询函数，该函数会遍历整个区块链的交易数据，通过匹配账号获取与这个账号相关的所有交易记录，然后累加这个账号接收到的金额，并减去所有的支出金额，计算出该账户的当前余额，如图 4-53 所示。

In [10]:

```

class ProofOfWork:
    """
        工作量证明
    """
    def __init__(self, block, miner, difficult=5):

        ...

        # 添加挖矿奖励
        self.reward_amount = 1

    def mine(self):
        """
            挖矿函数
        """

        ...

        # 添加奖励
        t = Transaction(
                sender="",
                recipient=self.miner.address,
                amount=self.reward_amount,
            )
        sig = self.miner.sign(json.dumps(t, cls=TransactionEncoder))
        t.set_sign(sig, self.miner.pubkey)
        self.block.transactions.append(t)

        ...
```

图 4-52　添加奖励机制至工作量证明

In [12]:

```
def get_balance(user):
    balance = 0
    for block in blockchain.blocks:
        for t in block.transactions:
            if t.sender == user.address.decode():
                balance -= t.amount
            elif t.recipient == user.address.decode():
                balance += t.amount
    return balance
```

图 4-53　获取余额

（7）测试区块链交易功能

最后来测试一下区块链的交易功能能否正常运行。先初始化一个空的区块链和 3 个钱包账户（alice、tom、bob），如图 4-54 所示，可以看到初始化钱包中余额都是 0。

In [15]:

```
# 初始化区块链
blockchain = BlockChain()

# 创建三个钱包，一个属于alice，一个属于tom，剩下一个属于bob
alice = Wallet()
tom = Wallet()
bob = Wallet()

# 打印当前钱包情况
print("alice: %d个加密货币" % (get_balance(alice)))
print("tom: %d个加密货币" % (get_balance(tom)))
print("bob: %d个加密货币" % (get_balance(bob)))
```

```
alice: 0个加密货币
tom: 0个加密货币
bob: 0个加密货币
```

图 4-54　显示余额

下面假设 alice 生成了创世区块并将创世区块添加到区块链中。根据工作量证明机制，alice 将获得 1 个加密数字货币，代码如图 4-55 所示。

```
In [21]:
# alice生成创世区块，并添加到区块链中

new_block1 = Block(transactions=[], prev_hash="")
w1 = ProofOfWork(new_block1, alice)
genesis_block = w1.mine()
blockchain.add_block(genesis_block)
```

```
In [22]:
# 显示alice当前余额

print("alice: %d个加密货币" % (get_balance(alice)))

alice: 1个加密货币
```

图 4-55　生成创世区块后奖励 alice 1 个加密货币

alice 获得奖励后可以向 tom 进行转账，这里转账了 0.3 个加密数字货币，代码如图 4-56 所示。

```
In [16]:
# alice 转账给 tom 0.3个加密货币
transactions = []
new_transaction = Transaction(
    sender=alice.address,
    recipient=tom.address,
    amount=0.3
)
sig = tom.sign(str(new_transaction))
new_transaction.set_sign(sig, tom.pubkey)
```

图 4-56　alice 转账 0.3 个加密货币给 tom

假设这笔转账交易被广播到区块链网络后由 bob 进行验证并生成一个新的区块添加到了网络上，那么 bob 也将获得 1 个加密数字货币，代码如图 4-57 所示。

```
In [22]:
# bob 在网络上接收到这笔交易信息，进行验证没问题后生成一个新的区块并添加到区块链中

if verify_sign(new_transaction.pubkey,
               str(new_transaction),
               new_transaction.signature):

    # 验证交易签名没问题，生成一个新的区块
    print("验证交易成功")
    new_block2 = Block(transactions=[new_transaction], prev_hash="")
    print("生成新的区块...")
    w2 = ProofOfWork(new_block2, bob)
    block = w2.mine()
    print("将新区块添加到区块链中")
    blockchain.add_block(block)
else:
    print("交易验证失败！")

验证交易成功
生成新的区块...
将新区块添加到区块链中
```

图 4-57　bob 验证交易并更新区块链

再次打印此时的钱包余额。此时可以看到 alice 转给 tom 0.3 个加密数字货币后变成了 0.7 个，tom 因此拥有 0.3 个加密数字货币，bob 挖矿获得了 1 个加密数字货币。如图 4-58 所示。

```
In [20]:
# 打印当前钱包情况
print("alice: %.1f个加密货币" % (get_balance(alice)))
print("tom: %.1f个加密货币" % (get_balance(tom)))
print("bob: %d个加密货币" % (get_balance(bob)))

alice: 0.7个加密货币
tom: 0.3个加密货币
bob: 1个加密货币
```

图 4-58　获取更新后余额

至此，这个区块链系统可以支持挖矿奖励和交易的功能了！但实际的区块链是运行在一个去中心化网络中的，在下一节中，将实现一个简单的去中心化的区块链网络。

4.2.4　实现一个简单的去中心化网络

区块链网络是去中心化的，这意味着区块链不是基于一个中心节点产生的，而是有很多去中心化的节点一起参与维护。

在这一节中将会基于 Python 模拟实现一个简单的去中心化网络。这个模拟的去中心化网络中多个节点可以运行在同一台计算机上，只是每个节点使用了不同的本地端口号，每个节点都是用一个独立的线程运行，相当于一个独立的节点。从功能上说，这些独立的节点会各自运行，互不影响。但从区块链上讲，这些节点相互配合共同维护这个区块链的正确性，并验证区块和生成新的区块来延伸整个链的长度。

（1）定义节点

为实现这个去中心化网络，先要定义一个全局变量来保存区块链上的所有节点，再定义一个节点的结构，每个节点都包含了唯一的端口、节点名称、一个唯一的钱包和一个区块链的副本，代码如图 4-59 所示。

```
import socket
import threading

# 定义一个全局列表保存所有节点
NODE_LIST = []

class Node(threading.Thread):
    def __init__(self, name, port, host="localhost"):
        threading.Thread.__init__(self, name=name)
        self.host = host        # 服务器地址，本地电脑都设为localhost
        self.port = port         # 每个节点对应一个唯一的端口号
        self.name = name     # 唯一的节点名称
        self.wallet = Wallet()
        self.blockchain = None     # 用来存储一个区块链副本
```

图 4-59　节点结构

（2）启动节点

每个节点启动时会先初始化区块链信息并一直监听指定端口，处理其他节点请求，代码如图 4-60 所示。

（3）初始化区块链

初始化区块链的过程是先判断区块链网络中是否有其他节点，若有则发送初始化请求，请求该节点的区块链信息并同步到本节点，如果是网络中的第 1 个节点，则需要初始化一个创世区块，具体代码如图 4-61 所示。

```
def run(self):
    """
    节点运行
    """
    self.init_blockchain()    # 初始化区块链

    # 在指定端口进行监听
    sock = socket.socket(socket.AF_INET, socket.SOCK_STREAM)
    sock.bind((self.host, self.port))
    NODE_LIST.append({
        "name": self.name,
        "host": self.host,
        "port": self.port
    })
    sock.listen(10)
    print(self.name, "运行中...")
    while True:          # 不断处理其他节点发送的请求
        connection,address = sock.accept()
        try:
            print(self.name, "处理请求内容...")
            self.handle_request(connection)
        except socket.timeout:
            print('超时!')
        except Exception as e:
            print(e, )
        connection.close()
```

图 4-60　节点的启动过程

```
def init_blockchain(self):
    """
    初始化当前节点的区块链
    """
    PER_BYTE = 1024
    if NODE_LIST:                  # 若当前网络中已存在其他节点，则从第一个节点从获取区块链信息
        host = NODE_LIST[0]['host']
        port = NODE_LIST[0]['port']
        name = NODE_LIST[0]["name"]
        print(self.name, "发送初始化请求 %s" % (name))
        sock = socket.socket(socket.AF_INET, socket.SOCK_STREAM)
        sock.connect((host, port))     # 连接到网络中的第一个节点
        sock.send(pickle.dumps('INIT'))    # 发送初始化请求
        data = []
        while True:          # 读取区块链信息，直至完全获取后退出
            buf = sock.recv(PER_BYTE)
            if not buf:
                break
            data.append(buf)
            if len(buf) < PER_BYTE:
                break
        sock.close()    # 获取完成后关闭连接

        # 将获取的区块链信息赋值到当前节点
        self.blockchain = pickle.loads(b''.join(data))
        print(self.name, "初始化完成.")
    else:
        # 如果是网络中的第一个节点，初始化一个创世区块
        block = Block(transactions=[], prev_hash="")
        w = ProofOfWork(block, self.wallet)
        genesis_block = w.mine()
        self.blockchain = BlockChain()
        self.blockchain.add_block(genesis_block)
        print("生成创世区块")
```

图 4-61　初始化区块链

（4）处理请求

初始化区块链后，各个节点会一直运行并处理其他节点发送过来的请求。节点收到的请求分为 3 种情况。第 1 种是初始化请求，收到该请求后节点将返回本地的区块链信息给请求者；第 2 种是新交易的广播，收到这类请求后节点验证该交易是否有效，若有效则进行挖矿生成一个新的区块添加到本地区块链并广播到整个网络中；第 3 种情况是新区块的广播，节点收到这类请求后

先验证区块是否有效，如果有效则添加到本地区块链后面（在实际的网络中可能还需要检查这个新区块是否已存在于当前区块链中，如已存在则不重复添加），具体代码如图 4-62 所示。

```
    def handle_request(self, connection):
        data = []
        while True:     # 不断读取请求数据直至读取完成
            buf = connection.recv(PER_BYTE)
            if not buf: # 若读取不到新的数据则退出
                break
            data.append(buf)

            # 若读取到的数据长度小于规定长度，说明数据读取完成，退出
            if len(buf) < PER_BYTE:
                break
        t = pickle.loads(b''.join(data))
        if isinstance(t, Transaction):  # 如果是新区块类型类型消息
            print("处理交易请求...")
            if verify_sign(t.pubkey,
                    str(t),
                     t.signature):

                # 验证交易签名没问题，生成一个新的区块
                print(self.name, "验证交易成功")
                new_block = Block(transactions=[t], prev_hash="")
                print(self.name, "生成新的区块...")
                w = ProofOfWork(new_block, self.wallet)
                block = w.mine()
                print(self.name, "将新区块添加到区块链中")
                self.blockchain.add_block(block)
                print(self.name, "将新区块广播到网络中...")
                self.broadcast_new_block(block)
            else:
                print(self.name, "交易验证失败！")
        elif isinstance(t, Block):
            print("处理新区块请求...")
            if self.verify_block(t):
                print(self.name, "区块验证成功")
                self.blockchain.add_block(t)
                print(self.name, "添加新区块成功")
            else:
                print(self.name, "区块验证失败!")
        else:  # 如果不是新区块消息，默认为初始化消息类型，返回本地区块链内容
            connection.send(pickle.dumps(self.blockchain))
```

图 4-62　处理其他节点请求

（5）广播数据

下面代码中定义的 broadcast_new_block 函数作用是将新的区块广播到去中心化网络中，通过循环遍历整个节点列表，对除自身节点外的其他节点都进行发送，如图 4-63 所示。

```
def broadcast_new_block(self, block):
    """
    将新生成的区块广播到网络中其他节点
    """
    for node in NODE_LIST:
        host =node['host']
        port = node['port']

        if host == self.host and port == self.port:
            print(self.name, "忽略自身节点")
        else:
            print(self.name, "广播新区块至 %s" % (node['name']))
            sock = socket.socket(socket.AF_INET, socket.SOCK_STREAM)
            sock.connect((host, port))      # 连接到网络中的节点
            sock.send(pickle.dumps(block))    # 发送新区块
            sock.close()               # 发送完成后关闭连接
```

图 4-63　广播新区块到网络中

除了上面的功能外，节点还应该可以提交一个交易并广播到去中心化网络其他节点，代码如图 4-64 所示。

```
def submit_transaction(self, transaction):
    for node in NODE_LIST:
        host =node['host']
        port = node['port']

        if host == self.host and port == self.port:
            print(self.name, "忽略自身节点")
        else:
            print(self.name, "广播新区块至 %s:%s" % (self.host, self.port))
            sock = socket.socket(socket.AF_INET, socket.SOCK_STREAM)
            sock.connect((node["host"], node["port"]))
            sock.send(pickle.dumps(transaction))
            sock.close()
```

图 4-64　交易提交函数

4.2.5　测试区块链网络功能

以上工作完成之后就可以测试这个区块链网络的功能了。先初始化一个节点 1 并运行这个节点在 8000 端口，打印这个节点上的区块链信息，可以看到该区块链包含一个创世区块，如图 4-65 所示。

```
In [7]: # 初始化节点1

        node1 = Node("节点1", 8000)

In [8]: node1.start()

        生成创世区块
        节点1 运行中...

In [9]: node1.print_blockchain()

        区块链包含区块个数: 1

        上个区块哈希:
        区块内容: [+welFYuuTR5XxItoPwrm7Pue+EhBVJe4HMQ5lpbWstw= 挖矿获取1个加密货币]
        区块哈希: 00000253dbf5699116a1d8d948fb8da76bb12f41f696a9ebe87c2624ecd55c2b
```

图 4-65　初始化节点 1

再创建一个节点 2 并运行在 8001 端口，再打印一下这个节点的区块链信息，应该可以看到这个区块链也包含一个创世区块，这个创世区块链是从节点 1 同步过来的，如图 4-66 所示。

```
In [10]: node2 = Node("节点2", 8001)

In [11]: node2.start()

         节点2 发送初始化请求 节点1
         节点1 处理请求内容...
         节点2 初始化完成.
         节点2 运行中...

In [12]: node2.print_blockchain()

         区块链包含区块个数: 1

         上个区块哈希:
         区块内容: [+welFYuuTR5XxItoPwrm7Pue+EhBVJe4HMQ5lpbWstw= 挖矿获取1个加密货币]
         区块哈希: 00000253dbf5699116a1d8d948fb8da76bb12f41f696a9ebe87c2624ecd55c2b
```

图 4-66　初始化节点 2

此时输出两个节点的加密数字货币情况，可以看到节点 1 生成创世区块链后获得了 1 个加密数字货币，而节点 2 没有加密数字货币，如图 4-67 所示。

再测试一下交易功能，从节点 1 账户转账 0.3 个加密数字货币到节点 2 账户并提交到去中心化网络中，如图 4-68 所示。

```
In [13]:  1  node1.get_balance()
```

当前拥有1.0个加密货币

```
In [14]:  1  node2.get_balance()
```

当前拥有0.0个加密货币

图 4-67 打印节点情况

```
In [15]: new_transaction = Transaction(
             sender=node1.wallet.address,
             recipient=node2.wallet.address,
             amount=0.3
         )
         sig = node1.wallet.sign(str(new_transaction))
         new_transaction.set_sign(sig, node1.wallet.pubkey)
```

```
In [16]: node1.submit_transaction(new_transaction)
```

```
节点1 忽略自身节点
节点1 广播新区块至 localhost:8000
节点2 处理请求内容...
处理交易请求...
节点2 验证交易成功
节点2 生成新的区块...
节点2 将新区块添加到区块链中
节点2 将新区块广播到网络中...
节点2 广播新区块至 节点1
节点1 处理请求内容...
节点2处理新区块请求...
节点1 区块验证成功
节点1  忽略自身节点
添加新区块成功
```

图 4-68 测试交易功能

这是再次输出两个节点的区块链情况，可以看到两个节点中都有两个区块，如图 4-69 所示。

```
In [18]:  1  node1.print_blockchain()
```

```
区块链包含区块个数: 2

父区块哈希:
区块内容: [wE+VFs5a68sj7QSM57Qm0NLh0Chmde9nTaIKgZrTgcc= 挖矿获取1个加密货币]
区块哈希: 0000073210b079ae64e8190daca35b2569bbeb3af0f3ce9d92de72d8520ecd2d


父区块哈希:
区块内容: [从 wE+VFs5a68sj7QSM57Qm0NLh0Chmde9nTaIKgZrTgcc= 转至 WWmsGrk0QcK
kSdAKONVgfkIMjklgbjb8MaAsziuVLC8= 0个加密货币, WWmsGrk0QcKkSdAKONVgfkIMjkl
gbjb8MaAsziuVLC8= 挖矿获取1个加密货币]
区块哈希: 000002b56e98c6934bc31c1c9ecd538a717bb627fbf1de942696e7130023239e
```

```
In [19]:  1  node2.print_blockchain()
```

```
区块链包含区块个数: 2

父区块哈希:
区块内容: [wE+VFs5a68sj7QSM57Qm0NLh0Chmde9nTaIKgZrTgcc= 挖矿获取1个加密货币]
区块哈希: 0000073210b079ae64e8190daca35b2569bbeb3af0f3ce9d92de72d8520ecd2d


父区块哈希:
区块内容: [从 wE+VFs5a68sj7QSM57Qm0NLh0Chmde9nTaIKgZrTgcc= 转至 WWmsGrk0QcK
kSdAKONVgfkIMjklgbjb8MaAsziuVLC8= 0个加密货币, WWmsGrk0QcKkSdAKONVgfkIMjkl
gbjb8MaAsziuVLC8= 挖矿获取1个加密货币]
区块哈希: 000002b56e98c6934bc31c1c9ecd538a717bb627fbf1de942696e7130023239e
```

图 4-69 打印输出交易后节点区块链

此时节点的加密数字货币情况，应该是节点 1 账户转账 0.3 个加密数字货币后变成了 0.7 个加密数字货币，而节点 2 账户经转账得到 0.3 个加密数字货币，并经挖矿获得 1 个加密数字货币共计 1.3 个加密数字货币，如图 4-70 所示。

```
In [19]:  1 node1.get_balance()
当前拥有0.7个加密货币

In [20]:  1 node2.get_balance()
当前拥有1.3个加密货币
```

图 4-70　打印输出交易后加密数字货币情况

至此，一个简单的但功能较为完整的区块链网络算是完成了。希望各位读者从这个区块链的 Python 实现中掌握区块链基本功能的实现方法。有兴趣的读者可以基于这个原型进行完善和优化，也可以基于自身熟悉的编程语言实现一个其他版本的区块链原型。这个由 Python 实现的区块链相关代码已放在 GitHub 上，有兴趣的读者可以访问 https://github.com/flingjie/learning-blockchain 进行查看。

第 5 章
智能合约开发实战——基于 Solidity

在第 3 章“区块链的核心机制”中“智能合约”一节已经介绍了智能合约的概念、特点和应用场景，在本章中将介绍如何使用和开发智能合约。每个区块链平台都有各自的智能合约实现方式，本章将基于当前最主流的智能合约——基于以太坊的 Solidity 智能合约编程语言进行讲解，重点将进行智能合约开发环境搭建、Solidity 语言简介、智能合约实例开发这三个部分的讲解。希望读者能够通过本章的学习，掌握基于以太坊 Solidity 语言的智能合约开发技能。

本章学习目标

- 搭建智能合约开发环境。
- 掌握 Solidity 语言并开发智能合约。

开发智能合约，首先需要搭建一个基于以太坊的智能合约开发环境。

以太坊有基于 Python、Go、C++、Java 等多种语言的版本。不管基于什么语言开发，以太坊区块链架构都是由核心库、通讯库和客户端三大部分组成。

- 核心库：核心库的主要功能是区块链、EVM（以太坊虚拟机）以及共识机制的实现。其中 Python 版本的核心库对应的程序为 pyethereum，Go 语言版本对应的是 go-ethereum，C++版本对应的是 cpp-ethereum，Java 版本对应的是 ethereumj。
- 通信库：通信库是一个 P2P 的网络库，主要功能是实现节点间的发现、连接和数据同步，实现去中心化网络中的数据传输服务。Python 版本对应的通信库程序为 pydevp2p，而 Go 语言版本的通信库已经打包到了 go-ethereum 的 P2P 模块之中。
- 客户端：客户端的作用是连接到以太坊并与之进行交互，包括获取以太坊区块链网络的数据，向网络上发送交易、部署合约甚至编译智能合约等。客户端通过 JSONRPC 对外开放端口保持监听，在收到消息后进行相应的操作。Python 版本客户端对应的程序为 pyethapp，默认监听 4000 端口；Go 语言对应的程序为 geth，默认监听 8545 端口。

这里要搭建的智能合约开发环境，其实就是选择一个合适的客户端连接到以太坊网络中，由于在以太坊公链上做操作需要消耗以太币（ETH），成本不低，所以对于开发者来说，很有必要在本地自行搭建一个以太坊区块链网络的测试环境进行开发。

5.1　搭建开发环境

以太坊社区已经提供了一系列工具帮助开发者快速搭建一套本地的以太坊开发环境。这里选择 Ganache（之前叫 testRPC）搭建本地以太坊测试环境。

5.1.1　安装以太坊测试环境 Ganache

Ganache（巧克力酱）是一个运行在 PC 上的以太坊测试环境，它是以太坊开发工具箱 Truffle Suite 的一部分。通过使用 Ganache，可以快速地看到开发的 DApp 是如何运作的以及以太坊的状态变化，包括查看账户余额、合约及 Gas 成本。可以调整 Ganache 的采矿控制来更好地适应自己开发的 DApp。Ganache 的安装步骤如下。

首先下载并安装 Ganache。Ganache 的下载地址是 https://truffleframework.org/ ganache/，Ganache 的主页如图 5-1 所示。

图 5-1　Ganache 的主页（下载界面）

选择与自己的操作系统对应的版本下载 Ganache 软件安装包，下载完成后双击打开安装包进行安装即可。依照提示顺序安装完成后，双击打开生成的 Ganache 图标可以看到 Ganache 的图形化的主界面，如图 5-2 所示。

图 5-2　Ganache 的图形化主界面

如图所示，Ganache 主界面上有 4 个标签，依次为账户信息、区块信息、交易信息和日志信息。Ganache 启动后会监听在本地的 7545 端口，并自动创建 10 个测试账号，每个测试账号均有 100 个以太币供测试开发。单击“BLOCKS”图标切换到区块信息，可以看到当前区块链只有一个区块，即创世区块，如图 5-3 所示。

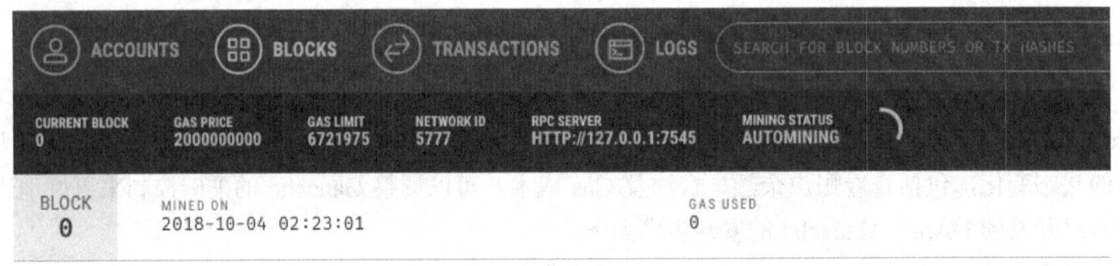

图 5-3　Ganache 初始区块信息

再单击“TRANSACTIONS”图标切换到交易信息，可以看到当前交易为空，如图 5-4 所示。

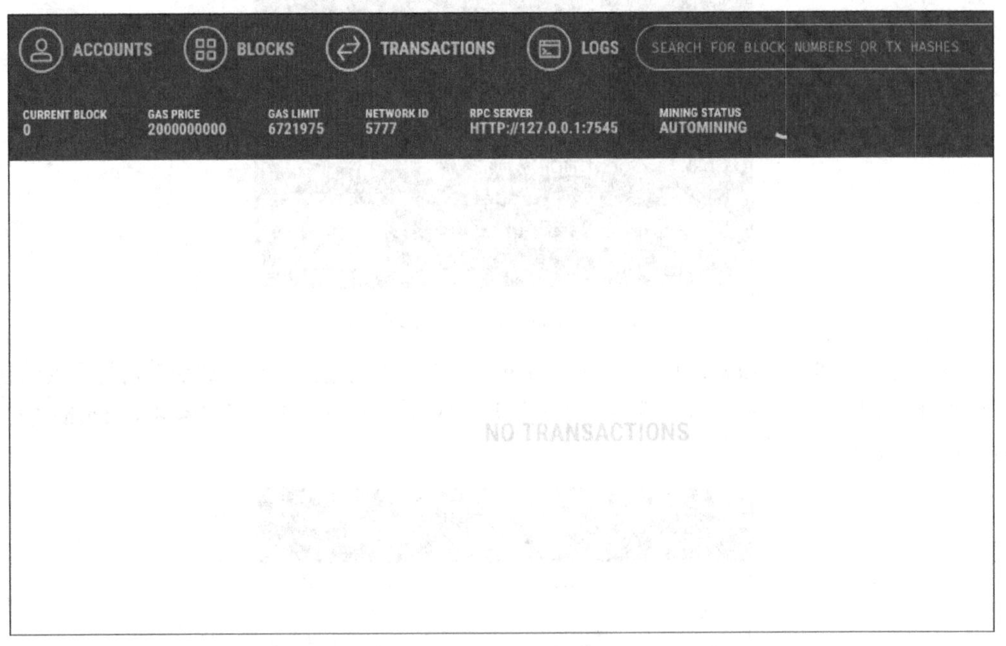

图 5-4　Ganache 初始交易信息

单击 LOGS 切换到日志栏，可以在日志信息中看到启动过程中初始化端口和账号的信息，并且 Ganache 当前一直在等待处理新的请求，如图 5-5 所示。

5.1.2　安装和使用以太坊钱包

这里使用插件 MetaMask 作为以太坊钱包。MetaMask 是一款浏览器中使用的、插件类型的以太坊数字钱包，该钱包不需要下载，只需要在浏览器添加对应的扩展程序即可，使用起来非常方便（目前支持火狐浏览器和谷歌浏览器）。可访问 MetaMask 官网进行安装，在浏览器中输入网址：https://metamask.io/，打开 MetaMask 的官网首页，如图 5-6 所示。

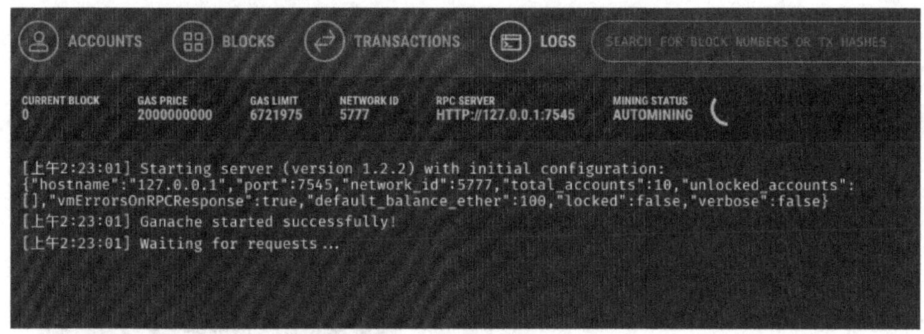

图 5-5　Ganache 初始日志信息

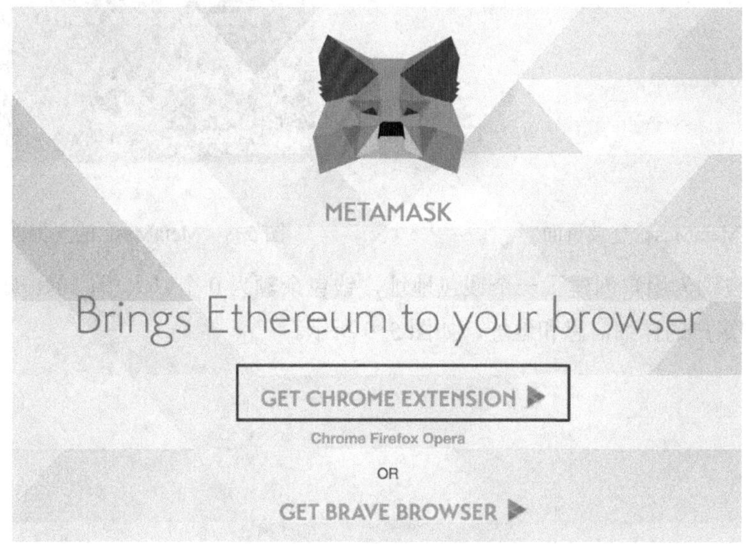

图 5-6　MetaMask 官网首页

进入 MetaMask 官网首页后单击获取插件即可跳转到对应浏览器的插件库中进行安装。安装完成后可以在浏览器上看到 MetaMask 的狐狸图标，单击该图标打开 MetaMask。第 1 次使用时会出一个隐私提示，选择“Accept”接受条款，进入登录页面，如图 5-7 所示。

这里有两个入口，第 1 个入口是创建新的 DEN——CREATE 按钮（DEN 是在 MetaMask 用密码加密存储的钱包格式），第 2 个入口是导入已有的 DEN——Import Existing DEN 链接。这里以创建新的 DEN 为例，在上面的密码框输入密码，并在下面一行输入框中再次输入进行确认，然后单击“CREATE”按钮，就成功创建了一个 MetaMask 钱包。MetaMask 会默认为用户创建 12 个英文助记词，这些助记词一定要保存好，建议复制保存到安全的地方，助记词是确认钱包账户所有者的凭证，在其他钱包导入这个新创建的账户时或者修改时有可能要用到这些助记词。也可以直接单击“SAVE SEED WORDS AS FILE”按钮，会自动生成一份助记词文件保存在本地。

单击“I'VE COPYED SOMEWHERE SAFE”按钮就进入 MetaMask 的主界面。

进入主界面后，可以单击右上角的图标进行登出、切换账户、创建账户、导入账户和其他设置，如图 5-8 所示。

图 5-7　MetaMask 登录页面

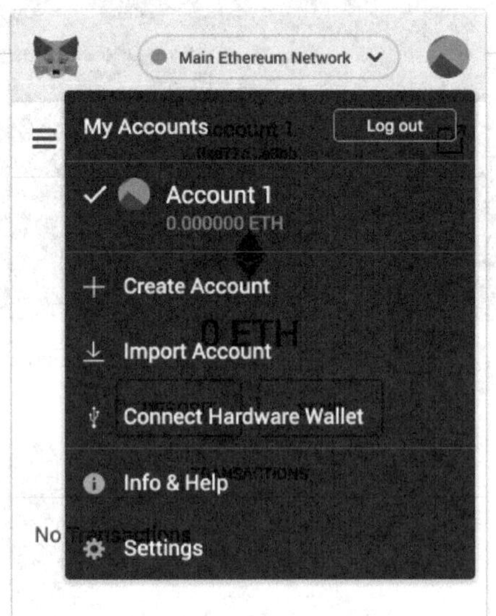

图 5-8　MetaMask 的主界面

MetaMask 自动为用户创建了一个钱包地址，钱包余额为 0 个以太币，单击账户左侧的菜单按钮，可以看到账户的详细信息和地址，如图 5-9 所示。

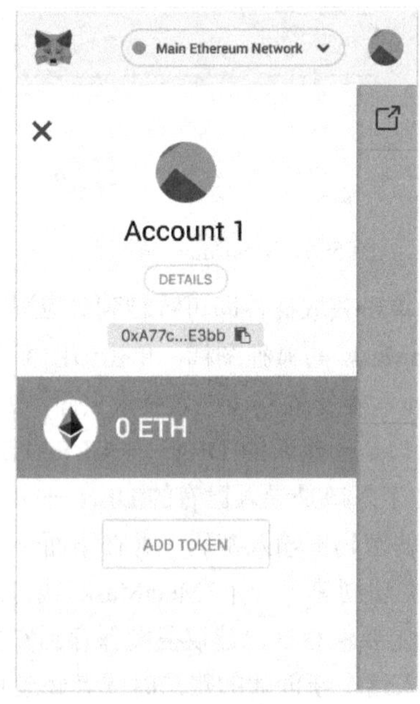

图 5-9　MetaMask 账户的详细信息

MetaMask 默认连接的是以太坊的主网络，这里把网络切换到 Ganache 的本地网络。单击 MetaMask 页面顶端 Main Etherum Network 右边的下拉按钮，选择“Custom RPC”选项，如图 5-10 所示。

在新弹出的界面中输入本地 RPC 地址 http://127.0.0.1:7545，然后单击“Save”按钮，如图 5-11 所示。此时已连接到本地的以太坊测试环境。

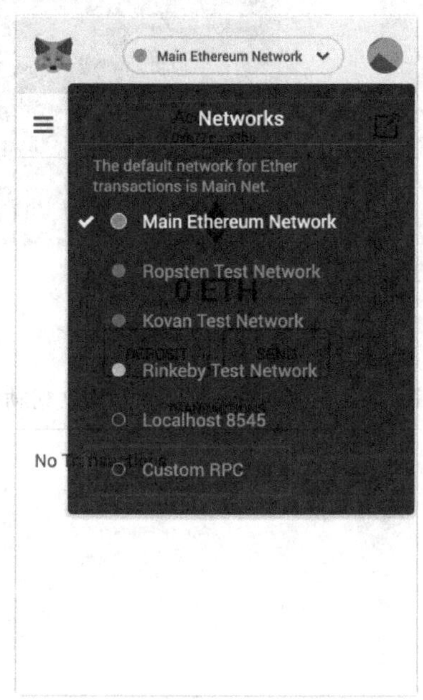

图 5-10　选择“Custom RPC”选项

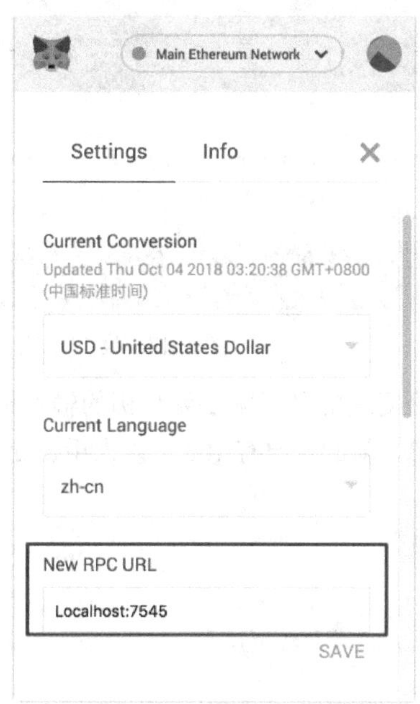

图 5-11　连接本地 RPC

切换到 Ganache 的账户界面，单击账户后面的钥匙图标，可以看到该账户的私钥信息，如图 5-12 和图 5-13 所示。

et silver fence anchor source present host nose　　HD PATH m/44'/60'/0'/0/account_index

	BALANCE	TX COUNT	INDEX
433D33e01D8DC03dAD35	100.00 ETH	0	0
AFbeA83deE92ae776506	100.00 ETH	0	1
4e9f157CAe87dC4D6aC8	100.00 ETH	0	2

图 5-12　单击查看账户私钥

将上述私钥复制下来，再次打开 MetaMask，选择“Import Account”，如图 5-14 所示。

图 5-13　账户私钥

图 5-14　导入账户

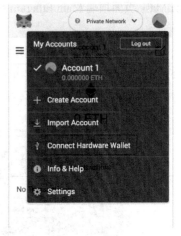

将刚复制的私钥粘贴到私钥的输入框中，如图 5-15 所示。导入成功后即切换到新的账户 Account 3，新的账户有 100 个以太币，如图 5-16 所示。

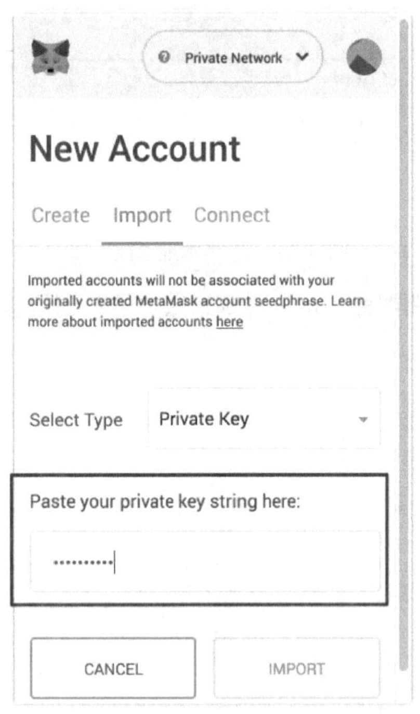

图 5-15　输入私钥

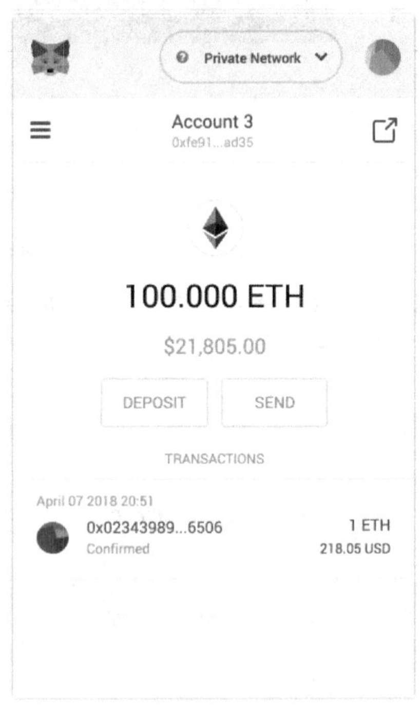

图 5-16　新的账户

至此，以太坊的测试环境搭建完成。下面即可开始智能合约的开发。

智能合约的开发可以使用多种语言，如 Solidity（语法类似 JavaScript）、Serpernt（语法类似

Python)、LLL（语法类似 Lisp）等。其中最流行的是 Solidity，Solidity 是智能合约官方编程语言，所以，接下来用 Solidity 语言进行智能合约的开发。

5.2 Solidity 语言简介

Solidity 是一种用于编写智能合约的高级语言，运行在以太坊虚拟机（EVM）上。它的语法接近于 JavaScript，是一种面向对象的语言。熟悉 JavaScript 的读者应该可以很快学会。下面对 Solidity 的基本语法进行讲解。

1．变量声明和常见数据类型

除了 address（地址）这类特别的类型，Solidity 的变量和数据类型与常见编程语言类似，具体介绍如下。

```
bool b = false;         // 布尔类型，默认值为false
uint i = 0;            // 整型
address addr;          // 地址类型，这是以太坊中的一个特殊类型，为 20 个字节的值，用来保存一个以太坊地址
byte32 by;             //

bytes memory varBy;    // 字节数组
string memory str;     // UTF-8 字符数组
uint[] memory arr;     // 整型数组
mapping(address => uint) public balances; // 映射，相当于一个 Hash 表
```

2．枚举

Solidity 需要定义一组常量时可以通过定义枚举来实现，定义枚举使用 enum 关键字，示例代码如下，该示例代码定义了一个颜色的枚举，枚举中有红、黄、绿三种颜色，三种颜色的值依次为 0、1、2。

```
enum Color{RED, GREEN, YELLOW}; // 默认从 0 开始
Color light;
light.RED;     // 0
light.GREEN;   // 1
light.YELLOW;  // 2
```

3．结构体

结构体使用 Struct 关键字定义，下面的示列定义了一个名为 Player 的结构体，这个结构体包含了地址（addr）和数量（amount）两个属性，其中地址是 address 类型，数量是整型，具体代码如下。

```
// 定义一个结构体，包含地址和数量两个属性
struct Player { address addr; uint amount; }
```

4. 函数

Solidity 中函数的定义语法如下。

```
    function f(<parameter types>) {internal|external} [pure|constant|view|payable] [returns
(<return types>)] { //    function body
    }
```

其中，<parameter types>指函数的参数及类型。{internal|external}这两个关键字规定了函数的调用方式，internal 指内部调用，能直接使用上下文环境中的数据；external 实现合约的外部消息调用，默认是 internal。[pure|constant|view|payable]这 4 个关键字用来说明函数属性，pure 关键字来源于函数式编程，表明这个函数体是一个纯函数计算不能调用其他函数；constant 关键字定义一个常量，但在 Solidity 的 0.4.17 版本后不再使用；view 关键字表明这个函数是只读不能修改状态；如果一个函数需要进行货币操作，必须要带上 payable 关键字。[returns (<return types>)] 用来指明函数的返回类型。

5. 注释

Solidity 注释的语法和 JavaScript 中一样，使用"//"进行单行注释，使用"/*"和"*/"进行多行注释。

```
// 这是单行注释

/*
这是
多行注释
*/
```

6. 文件结构

对于 Solidity 语言，除了要了解以上基本语法外，还需要了解 Solidity 的文件结构。Solidity 文件一般以.sol 作为文件后缀。在 sol 文件中，第 1 行是版本声明，不同的版本支持的功能不同，所以文件需要指定版本号，语法如下。

```
pragma solidity ^0.4.0;
```

上面这行语句表明这个 sol 文件需要在 0.4.0 之后的版本上运行，其中的"^"符号表示不支持 0.5.0 及之后的版本。

以上是 Solidity 语法的简单介绍，详细内容可参看 Solidity 的官方教程，在此不再赘述。Solidity 语言的官方教程地址是 http://solidity.readthedocs.io/en/develop/types.html。

5.3 智能合约的开发

了解了 Solidity 的基本语法后就可以开始进行智能合约的开发了。使用 Solidity 开发智能合约需要安装一个编译器。对于刚开始学习 Solidity 语言的读者朋友来说，这里推荐使用在线的 IDE 编辑器——Remix。在浏览器中输入 http://remix.ethereum.org 即可使用，无须本地安装。

5.3.1　编译器 Remix 的使用

Remix 的操作界面主要分为 4 部分。左侧是文件浏览区域，可以进行新建文件、打开本地文件、更新代码到 GitHub 和浏览所有打开文件等操作；中间上半部分是编辑代码的地方，代码语法高亮，并可以自动进行语法检查，黄色是警告和建议，红色是语法错误；下半部分是一个交互式的终端界面，用来查询交易详情，调试智能合约；右侧是功能面板，用来编译、运行和测试智能合约，整个界面如图 5-17 所示。

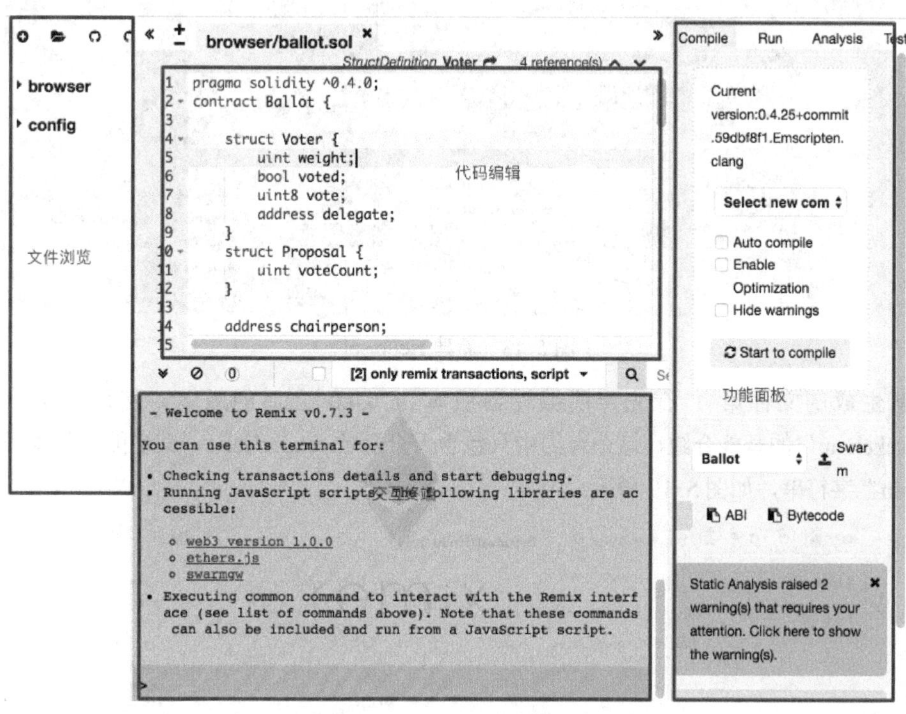

图 5-17　Remix 的操作界面

Remix 的功能比较强大，本书不过多赘述，有兴趣的读者可访问 Remix 的官网 https://remix.readthedocs.io/en/latest 进行查阅。接下来我们直接上手，用 Remix 编译器开发一个智能合约。

5.3.2　开发智能合约“helloBlockchain”

打开 Remix 后，默认显示的是 Solidity 语言编写的一个投票的智能合约示例，代码比较多，此处不展开说明。这里新建一个 Hello.sol 的文件。单击左上角的“+”按钮，输入文件名为“Hello.sol”，单击“OK”按钮进行保存，如图 5-18 所示。

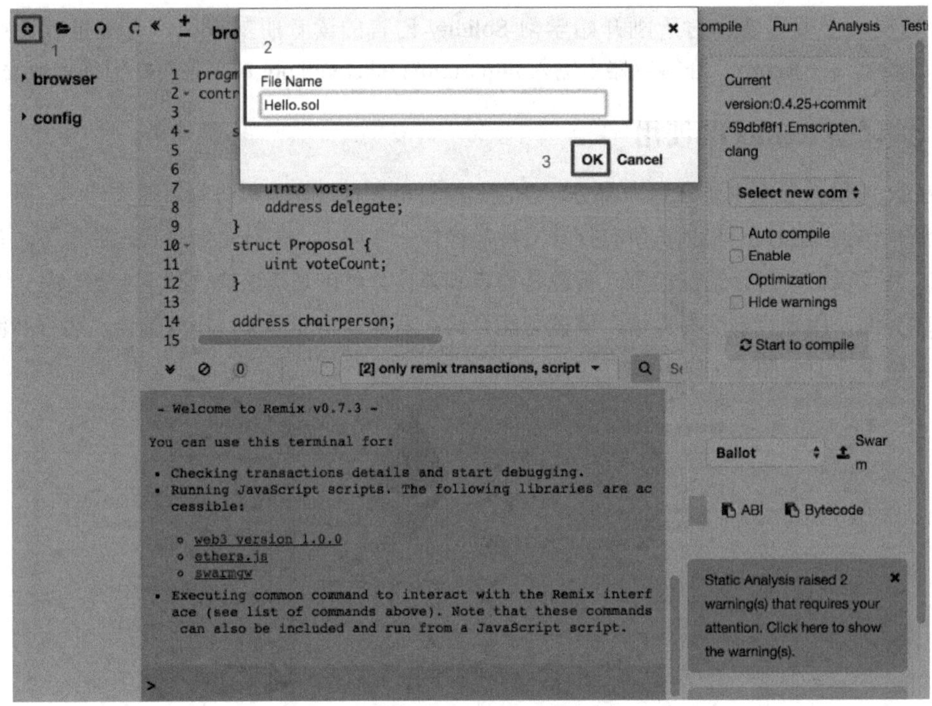

图 5-18　新建 Hello.sol

在新生成的文件第 1 行先声明编译器版本为 0.4.0 之后的版本，然后定义一个名为“helloBlockchain”的智能合约，这个合约中只包含一个函数 renderHello，其功能就是返回“Hello Blockchain”字符串，如图 5-19 所示。

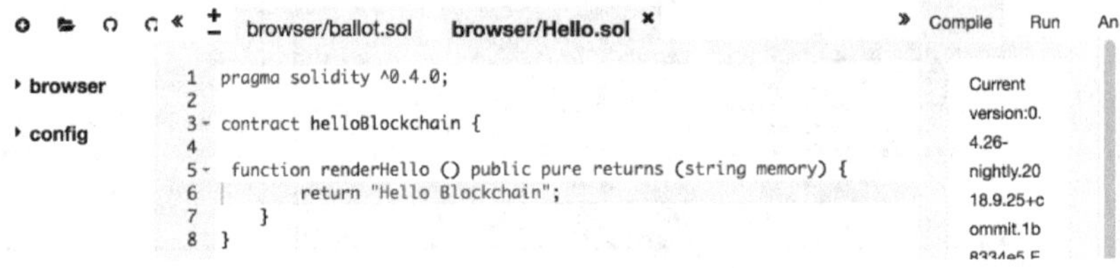

图 5-19　“Hello Blockchain”智能合约

代码编写完成后，在右侧功能面板选择版本号 0.4.25+的编译器进行编译，如图 5-20 所示。编译成功后会打印“Hello Blockchain”这个智能合约的名字。

接着单击“Run”标签，选择运行环境为本地测试环境，选择“helloBlockchain”智能合约后再单击“Deploy”按钮部署这个智能合约，如图 5-21 所示。

Remix 有 3 种运行模式，如下所述。

- JavaScript VM：这种模式是在浏览器中模拟一个区块链，合约在这个模拟的沙盒中执行，刷新页面就会使所有数据清空，不会做任何持久化，没有注入 Web3 对象。
- Injected Provider：连接到包含注入 Web3 对象的源上，在 Mist 浏览器或安装 MetaMask 的

浏览器上会自动切换到此模式下。

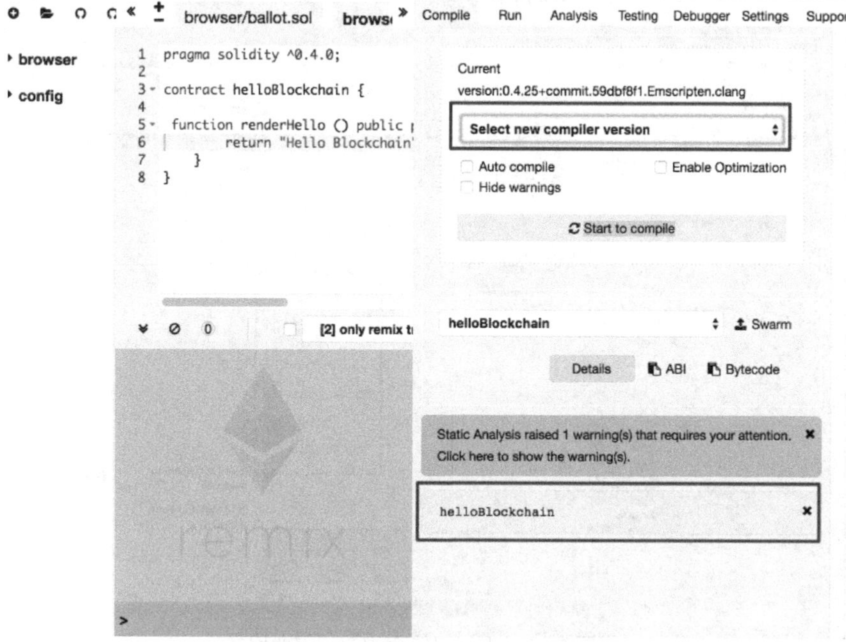

图 5-20　编译 helloBlockchain 智能合约

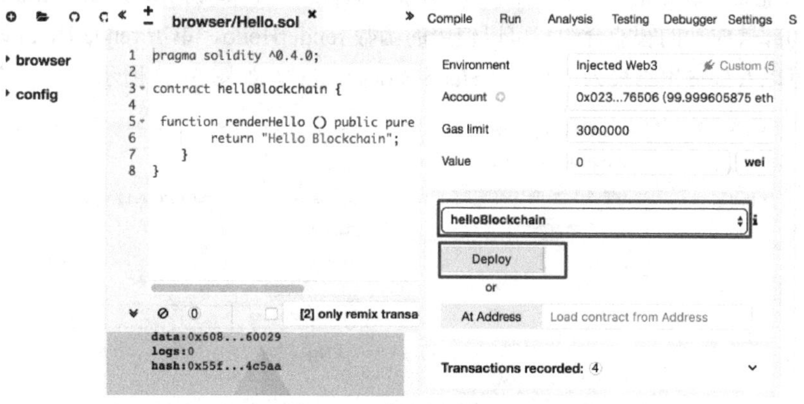

图 5-21　部署 helloBlockchain 智能合约

● Web3 Provider：连接到远程节点，需要填写源的 url 地址和端口，例如 geth、ganache 等客户端，包含 Web3 对象。

这里选择 Injected　Provider 模式（图中的 Provider 为 Web3 对象，即 Injected Web3）。

部署智能合约是将智能合约写入到以太坊，在以太坊上进行写入操作都需要消耗以太币，所以在这一步操作会消耗以太币。在弹出的窗口中单击“Confirm”按钮确认支付，如图 5-22 所示。

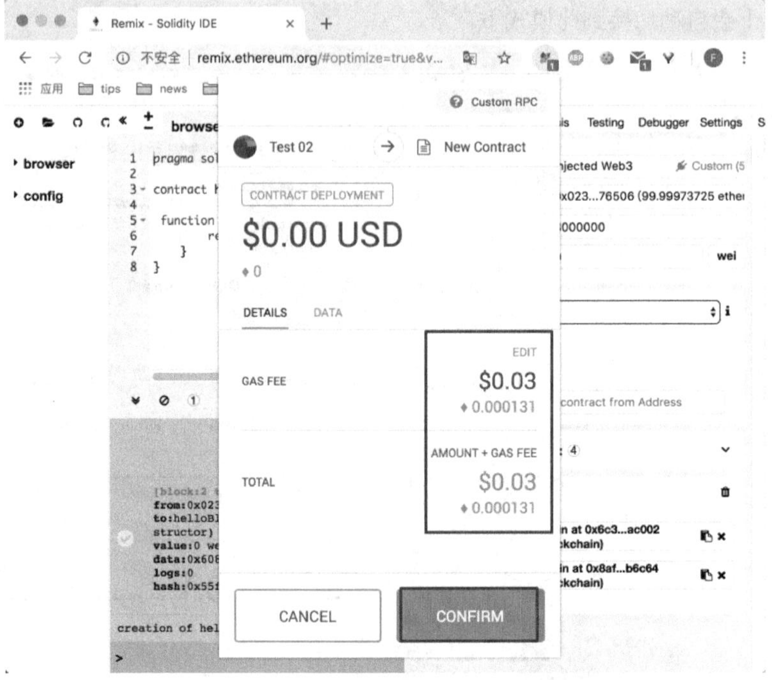

图 5-22　支付智能合约的部署费用

到这里智能合约就部署到本地的测试环境了。智能合约部署成功后，在 Remix 主界面的右下角可以看到部署成功的智能合约和可以使用的函数 renderHello，单击 renderHello 即是调用并执行该函数，可以看到输出结果为字符串“Hello Blockchain”，如图 5-23 所示。

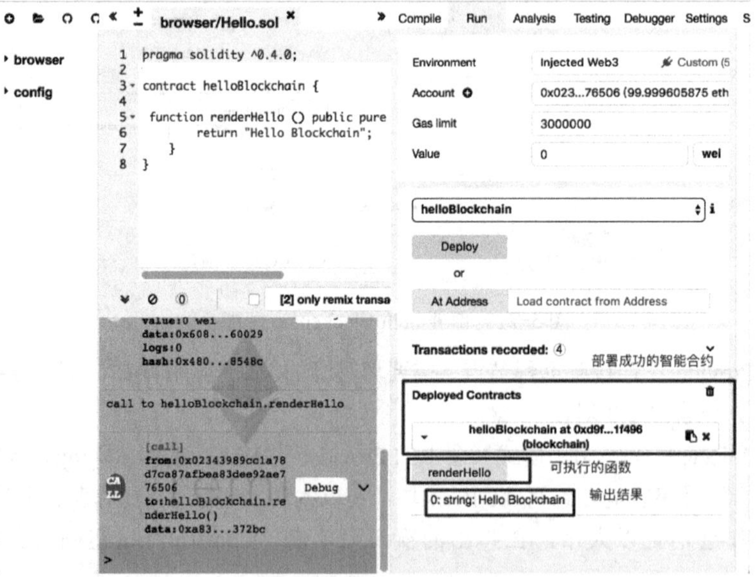

图 5-23　执行智能合约

最后，总结一下智能合约的开发过程，整个流程如图 5-24 所示。

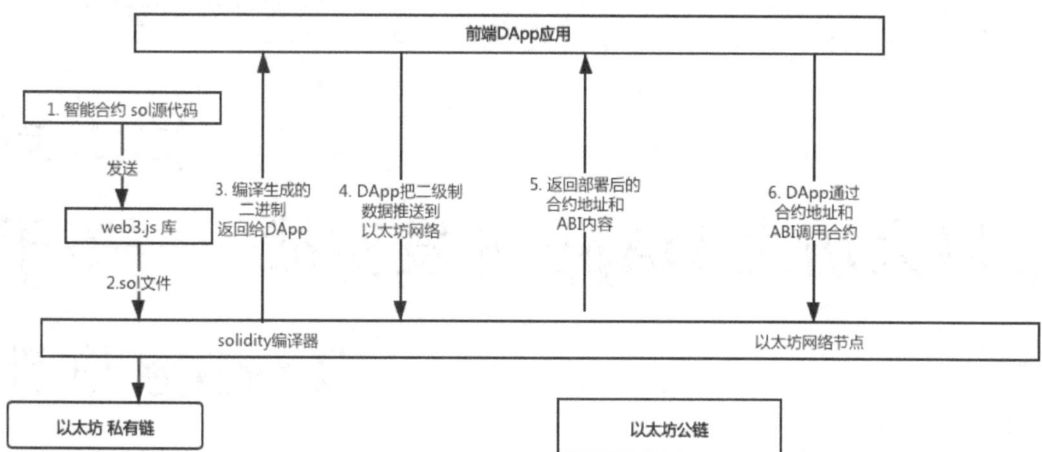

图 5-24　智能合约开发流程

1）新建 sol 文件，编写智能合约的功能，这里实现里一个输出“Hello Blockchain”的功能。

2）使用编译器对代码进行编译。

3）若编码无错误，编译器将编译结果编译生成一个二进制文件。

4）将编译成功的智能合约部署到区块链系统中。

5）部署成功后会返回智能合约的地址和应用二进制接口（Application Binary Interface，ABI），用于和智能合约进行交互。

6）通过地址和 ABI 调用智能合约。

第 6 章 以太坊之 DApp 开发实战——基于 Truffle 框架

以太坊是一个开源的、支持智能合约的 DApp（去中心化应用）开发平台，在第 1 章已经对其进行了简要介绍。这一章将进一步介绍如何基于以太坊平台进行 DApp 的开发，主要介绍 DApp 的概念和特点以及在以太坊上 DApp 的开发过程，并介绍 Truffle 框架的使用，最后讲解猜拳游戏和宠物商店两个具体的 DApp 开发实例，让读者能够具备独立开发 DApp 的能力。

本章学习目标

- 了解 DApp 的概念和特点。
- 学会使用 Truffle 开发框架。
- 讲解 DApp 开发实例，从而可以独立进行 DApp 的开发。

6.1 什么是 DApp（去中心化应用）

目前常见的 Web 应用如微博、豆瓣、百度都是基于客户端-服务器的模式，所有的资源都由中心服务器控制。以访问微博为例，在浏览器中输入www.weibo.com这个 URL 地址，由 DNS 服务器解析 URL 并返回微博服务器的 IP 地址给浏览器，浏览器通过这个 IP 地址发送请求给微博服务器，微博服务器将对应的内容返回给浏览器，浏览器收到内容后展示返回结果给用户。这一过程中微博服务器发挥着主要作用，客户端（浏览器）只是起到连接服务器和展示的作用。中心服务器对客户端来说是不透明的，客户端无法知道服务器端的行为，容易造成个人隐私和数据的泄露，加上中心服务器运行产生的高额成本最终还是需要用户承担，而且一旦中心服务器出现问题就可能导致整个系统的应用无法正常使用。为了规避中心服务器的弊端，去中心化应用的概念应运而生。

6.1.1 DApp 的概念

去中心化应用（Decentralized Application，DApp），是运行在去中心化网络上的应用。不同于传统 App 依赖于中心服务器，DApp 的运行依赖于区块链以及在区块链上的智能合约。当前 DApp 主要基于以太坊、EOS、Steem、TRON 等区块链平台进行开发。另外，DApp 需要在具有钱包功能（详见 3.2.2 节钱包简介）的环境中运行。比如基于以太坊开发的 DApp，可以在以太坊浏览器 Mist、以太坊客户端 Parity、手机端浏览器 Status，以及安装有 MetaMask 钱包插件的浏览器中运行。

DApp 由智能合约和用户界面（UI）组成。其中智能合约是运行在区块链上的代码，负责与区块链交互，而 UI 是由 HTML 和 JavaScript 实现的前端页面，供用户进行操作。在以太坊中，用户界面可以通过 Web3.js 库对智能合约进行调用，DApp 的结构如图 6-1 所示。

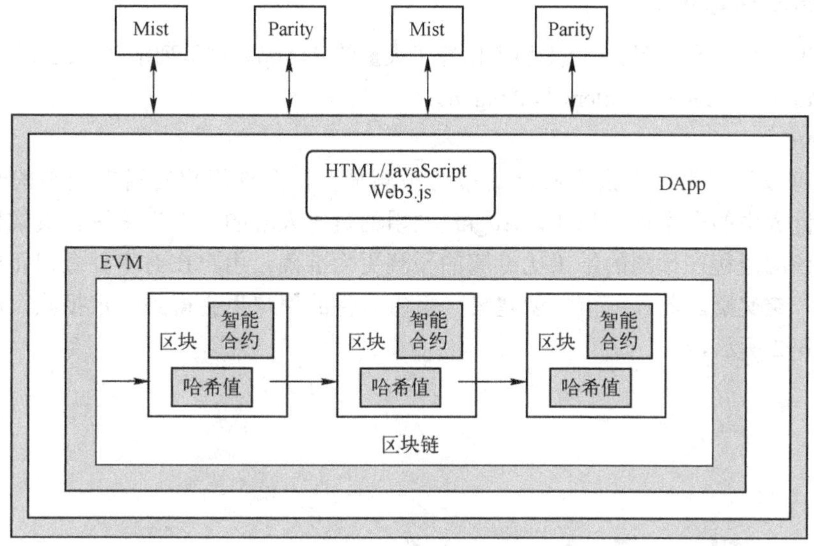

图 6-1　DApp 的结构

其中，Mist 和 Parity 等是上面提到的支持 DApp 的钱包。以太坊虚拟机（Ethereum Virtual Machine，EVM）是以太坊中智能合约的运行环境，类似于 Java 虚拟机（JVM）用于执行 Java 程序，EVM 用来执行智能合约。在 DApp 运行的过程中可能需要消耗以太坊上的加密数字货币——以太币。由于以太币的价格变动较大，为了保证执行费用相对稳定，以太坊上使用了另一个计量单位——Gas。所以在 DApp 的开发过程中提到 Gas 这个词时，它指代的就是以太币。HTML 和 JavaScript 就是开发网页的语言，Web3.js 是以太坊提供的一个 JavaScript 库，它封装了以太坊的 JSON RPC API，提供了一系列与区块链交互的 JavaScript 对象和函数，包括查看网络状态、查看本地账户、查看交易和区块、发送交易、编译/部署智能合约以及调用智能合约等，其中最重要的是与智能合约交互的 API。

6.1.2　DApp 的特点

与常见的中心化应用不同，DApp 通常具有以下特点。

- 公开透明、去信任。DApp 底层一般依赖于区块链技术，其数据也和区块链一样具有公开透明、去信任的特点。

- 无中心故障点。由于 DApp 是去中心化的，没有中心服务器，故不会由于单个节点的故障而导致应用无法正常运行。
- 共识机制。而基于区块链技术的 DApp，整个区块链中所有节点根据共识机制共同决定哪些数据有效，哪些数据无效，单个节点无法让数据在整个区块链中更新生效。
- 奖励机制。在区块链中，整个系统是由所有节点一起生成和维护的。在 DApp 中也是如此，所以运行 DApp 还能获得一定的加密数字货币奖励。

6.1.3 知名的 DApp

基于这些特点，开发者们在以太坊上创建了大量的 DApp。这里列举几个比较知名且应用比较广泛的 DApp，如 Augur、Golem 和 Aragon。

1. Augur

Augur 可以被视为一个去中心化的市场预测平台，允许用户对潜在交易的收益进行预测。与现实世界中的专家预测相比，Augur 利用的是“人群的智慧”来进行真实世界事件的预测，有时该应用程序预测的结果比专家的预测更为准确。用户在对事件做出正确预测时，平台会给予一定奖励。此外，市场创建者、报告事件的用户也会得到一定报酬，Augur 的官网首页如图 6-2 所示。

AUGUR

The Future of
Forecasting
A prediction market protocol owned
and operated by the people that
use it.

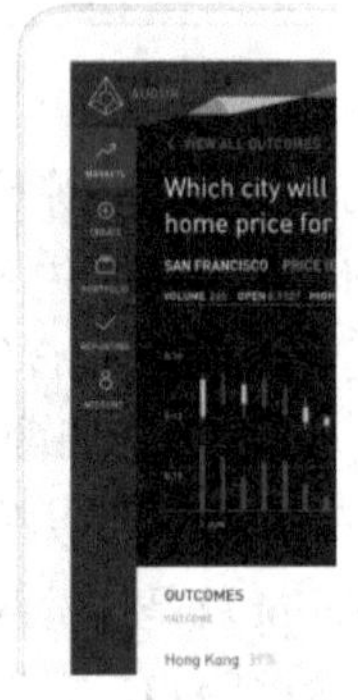

图 6-2　Augur 官网首页

2. Golem

Golem 利用计算机和数据中心，创建能够对外出租的超级计算机，全球任何人都可以申请租用。该项目不依赖任何中央服务器群，而是将计算负荷分配至愿意出租其计算机进行工作的“提供商”。这些提供商通过共享计算机资源，以换取加密数字货币奖励。与集中式的项目相比，Golem 这种分布式的算力提供方式计算速度更快，费用更低。Golem 的官网首页如图 6-3 所示。

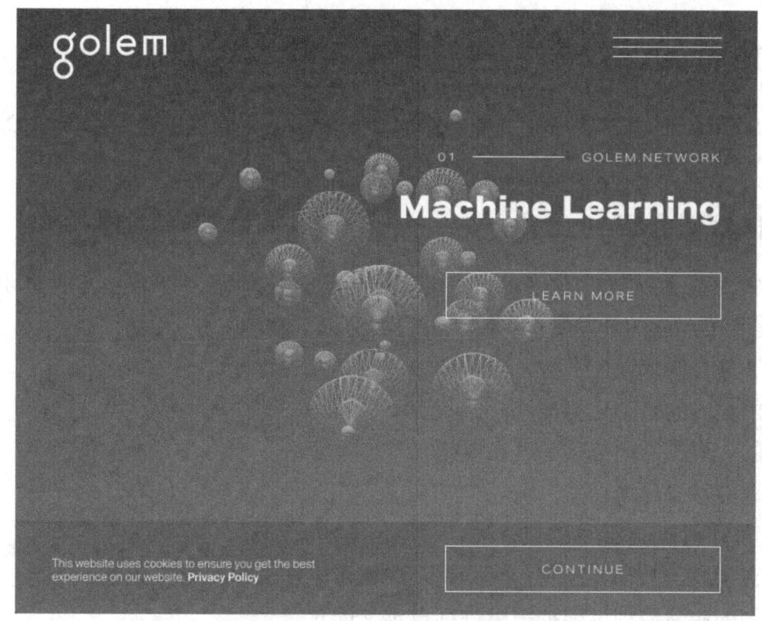

图 6-3　Golem 的官网首页

3. Aragon

Aragon 是以太坊上的一个应用，用来管理去中心化的自治组织。它允许用户创建和管理一个去中心化组织，由 Aragon 基金会管理。创建该平台是为了构建和管理 DAO（去中心化自治组织），该应用可以通过加密数字货币来投票决定产品的未来发展方向。Aragon 的去中心化特性可用于任何组织或公司，甚至是非营利的基金会，它实现了股东名册、代币转账、投票、职位任命、融资、会计等组织机构的基础功能。在 Aragon 上创建的组织的行为可以通过修改章程来自定义。另外，Aragon 还可以通过智能合约扩展其他需要的功能。Aragon 的官网首页如图 6-4 所示。

图 6-4　Aragon 官网首页

DApp 的应用还有很多，用途日趋广泛、发展潜力巨大，掌握 DApp 的开发能力非常有价值。接下来就介绍如何进行 DApp 的开发。首先是 Truffle 框架的使用。

6.2 Truffle 框架

当掌握了 Solidity 的基本语法和智能合约的开发流程后，就可以进一步学习 DApp 的开发框架 Truffle 了。

6.2.1 Truffle 框架介绍

Truffle 是针对基于以太坊的 Solidity 语言的一套开发框架。Truffle 本身基于 JavaScript，Truffle 的目标是让 DApp 的开发变得更简单，它具有以下功能。

- 内置的智能合约编译、链接、部署和二进制文件的管理。
- 支持智能合约的自动化测试。
- 脚本化的、可扩展的部署与发布框架。
- 管理部署的网络环境功能。
- 使用 EthPM 或 npm 提供的包管理，使用ERC190标准。
- 与合约直接通信的交互控制台（写完合约就可以在命令行里验证了）。
- 智能合约的构建流程可根据需求进行自定义配置。
- 在 Truffle 环境里支持执行外部的脚本。

6.2.2 Truffle 的安装和常用命令

Truffle 可以通过包管理工具 npm 进行安装，安装命令如下。

```
$ npm install -g truffle
```

安装完成后输入 truffle 命令即可看到它的使用方法，如图 6-5 所示。以下是几个主要的 Truffle 命令的用法介绍。

```
bash-3.2$ truffle
Truffle v4.1.14 - a development framework for Ethereum

Usage: truffle <command> [options]

Commands:
  init      Initialize new and empty Ethereum project
  compile   Compile contract source files
  migrate   Run migrations to deploy contracts
  deploy    (alias for migrate)
  build     Execute build pipeline (if configuration present)
  test      Run JavaScript and Solidity tests
  debug     Interactively debug any transaction on the blockchain (experimental)
  opcode    Print the compiled opcodes for a given contract
  console   Run a console with contract abstractions and commands available
  develop   Open a console with a local development blockchain
  create    Helper to create new contracts, migrations and tests
  install   Install a package from the Ethereum Package Registry
  publish   Publish a package to the Ethereum Package Registry
  networks  Show addresses for deployed contracts on each network
  watch     Watch filesystem for changes and rebuild the project automatically
  serve     Serve the build directory on localhost and watch for changes
  exec      Execute a JS module within this Truffle environment
  unbox     Download a Truffle Box, a pre-built Truffle project
  version   Show version number and exit

See more at http://truffleframework.com/docs
```

图 6-5 Truffle 常用命令

1．初始化 Truffle 项目——truffle init

要初始化 Truffle 项目只需要输入 truffle init 就可以初始化一个空的项目，新建一个文件夹叫 first-DApp，进入文件夹后执行 truffle init，如图 6-6 所示。

Truffle 会自动生成一个空的项目工程。新生成的 Truffle 项目中包含几个文件夹和配置文件，其中 contracts 文件夹用来存放智能合约；migrations 文件夹用来实现部署智能合约的功能；test 文件夹用来存放合约的测试文件；truffle.js 是默认配置文件；truffle-config.js 是 Windows 下的默认配置文件，以防止文件名与 truffle 命令冲突。一个 Truffle 项目的结构如图 6-7 所示。

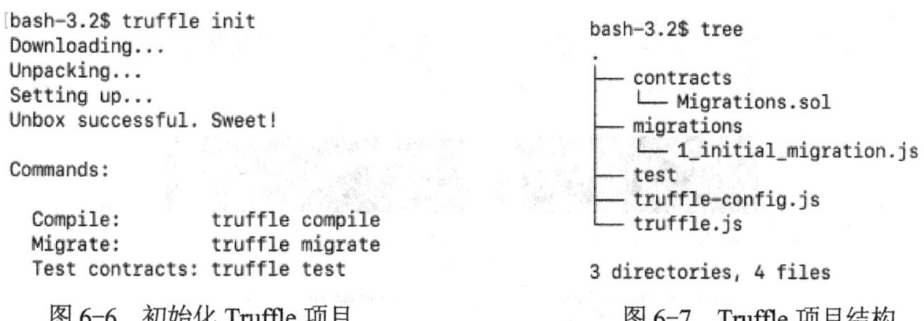

bash-3.2$ truffle init
Downloading...
Unpacking...
Setting up...
Unbox successful. Sweet!
Commands:
Compile: truffle compile
Migrate: truffle migrate
Test contracts: truffle test
bash-3.2$ tree
.
├── contracts
│   └── Migrations.sol
├── migrations
│   └── 1_initial_migration.js
├── test
├── truffle-config.js
└── truffle.js
3 directories, 4 files

图 6-6　初始化 Truffle 项目　　　　图 6-7　Truffle 项目结构

2．编译命令——truffle compile

执行 truffle compile 命令会编译智能合约文件，编译成功后会在当前目录的 build 文件夹下生成新的智能合约二进制文件，如图 6-8 所示。

3．部署命令——truffle deploy

部署智能合约之前需要修改配置文件，本章使用的智能合约开发测试环境为 Ganache，其客户端监听的端口为本地的 7545 端口，故需要修改 truffle.js 文件连接到本地的 7545 端口，如图 6-9 所示。

```
bash-3.2$ truffle compile
Compiling ./contracts/Migrations.sol...
Writing artifacts to ./build/contracts
```

图 6-8　编译智能合约文件

```
module.exports = {
  networks: {
    development: {
      host: "127.0.0.1",
      port: 7545,
      network_id: "*" // Match any network id
    }
  }
};
```

图 6-9　更新配置文件

修改完成就可以进行智能合约部署了，在终端中输入命令“truffle deploy”即可完成。

4．测试命令——truffle test

执行 truffle test 命令会运行 test 文件夹下的所有测试用例，该命令将会自动识别以 .js、.es、.es6、.jsx 和 .sol 为扩展名的文件，其他扩展名的文件将被忽略。

5．终端命令——truffle console

执行 truffle console 命令可以打开一个交互式终端界面，以便进行智能合约的调用和调试。

6．下载模板命令——truffle unbox [box-name]

Truffle 还有一个很实用的命令就是 truffle unbox [box-name]，这个命令用来下载模板，box-name 是实际需要下载的模板名字。下一节内容将详细介绍模板的使用。

6.2.3 Truffle 中模板的使用

在使用 Truffle 开发的过程中，很多其他开发者已经帮你准备好了 DApp 的开发模板并免费共享在网站上了，可以访问 https://truffleframework.com/boxes 寻找合适的模板。每个模板都有简单的介绍，单击模板可以进入它的详情页面查看其使用方法，如图 6-10 和图 6-11 所示，是一个名为 drizzle 的基于 React 框架的模板（React 是一个用于生成 HTML 的开源 JavaScript 库）。

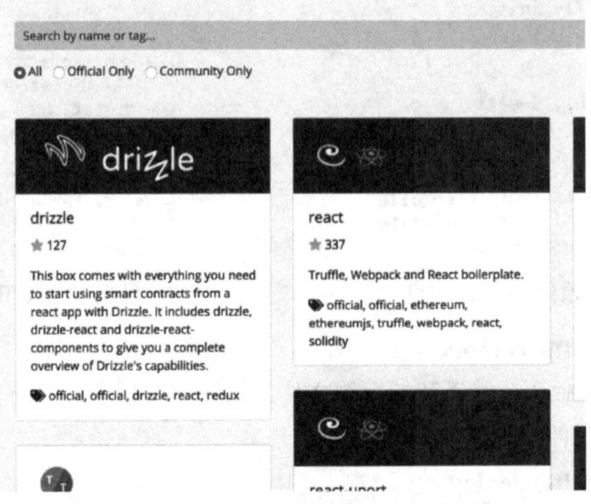

图 6-10　Truffle 模板列表

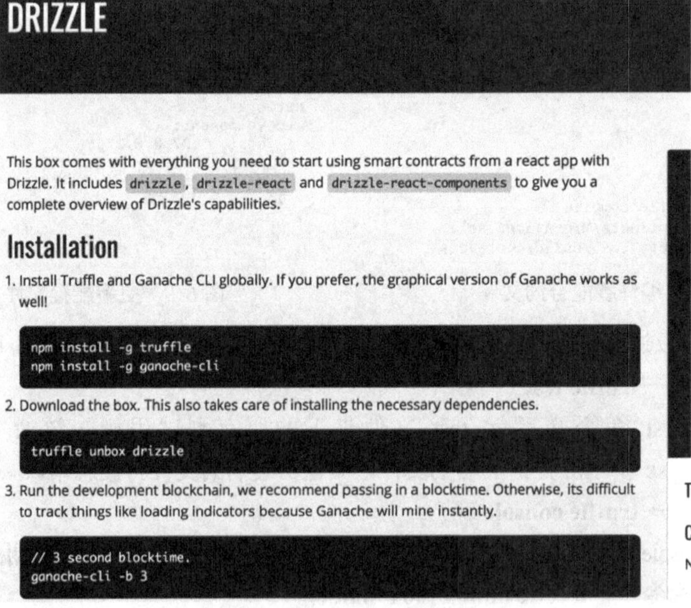

图 6-11　drizzle 模板详情

要使用这个 drizzle 模板，首先要安装 Truffle 和 Ganache 环境，二者之前已经安装完了，接下来直接执行 truffle unbox drizzle 命令下载这个模板即可。

至此，进行 DApp 开发的各项基础知识已经介绍完，准备工作也已完成，下面开始进行 DApp 的实际开发。

6.3　DApp 开发实例 1——猜拳游戏

本章的第 1 个 DApp 开发实例是基于智能合约实现猜拳小游戏。这个 DApp 实现的功能如下：首先有一个猜拳游戏的交互页面，用户可以在页面上选择石头、剪刀、布中的一个手势；然后用户的选择和计算机随机的一个选择会发送到智能合约进行处理；智能合约会自动比较两个选择的输赢结果反馈给页面；页面会显示猜拳结果。与传统的猜拳游戏不同的是，这是一个去中心化的 DApp，且代码是开源的。通过这个案例的开发，可以学习如何实现一个智能合约并与这个智能合约进行交互。

猜拳游戏的页面如图 6-12 所示，上半部分是计算机和用户进行猜拳的结果，下半部分是用户选择出拳手势的按钮。

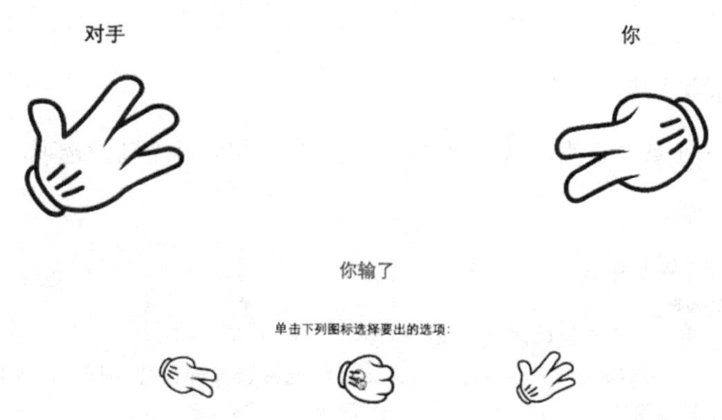

图 6-12　猜拳游戏的页面效果

以下是实现这个猜拳游戏 DApp 的具体开发过程。主要有 3 个阶段，首先使用 Truffle 创建这个猜拳项目，然后开发用于自动比较输赢结果的智能合约，最后开发猜拳游戏的 UI，也就是游戏的用户界面。

6.3.1　使用 Truffle 创建项目

首先执行 truffle init 命令初始化一个空的项目，在项目中新建一个 app 文件夹用来存放 HTML 和 JavaScript 文件。初始化的项目的目录结构如下。

```
.
├── app
```

```
├── contracts
│   └── Migrations.sol
├── migrations
│   ├── 1_initial_migration.js
├── test
├── truffle-config.js
└── truffle.js
```

这里先更新配置文件 truffle.js 使之连接的是本地的以太坊测试环境，更新内容如下。

```
module.exports = {
  networks: {
    development: {
      host: "127.0.0.1",
      port: 7545,
      network_id: "*" // Match any network id
    }
  }
};
```

6.3.2 智能合约的实现

接下来是实现一个智能合约，这个智能合约的作用是接收两个猜拳选项，返回输赢结果，具体的代码如下。

```
pragma solidity ^0.4.16;
contract GuessGame {
    // 定义一个事件，用来接收游戏结果
    event GuessResult(uint playerChoice, uint computerChoice, uint result);
    // 处理两个猜拳选项
    // 值得注意的是，在web3.js中调用play函数无法直接获取返回值
    // 智能合约的执行需要消耗以太币，产生交易，故web3.js得到的返回结果是产生交易的hash值
    // web3.js要获取猜拳选项需要通过监听GuessResult事件
    function play(uint playerChoice, uint computerChoice) public returns (bool) {
        // 石头、剪刀和布均用数字表示
        // 其中1表示石头，2表示剪刀，3表示布
        if (playerChoice > 0 && playerChoice <= 3 && computerChoice > 0 && computerChoice
<= 3) {
            // 如果两者相同，则代表平手
            if (playerChoice == computerChoice) {
                // 选项相同 代表平手
                emit GuessResult(playerChoice, computerChoice, 1);
            } else if (playerChoice == (computerChoice + 1) % 3) {
```

```
                // 这里代表计算机赢了
                emit GuessResult(playerChoice, computerChoice, 2);
            } else {
                // 其他情况代表玩家赢了
                emit GuessResult(playerChoice, computerChoice, 3);
            }
            return true;                          // 执行成功返回 true
        } else {
            return false;                         // 执行错误返回 false
        }
    }
}
```

需要说明的是，在 web3.js 中调用 play 函数无法直接获取返回值，智能合约的执行需要消耗以太币产生交易，故 web3.js 执行 play 函数后，得到的返回结果是产生交易的 hash 值。若 web3.js 要获取猜拳选项需要通过在 js 中监听 GuessResult 事件。

在智能合约中，事件（event）是以太坊虚拟机提供的一种操作日志的工具，也可以用来实现一些交互功能，比如通知用户界面返回函数调用结果等。上面的 play 函数可以通过以下方式进行监听。

```
var event = guess_contract.GuessResult();
event.watch(function(err, result) {
    if (!err) {

        console.log(result);
    } else {
        console.log(err);
    }
})
```

或者采用直接回调的方法进行，代码如下。

```
var event = guess_contract.GuessResult(function(err, result) {
    if (!err) {
        console.log(result);
    } else {
        console.log(err);
    }
}
```

这样当智能合约中执行该事件时，上面的监听就会被调用。

实现智能合约后就可以对该合约进行编译生成二进制文件，如图 6-13 所示。

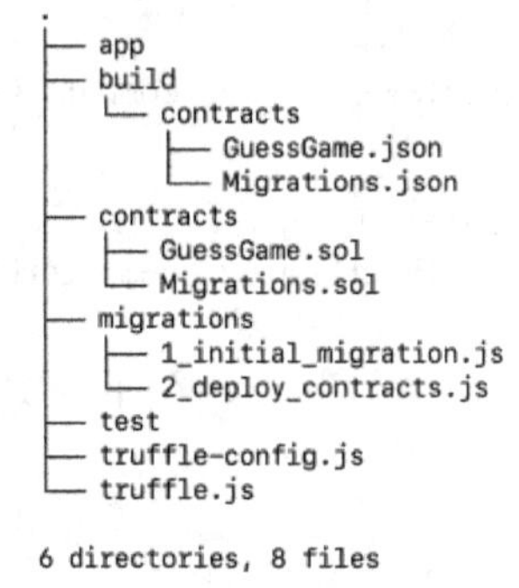

.
├── app
├── build
│   └── contracts
│   ├── GuessGame.json
│   └── Migrations.json
├── contracts
│   ├── GuessGame.sol
│   └── Migrations.sol
├── migrations
│   ├── 1_initial_migration.js
│   └── 2_deploy_contracts.js
├── test
├── truffle-config.js
└── truffle.js

6 directories, 8 files

图 6-13　编译生成二进制文件

之后需要将这个二级制文件部署到区块链中。使用 Truffle 部署智能合约需要在 migrations 文件夹中新建一个部署文件，这里新建一个名为 2_deploy_contracts.js 的部署文件，并输入以下内容。

```
var GuessGame = artifacts.require("GuessGame");
module.exports = function(deployer) {
    deployer.deploy(GuessGame);
};
```

此时再执行 truffle deploy 命令，可以将智能合约部署到区块链中，如图 6-14 所示。

```
bash-3.2$ truffle deploy
Using network 'development'.

Running migration: 1_initial_migration.js
  Deploying Migrations...
  ... 0x986a4e44b7de498b21b359d295b9b9254413d77ee90303f3cdc3ceadea0e53bf
  Migrations: 0x18c6442a2a4b3f6b8d3e690c2571913f326b39dd
Saving successful migration to network...
  ... 0xdb2561e9ad99f08297e6b4ab81e00892089cc8485ede3bda9ecd3dc2426422b9
Saving artifacts...
Running migration: 2_deploy_contracts.js
  Deploying GuessGame...
  ... 0x65b093aad55c8bfcb0fe748f16000c8e19e15fedcadc90464e2c294c04778e2a
  GuessGame: 0x4ba5fc17666bf0ae2437950af762bf7f4e4d7b81
Saving successful migration to network...
  ... 0x74b3861f633bef9392362b5cac5278fab463011614d23715619eab8af8791ba8
Saving artifacts...
```

图 6-14　部署智能合约

6.3.3　猜拳游戏用户界面的实现

智能合约完成后，接下来要实现一个用户界面，也就是玩这个 DApp 游戏的交互页面，从而最终完成一个完整的 DApp。要实现这个用户界面需要使用 3 个 js 库。第 1 个是 jquery，这是一个常用的 js 库，用来操作 HTML 元素；第 2 个是 web3.js，这是以太坊提供的 js 封装的 API 接口；第 3 个是 truffle-contract.js，truffle-contract 对以太坊的智能合约做了更好的封装，比如在 truffle-contract 中会自动给参数加上默认值，并且在返回信息中添加了日志信息、交易的哈希值等。相比于 web3.js，使用 truffle-contract 操作智能合约更加方便。

1．实现 DApp 的 HTML 页面

首先实现这个 DApp 的 HTML 页面，页面功能是显示两个猜拳选项和用户可以选择“剪刀”“石头”“布”的按钮，这个页面主要的 HTML 代码如下。

```
<body>
    <div class="computer">
        <dl>
            <dt>对手</dt>
            <dd><img src="images/2.png" id="computer" alt=""></dd>
        </dl>
    </div>
    <div class="player">
        <dl>
            <dt>你</dt>
            <dd><img src="images/2.png" id="player" alt=""></dd>
        </dl>
    </div>
    <div id="info">平手</div>
    <div class="select">
        <dl>
            <dt>单击下列图标选择要出的选项：</dt>
            <dd>
                <button value="1"><img src='images/1.png' ></button>
                <button value="2"><img src='images/2.png' ></button>
                <button value="3"><img src='images/3.png' ></button>
            </dd>
        </dl>
    </div>
</body>
```

2．加载智能合约

HTML 页面完成之后，接下来新建一个 app.js，在这个 js 文件中加载智能合约并监听事件，主要代码如下。

```
// 获取智能合约的 ABI（Application Binary Interface）文件
    $.getJSON('GuessGame.json', function(data){
        var GuessGameArtifact = data;

        // 初始化智能合约
        GuessGameContract = TruffleContract(GuessGameArtifact);
        GuessGameContract.setProvider(web3.currentProvider);

        // 通过默认的合约地址获取实例
```

```
        GuessGameContract.deployed()
        .then(function(instance){

            guess_contract = instance;
            guess_contract.GuessResult(function(err, result) {
              if (!err) {
                  var player_choice = result.args.playerChoice.toNumber();
                  var computer_choice = result.args.computerChoice.toNumber();
                  var r = result.args.result.toNumber();
                  var info = "未知";
                  if(r == 1){
                      info = '平手';
                  }else if(r == 2){
                      info = '你输了';
                  }else if(r == 3){
                      info = '你赢了';
                  }
                  update_page(player_choice,computer_choice, info);
              } else {
                  console.log(err);
              }
           });
        }).catch(function(err){
              console.log(err.message);

        });
    })
```

3. 调用智能合约

最后在 js 文件中实现一个函数，获取页面的猜拳选项，包括玩家选项和计算机的随机选项，并将这两个选项发送给智能合约，其中发送时需要支付一定数量的交易费用，实现代码如下。

```
/*
  猜拳
*/
function guess(player_choice){
    // 1:石头、2:剪刀、3:布
    var result;
    player_choice = parseInt(player_choice);
    computer_choice = parseInt(Math.random()*3)+1;                    // 计算机
    document.getElementById('info').innerText = '';
    guess_contract.play.sendTransaction(player_choice, computer_choice, {
        from: web3.eth.coinbase,
        to: '0x8f1825FBdcCa04ec3EB888Ef032beC4cCF964d9F',
```

```
        value:  web3.toWei(1, "ether")
    }).then(function(result){
        if(result) {
            var playerImg = document.getElementById('player');
            var comImg = document.getElementById('computer');
            refresh_timer = setInterval(function(){
                this.n?this.n:this.n=1;this.n++
                this.n>3?this.n=1:this.n;
                playerImg.src = 'images/'+this.n+'.png';
                comImg.src = 'images/'+this.n+'.png';
            },100);
        }
    }).catch(function(err){
           console.log(err.message);
    })
}
```

至此，猜拳游戏 DApp 的用户界面已经开发完成。

以上就是整个猜拳游戏 DApp 的开发过程，完整的代码可访问 https://github.com/flingjie/learning-blockchain 进行查阅。在这个 DApp 中实现了智能合约的加载和调用，并且实现了监听智能合约中事件的功能，掌握了这一节介绍的内容，就可以开发较为初级的 DApp 了，读者可以根据自己的想法开发一个简单的 DApp。

下面再讲解一个稍微复杂的 DApp 实例。

6.4 DApp 开发实例 2——宠物商店

本节介绍一个宠物商店 DApp 的开发。这个 DApp 是基于现有的一个项目模板实现的。通过这个实例的开发，可以学习如何在智能合约中定义一个结构体以及怎样将数据存储到智能合约中。下面先介绍一下这个宠物商店将要实现的功能。

6.4.1 宠物商店功能简述

这个宠物商店实现的功能是在网页上展示一系列的宠物图片，用户可以根据需要选择自己喜欢的宠物进行领养，领养的信息会记录在区块链中。一旦某个宠物被领养后，该宠物的领养按钮就会失效，无法再次被领养，宠物商店的页面如图 6-15 所示。

宠物商店 DApp 实现的思路是：每次用户打开宠物商店的页面时，程序会调用智能合约读取区块链中的宠物列表，并将各个宠物的状态展示在页面上；用户在浏览页面进行领养操作；用户单击领养按钮后会将宠物 ID 和用户信息发送给智能合约；智能合约自动判断宠物是否可以领养，若可以领养，就更新对应宠物的领养信息并将结果返回；页面收到结果后更新对应宠物的页面信息。

图 6-15 宠物商店的页面

整个宠物商店 DApp 的实现过程如下：先使用 Truffle 工具下载一个项目模板，然后在这个项目中实现宠物商店的智能合约并部署到本地网络上，最后编写 HTML 和 JavaScript 代码，实现宠物商店的前端用户界面。

6.4.2 准备工作

首先，新建一个 pet-shop 文件夹，进入这个文件夹后，执行 truffle unbox pet-shop-tutorial 命令下载名为 pet-shop-tutorial 的模板，如图 6-16 所示，pet-shop-tutorial 模板实现了简单的宠物领养功能。

```
bash-3.2$ mkdir pet-shop
bash-3.2$ cd pet-shop/
bash-3.2$ truffle unbox pet-shop
Downloading...
Unpacking...
Setting up...
Unbox successful. Sweet!

Commands:

  Compile:        truffle compile
  Migrate:        truffle migrate
  Test contracts: truffle test
  Run dev server: npm run dev
bash-3.2$ ls
LICENSE              bs-config.json       node_modules         src
box-img-lg.png       contracts            package-lock.json    test
box-img-sm.png       migrations           package.json         truffle.js
```

图 6-16 下载宠物商店模板

pet-shop-tutorial 模板的文件目录结构说明如下：src 文件夹相当于前面的 app 文件夹，包含

HTML 和 JavaScript 以及其他一些静态资源；package.json 和 package-lock.json 是 js 依赖的配置文件；node_modules 文件夹包含了所有依赖的 js 文件；bs-config.json 是静态资源服务器 lite-server 的配置文件，DApp 的用户界面通过 lite-server 启动加载。

接下来开始实现这个 DApp 的智能合约。

6.4.3　智能合约的实现和部署

宠物商店 DApp 的智能合约实现起来有点复杂。要定义一个结构体用于保存宠物领养信息，所有的宠物领养信息会存储在一个列表中，当进行宠物领养时通过事件方式进行通知，所有的宠物领养信息可以通过接口获取。实现步骤如下。

1）首先定义一个宠物领养信息的结构体，包含宠物是否已被领养和领养人的信息，代码如下。

```
// 宠物领养信息
 struct PetDetail {
     address adopter;                    // 领养者地址
     bool adopted;                       // 领养标志
 }
```

2）然后定义一个宠物领养信息的映射信息和被领养的宠物列表，以及一个领养的事件，用于通知用户界面更新领养状态，代码如下。

```
// 领养信息的映射信息

mapping(uint=>PetDetail) public pets;
// 被领养的宠物列表
uint[] public adoptedPetList;
// 领养事件
event AdoptedEvent(uint petId, address adopter);
```

接着定义一个领养函数，函数中需要记录领养者信息和发送领养事件，代码如下。

```
// 领养函数
function adopt(uint petId) public returns (bool) {
    pets[petId] = PetDetail({
        adopter: msg.sender,
        adopted: true
    });
    adoptedPetList.push(petId);
    emit AdoptedEvent(petId, msg.sender);
    return true;
}
```

3）最后还需要实现两个函数，用来返回某个宠物是否被领养以及被领养的宠物 ID，代码如下。

```
// 宠物是否被领养
function isAdopted(uint petId) public view returns (bool) {
    return pets[petId].adopted;
}

// 获取被领养的宠物 ID
function getAdoptedPets() public view returns (uint[]) {
    return adoptedPetList;
}
```

完成以上功能后，将这个智能合约进行编译，并发布到区块链中，编译和发布的过程和前一个猜拳游戏 DApp 类似，读者可以参考相应内容的操作，在此不再赘述。

6.4.4 宠物商店的完整实现

在实现智能合约后，需要用 HTML 和 JavaScript 实现一个前端用户界面。其中宠物列表是通过 JavaScript 在 HTML 中动态生成的，HTML 的主要代码如下。

```
<div class="container">
     <div class="row">
       <div class="col-xs-12 col-sm-8 col-sm-push-2">
         <h1 class="text-center">Jie's Pet Shop</h1>
         <hr/>

         <br/>
       </div>
     </div>
     <div id="petsRow" class="row">
       <!-- 宠物列表动态加载 -->
     </div>
   </div>
   <!-- 以下是宠物样式的模板，不在页面上显示，仅供动态生成列表，作为模板使用 -->
   <div id="petTemplate" style="display: none;">
     <div class="col-sm-6 col-md-4 col-lg-3">
       <div class="panel panel-default panel-pet">
         <div class="panel-heading">
           <h3 class="panel-title">Scrappy</h3>
         </div>
         <div class="panel-body">
           <img alt="140x140" data-src="holder.js/140x140" class="img-rounded img-center"
```

```
style="width: 100%;" src="https://animalso.com/wp-content/uploads/2017/01/Golden-Retriever_6.
    jpg" data-holder-rendered="true">
              <br/><br/>
              <strong>Breed</strong>: <span class="pet-breed">Golden Retriever</span><br/>
              <strong>Age</strong>: <span class="pet-age">3</span><br/>
              <strong>Location</strong>: <span class="pet-location">Warren, MI</span> <br/>
    <br/>
              <button class="btn btn-default btn-adopt" type="button" data-id="0">Adopt
    </button>
            </div>
          </div>
        </div>
      </div>
```

在页面加载的时候，需要通过 js 获取宠物列表和宠物状态并更新宠物是否可领养的按钮，代码如下。

```
    // 加载宠物列表
    $.getJSON('../pets.json', function(data) {
      var petsRow = $('#petsRow');
      var petTemplate = $('#petTemplate');
      for (i = 0; i < data.length; i ++) {
        petTemplate.find('.panel-title').text(data[i].name);
        petTemplate.find('img').attr('src', data[i].picture);
        petTemplate.find('.pet-breed').text(data[i].breed);
        petTemplate.find('.pet-age').text(data[i].age);
        petTemplate.find('.pet-location').text(data[i].location);
        petTemplate.find('.btn-adopt').attr('data-id', data[i].id);

        petsRow.append(petTemplate.html());
      }
    });
    return App.initWeb3();
  },

  ...

  // 更新宠物状态
  updatePetStatus: function() {
      App.PetShop.getAdoptedPets.call()
      .then(function(pets){
          pets.forEach(function(petId, i) {
              $(".panel-pet").eq(petId.toString(10)).find("button").text("Adopted").
```

```
            attr("disabled", true);
        })
    }).catch(function(err){
        console.error(err.message);
    })
}
```

js 还需要监听和处理用户领养的操作，当用户领养某只宠物时，需要获取宠物 ID 和用户账户，将这些信息发送到智能合约中以作记录，代码如下。

```
handleAdopt: function(event) {

    event.preventDefault();
    var petId = parseInt($(event.target).data('id'));
    $(this).text("Processing...").attr("disabled", true);
    web3.eth.getAccounts(function(error, accounts){
        if(error){
            console.error(error);
        }else{
            var account = accounts[0];
            App.PetShop.adopt(petId, {from: account})
            .then(function(result){
                alert("Adoption Success!");
                return App.markAdopted(petId);
            }).catch(function(err){
                $(this).text("Adopt").removeAttr("disabled");
                console.error(err.message);
            })
        }
    })

}
```

完成这些功能后，宠物商店 DApp 就完整实现了。可以进入 src 目录下执行 npm run dev 命令运行这个 DApp，成功运行后就可以在浏览器中查看宠物的信息，亲身体验这个 DApp 了。本章案例的相关代码已放在 GitHub 上，有需要的读者可以访问以下地址进行查看：https://github.com/flingjie/learning-blockchain。

第 7 章 超级账本开发实战——基于 Go 语言

在本章将介绍如何使用超级账本进行区块链开发。首先讲解超级账本的架构设计，然后讲解如何在本地搭建一个超级账本的开发环境，接着介绍超级账本中智能合约 Chaincode 的使用方法，最后结合实例讲解超级账本的实际开发过程。

本章学习目标

- 了解超级账本的架构设计。
- 学会搭建超级账本开发环境。
- 掌握 Chaincode 的开发过程。
- 通过实例掌握 Fabric 框架开发。

7.1 超级账本概述

超级账本（Hyperledger）是一个由 Linux 基金会在 2015 年 12 月主导发起的开源项目，目的是通过提供一个可靠稳定、性能良好的区块链框架，供企业创建自定义的分布式账本解决方案，以促进区块链技术在商业中的应用。

7.1.1 超级账本的架构

超级账本的架构包括 4 个大的模块：成员（MEMBERSHIP）、区块链（BLOCKCHAIN）、交易（TRANSACTIONS）和智能合约（CHAINCODE），如图 7-1 所示。

其中成员模块主要提供成员服务（Membership Services），包括用户注册（Registration）、标识管理（Identity Management），以及提供可审计性（Auditability）等；区块链模块和交易模块用于提供区块链相关的服务（Blockchain Services），负责提供共识管理（Consensus Manager）、分布式账本（Distributed Ledger）、P2P 协议（P2P Protocol）和账本存储（Ledger Storage）等功能；智能合约服务负责提供智能合约的功能，智能合约被放置在安全的仓库（Secure Registry）中，执行时在一个安全的容器（Secure Container）中运行。

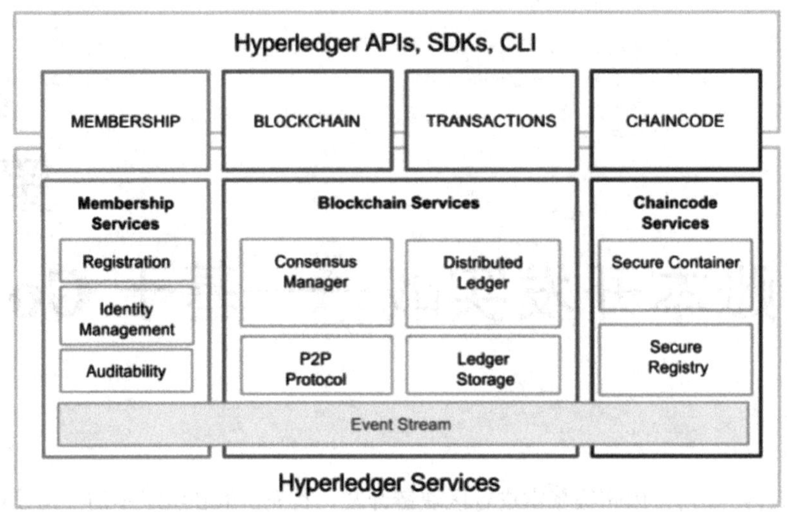

图 7-1　超级账本参考架构

超级账本在实际的发展过程中，基本是参照上述的架构进行开发的，并且孵化出了很多区块链项目，主要包括 Sawtooth（官网首页如图 7-2 所示）、Iroha（官网首页如图 7-3 所示）、Fabric（官网首页如图 7-4 所示）、Burrow（官网首页如图 7-5 所示）等。

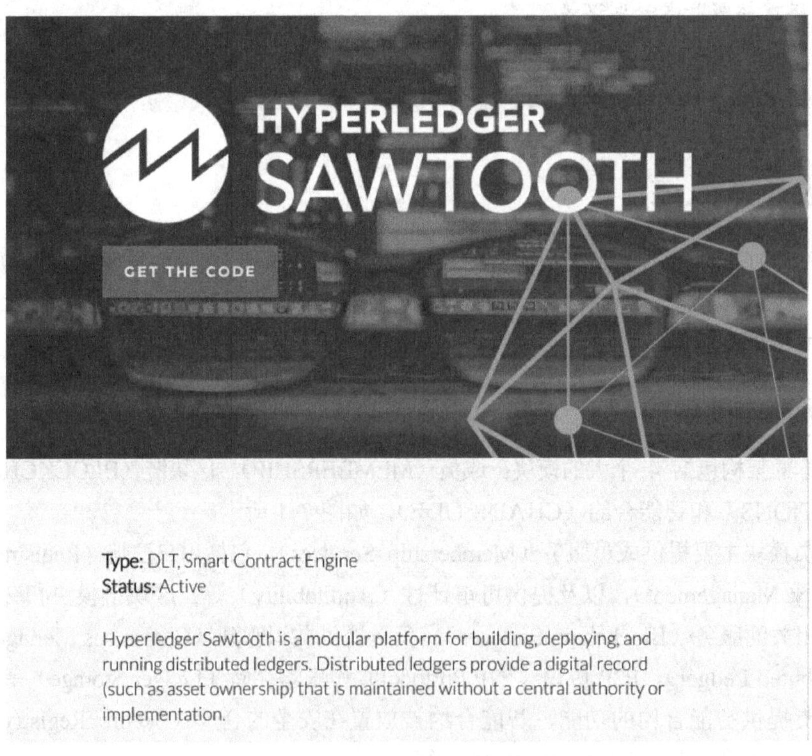

图 7-2　Sawtooth 官网首页

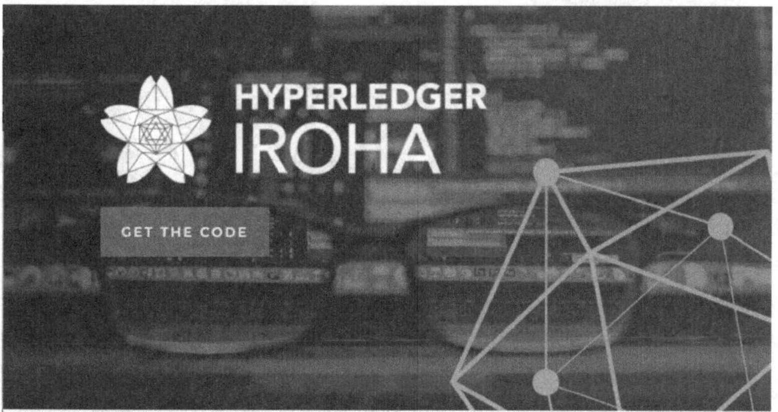

HYPERLEDGER
IROHA
GET THE CODE
Type: DLT, Smart Contract Engine, Utility Libraries
Status: Active
Hyperledger Iroha is a blockchain platform implementation and one of the Hyperledger projects hosted by The Linux Foundation. Hyperledger Iroha is written in C++ incorporating unique chain-based Byzantine Fault Tolerant consensus algorithm, called Yet Another Consensus and the BFT ordering service.

图 7-3　Iroha 官网首页

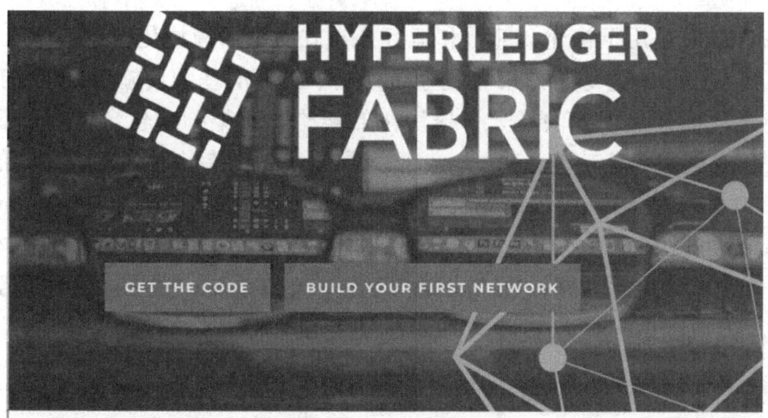

HYPERLEDGER
FABRIC
GET THE CODE
BUILD YOUR FIRST NETWORK
Type: DLT, Smart Contract Engine
Status: Active
Hyperledger Fabric is a blockchain framework implementation and one of the Hyperledger projects hosted by The Linux Foundation. Intended as a foundation for developing applications or solutions with a modular architecture, Hyperledger Fabric allows components, such as consensus and membership services, to be plug-and-play. Hyperledger Fabric leverages container technology to host smart contracts called "chaincode" that comprise the application logic of the system. Hyperledger Fabric was initially contributed by Digital Asset and IBM, as a result of the first hackathon.

图 7-4　Fabric 官网首页

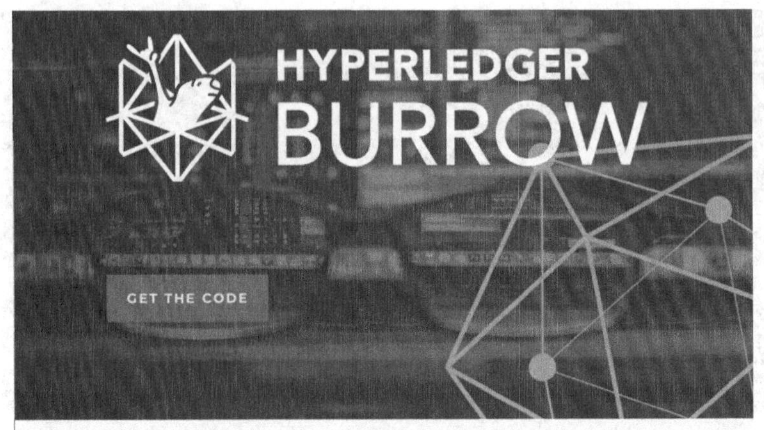

HYPERLEDGER
BURROW
GET THE CODE
Type: Permissioned smart contract application engine
Status: Incubation
Hyperledger Burrow is one of the Hyperledger projects hosted by The Linux Foundation. Hyperledger Burrow was originally contributed by Monax and co-sponsored by Intel. Hyperledger Burrow provides a modular blockchain client with a permissioned smart contract interpreter partially developed to the specification of the Ethereum Virtual Machine (EVM).

图 7-5　Burrow 官网首页

其中，Sawtooth 是用于构建、部署和运行分布式账本的模块化平台；Iroha 是一个商业区块链框架，其设计简单且易于并入需要分布式账本技术的基础设施项目中；Fabric 是一个开源的区块链开发框架，它提供了一个模块化的架构，其架构中包含节点、智能合约以及可配置的共识和成员服务等功能；Burrow 可以看作一个支持以太坊智能合约的框架，它是根据以太坊虚拟机（EVM）规范构建的。这些基于超级账本的项目中，Fabric 是最有名的，使用 Fabric 可以快速地搭建完成企业级的区块链系统。一般超级账本基本上指的都是超级账本 Fabric，本章讲解的超级账本也是指超级账本 Fabric，故在本章中提到的超级账本就是指 Fabric。

7.1.2　超级账本 Fabric 的架构

迄今为止，Fabric 的架构经历了两个版本的演进。最初发布的 0.6 版本只是被用来做商业验证，无法被应用于真实场景中。因为 0.6 版本的结构简单，基本所有的功能都集中在 peer 节点，在扩展性、安全性和隔离性方面有着不足。在后来推出的 1.0 正式版中，将 peer 节点的功能进行分拆，把共识服务从 peer 节点剥离，独立为 orderer 节点，提供可插拔共识服务。更为重要的是加入了多通道（multi-channel）功能，实现了多业务隔离，如图 7-6 所示。

在 Fabric 1.0 中需要了解的几个核心概念说明如下。

- SDK：应用工具开发包。
- Membership：负责身份权限管理，又叫 MemberService 或 Identity Service。

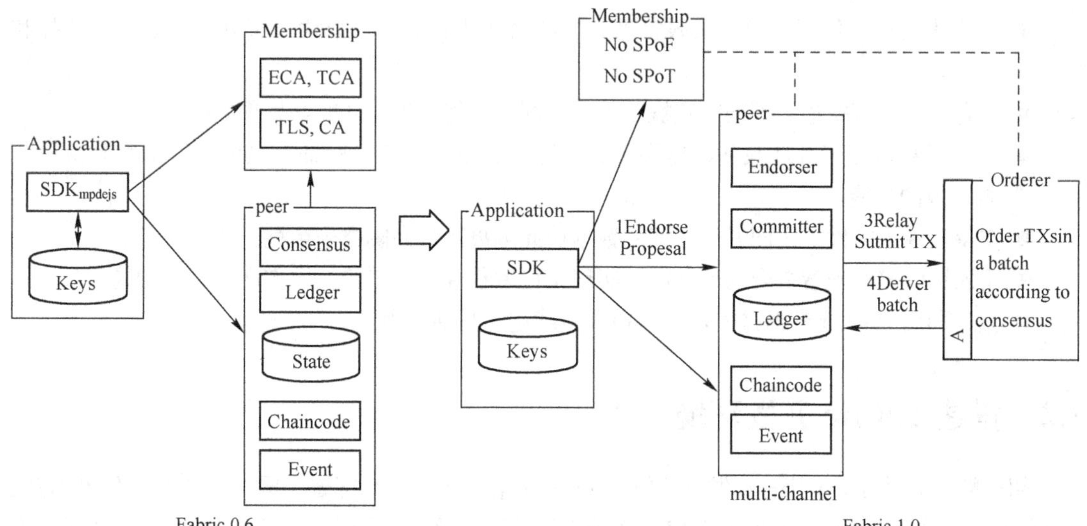

图 7-6　超级账本 Fabric 架构的变化

- Chaincode（链码）：区块链上的应用代码，扩展自“智能合约”的概念，支持 Go、Java 等编程语言，运行在隔离的容器环境中。
- Orderer（排序节点）：Fabric 1.0 架构中的共识服务角色，可以对交易进行排序、批量打包、生成区块，发给 peer 节点。一个区块链网络中有多个 orderer 节点，它们共同提供排序服务。
- Endorser（背书节点）：Fabric 1.0 架构中的一类 peer 节点角色，负责检验某个交易是否合法，是否愿意为之签名背书。
- Committer（提交节点）：Fabric 1.0 架构中的另一类 peer 节点角色，负责对 orderer 节点排序后的交易进行检查，选择合法的交易执行并写入存储。
- Enrollment Certificate Authority（ECA，注册证书认证中心）：负责成员身份相关证书管理的认证中心。
- Transaction Certificate Authority（TCA，交易证书认证中心）：负责维护交易相关证书管理的认证中心。

Fabric 中主要可分为两种类型的节点：peer 节点和 orderer 节点。一个区块链网络中会有多个 peer 节点，一个 peer 节点可以充当多种角色，如可以充当背书节点 endorser，充当提交节点 committer。链码（Chaincode）部署在 peer 节点上，则这个节点用于执行智能合约。orderer 节点在网络中起到代理作用，多个 orderer 节点会连接到 Kafka 集群，利用 Kafka 的共识功能，完成对网络中交易的排序和打包成区块的工作。另外一个 peer 节点可以加入多个通道，多个通道之间是完全隔离的，每个通道只会接收和处理该通道相关交易的区块，而与其他交易完全隔离，实现数据隔离和保密。

7.1.3　超级账本 Fabric 的特点

超级账本的架构使它具备以下特点。

- 模块化设计，包括共识、权限管理、加解密、账本机制等模块，可以灵活地进行选择和替换。
- 具有多种节点类型。不同节点被赋予了不同的功能，提升了交易处理效率。
- 加强了身份证书管理服务，提供了身份证书、数字签名、验证算法以及若干判断身份是否有效的功能。
- 支持多通道特性，不同通道之间的数据彼此隔离，提高隔离安全性。
- 引入链码来实现智能合约的功能，实现了可编程性，支持第三方实现自定义功能。
- 充分利用 Docker 容器技术，可以根据负载进行灵活部署。

7.2　搭建 Fabric 开发环境

超级账本主要由 Go 语言开发，并使用 Docker 容器技术进行部署。超级账本开发环境配置过程比较简单，在 Windows、Linux 和 Mac 系统下均可进行操作。使用超级账本开发区块链需要先安装 Go 语言开发环境和 Docker 工具。然后使用官方提供的安装脚本即可自动下载安装所需要的文件和 Docker 镜像，下载完成后即可进行开发。这里先简单介绍一下 Go 语言和 Docker 工具，对这两部分有了解的读者可以跳过，直接阅读 Fabric 本地开发环境安装部分。

7.2.1　Go 语言简介及其开发环境安装

Go 语言是 Google 推出的一种强类型的通用编程语言，Go 语言良好的语言设计、高效的性能以及强大的开发编程能力使其很适合开发区块链这样的分布式系统。

要安装使用 Go 语言可以到 Go 的下载地址 https://golang.org/dl/选择对应系统的 Go 语言开发环境，对安装文件进行下载安装（需要有相应设置才可访问），Go 语言的下载页面如图 7-7 所示。

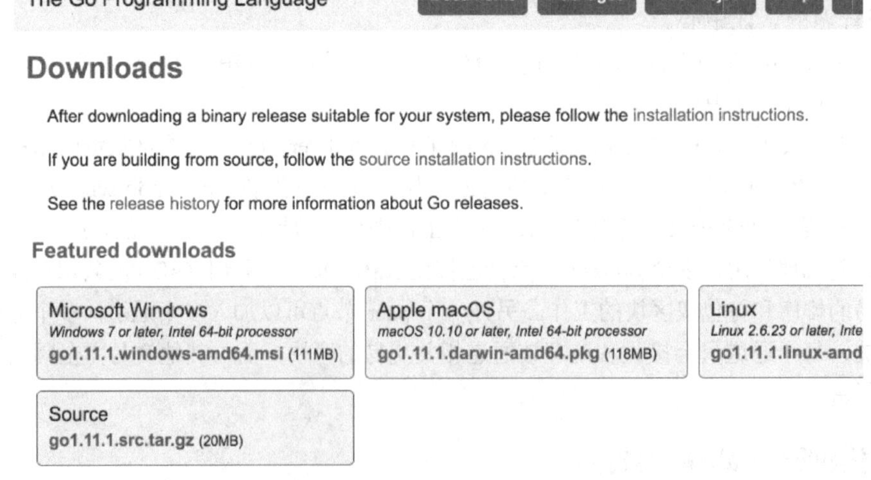

图 7-7　Go 语言的下载页面

Go 语言的开发环境安装完成后，需要将 Go 的目录/usr/local/go/bin 添加至系统的 PATH 环境变量中，命令如下。

```
$ export PATH=$PATH:/usr/local/go/bin
```

之后，编写一个输出“Hello, Golang！”的程序测试 Go 的开发环境是否安装完成。

新建一个名为 hello.go 的文件，在文件中输入以下内容。

```
package main
import "fmt"
func main() {
   fmt.Println("Hello, Golang !")
}
```

然后打开系统的命令行终端工具（terminal）执行 go run hello.go 命令，可以看到“Hello, Golang！”的输出信息，如图 7-8 所示。

```
bash-3.2$ cat hello.go
package main

import "fmt"

func main() {
   fmt.Println("Hello, Golang !")
}
bash-3.2$ go run hello.go
Hello, Golang !
```

图 7-8 Hello, Golang

Go 的语法比较简单，Go 语言官网也提供了在线学习的教程，有需要的读者可以访问 https://tour.golang.org/ welcome/1 进行学习，如图 7-9 所示。

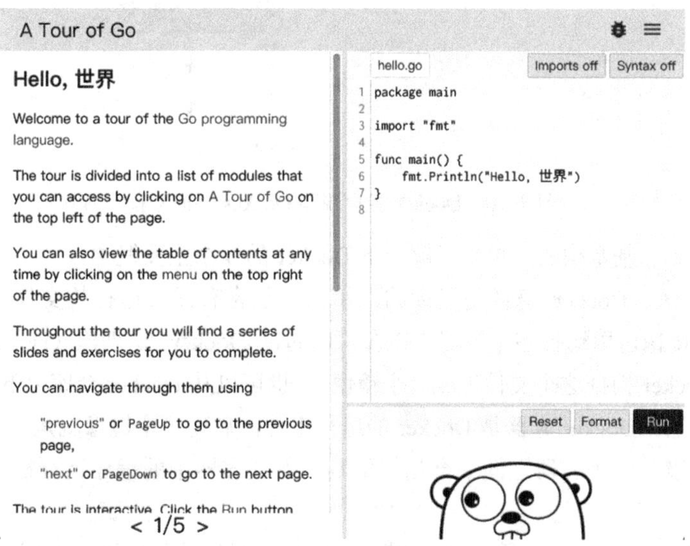

图 7-9 Go 语言在线学习的网页

7.2.2 Docker 简介及使用

Docker 是一个开源的应用容器引擎，基于 Go 语言开发。它是目前最流行的容器解决方案。Docker 属于 Linux 容器的一种封装，提供简单易用的容器使用接口。

Docker 让开发者可以打包他们的应用以及依赖包到一个可移植的容器中，然后发布到任何流行的 Linux 机器上，便可以启动和运行应用程序了。Docker 使开发者能够非常方便快捷地管理自己的项目，只需要几分钟就能完成项目的发布和更新。

Docker 使用客户端/服务器（C/S）架构模式，包括 Docker 客户端（Docker Client）和 Docker 守护进程（Docker Daemon）两部分。Docker 守护进程运行在宿主机上，处理复杂繁重的任务，例如建立、运行、发布 Docker 容器。Docker 客户端（或者说命令行工具），是用户使用 Docker 的主要方式，Docker 客户端与 Docker 守护进程通信并将结果返回给用户。Docker 客户端和 Docker 守护进程可以运行在同一个系统上，当然也可以使用 Docker 客户端去连接一个远程的 Docker 守护进程。Docker 客户端和 Docker 守护进程之间通过 socket 或者 RESTful API 进行通信，如图 7-10 所示。

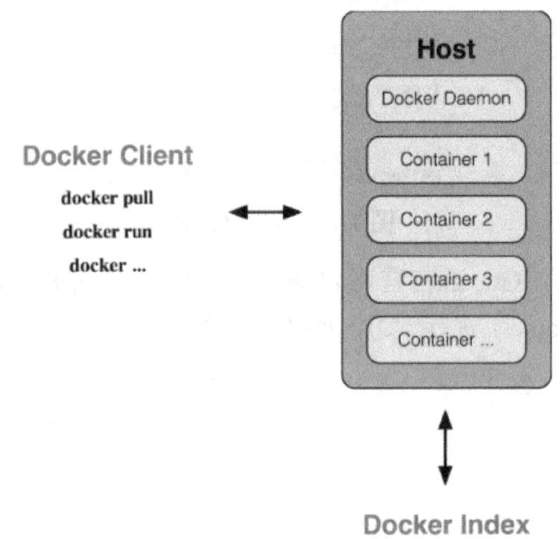

图 7-10　Docker 客户端和 Docker 守护进程

了解了 Docker 的基本构成，再来了解一下 Docker 的 3 个主要概念。

- Docker 镜像：Docker 镜像是只读的，镜像中包含有需要运行的文件。镜像用来创建容器，一个镜像可以运行多个容器。镜像可以通过 Dockerfile 创建（Dockerfile 是一个文本文件，Docker 根据这个文件生成一个镜像），也可以从 Docker 仓库上下载。
- Docker 容器：Docker 容器是 Docker 的运行组件，启动一个镜像就是一个容器，容器是一个隔离环境，多个容器之间不会相互影响，保证容器中的程序运行在一个相对安全的环境中。
- Docker 仓库：Docker 仓库用于共享和管理 Docker 镜像，用户可以上传或者下载镜像。

Docker 仓库的官方地址为 https://registry.hub.docker.com/，也可以搭建自己私有的 Docker 仓库。

接下来进行 Docker 的安装，在 Mac 和 Windows 上可以到官网下载安装包进行安装，在 Linux 系统中可以通过命令方式进行安装。Docker 的安装包的下载地址为：https://www.docker.com/get-started 如图 7-11 所示。

Developers　Pricing　Blog　About us　Partners

Docker Desktop

Install Docker Desktop - the fastest way to containerize applications.

Download for Windows

Also available for Mac and Linux

图 7-11　Docker 的下载页面

安装包下载完成后，双击 Docker 安装程序进行安装即可。安装完成后就可以双击 Docker 图标启动 Docker 守护进程，然后使用 Docker 客户端与 Docker 守护进程进行交互。如一切安装正常，在终端上输入 docker run hello-word 命令即可自动下载 hello-world 镜像，并启动一个容器输出“Hello from Docker”，如图 7-12 所示。

```
bash-3.2$ docker run hello-world
Unable to find image 'hello-world:latest' locally
latest: Pulling from library/hello-world
d1725b59e92d: Pull complete
Digest: sha256:0add3ace90ecb4adbf7777e9aacf18357296e799f81cabc9fde470971e499788
Status: Downloaded newer image for hello-world:latest

Hello from Docker!
This message shows that your installation appears to be working correctly.
```

图 7-12　输出 Hello from Docker

这就说明 Docker 已经可以正常使用了。直接输入 docker 命令可以查看 Docker 客户端的常见使用方法，如图 7-13 所示。

```
bash-3.2$ docker

Usage:  docker [OPTIONS] COMMAND

A self-sufficient runtime for containers

Options:
      --config string      Location of client config files (default "/Users/lingjiefan/.docker")
  -D, --debug              Enable debug mode
  -H, --host list          Daemon socket(s) to connect to
  -l, --log-level string   Set the logging level ("debug"|"info"|"warn"|"error"|"fatal") (default "info")
      --tls                Use TLS; implied by --tlsverify
      --tlscacert string   Trust certs signed only by this CA (default "/Users/lingjiefan/.docker/ca.pem")
      --tlscert string     Path to TLS certificate file (default "/Users/lingjiefan/.docker/cert.pem")
      --tlskey string      Path to TLS key file (default "/Users/lingjiefan/.docker/key.pem")
      --tlsverify          Use TLS and verify the remote
  -v, --version            Print version information and quit

Management Commands:
  checkpoint  Manage checkpoints
  config      Manage Docker configs
  container   Manage containers
  image       Manage images
  network     Manage networks
  node        Manage Swarm nodes
  plugin      Manage plugins
  secret      Manage Docker secrets
  service     Manage services
  stack       Manage Docker stacks
  swarm       Manage Swarm
  system      Manage Docker
  trust       Manage trust on Docker images
  volume      Manage volumes

Commands:
  attach      Attach local standard input, output, and error streams to a running container
  build       Build an image from a Dockerfile
  commit      Create a new image from a container's changes
```

图 7-13　Docker 客户端的使用方法

这里列举几个常用的 Docker 命令。

- 启动容器并启动命令行工具 bash。

```
docker run -i -t <image_name/continar_id> /bin/bash
```

- 进入正在运行的容器内部，同时运行 bash。

```
docker exec -t -i <id/container_name>  /bin/bash
```

- 查看容器日志。

```
docker logs <id/container_name>
```

- 列出当前所有正在运行的容器。

```
docker ps
```

- 删除单个容器。

```
docker rm Name/ID
```

● 停止、启动、终止、重启一个容器。

```
docker stop Name/ID
docker start Name/ID
docker kill Name/ID
docker restart name/ID
```

● 列出镜像。

```
docker images
```

● 搜索镜像。

```
docker search image_name
```

● 下载 image。

```
docker pull image_name
```

● 删除一个或者多个镜像。

```
docker rmi image_name
```

关于 Docker，最后还需要知道如何生成自定义的镜像文件。生成自定义的镜像文件需要编写一个 Dockerfile。Dockerfile 由一行行命令语句组成，并且支持以#开头的注释行。一般而言，Dockerfile 分为基础镜像信息、维护者信息、镜像的操作指令、容器启动时执行指令这 4 个部分。这里以一个 nginx（一个高性能的 HTTP 和反向代理服务器）作为基础镜像为例，新建一个 Dockerfile 的空白文件，输入以下内容。

```
# Dockerfile 示例

# 第 1 行必须指定基于的镜像基础
FROM nginx

# 维护者信息
MAINTAINER XXX XXX@qq.com

# 镜像的操作指令
RUN echo '<h1>Hello, Docker!</h1>' > /usr/share/nginx/html/index.html

# 容器启动时执行指令
# !! 这个示例功能比较简单，不需要在容器启动时执行指令!!
```

完成后保存文件，然后在终端上执行 docker build -t hello_docker. 命令构建镜像，执行完成后可以看到本地多了一个名为 hello_docker 的镜像，如图 7-14 所示。

```
bash-3.2$ docker build -t hello_docker .
Sending build context to Docker daemon  331.8kB
Step 1/3 : FROM nginx
 ---> be1f31be9a87
Step 2/3 : MAINTAINER XXX XXX@qq.com
 ---> Using cache
 ---> 5698b3034910
Step 3/3 : RUN echo '<h1>Hello, Docker!</h1>' > /usr/share/nginx/html/index.html
 ---> Using cache
 ---> 964ac3a97328
Successfully built 964ac3a97328
Successfully tagged hello_docker:latest
bash-3.2$ docker images
REPOSITORY                                                                                            TAG
      CREATED             SIZE
eosio/eos                                                                                             latest
      6 weeks ago         244MB
neo-privnet                                                                                           latest
      6 weeks ago         2.7GB
dev-peer0.org1.example.com-fabcar-1.0-5c906e402ed29f20260ae42283216aa75549c571e2e380f3615826365d8269ba  latest
      7 weeks ago         139MB
dev-peer1.org2.example.com-mycc-1.0-26c2ef32838554aac4f7ad6f100aca865e87959c9a126e86d764c8d01f8346ab   latest
      7 weeks ago         139MB
dev-peer0.org1.example.com-mycc-1.0-384f11f484b9302df90b453200cfb25174305fce8f53f4e94d45ee3b6cab0ce9   latest
      7 weeks ago         139MB
dev-peer0.org2.example.com-mycc-1.0-15b571b3ce849066b7ec74497da3b27e54e0df1345daff3951b94245ce09c42b   latest
      7 weeks ago         139MB
hello_docker                                                                                          latest
      7 weeks ago         109MB
```

图 7-14　自定义名为 hell_docker 的镜像

以上即为 Docker 的简要介绍，若需深入学习可购买专门的 Docker 教程自学，如《Docker 入门与实战》,《Docker 第一本书》。

7.2.3　安装 Fabric 的开发环境

对 Go 语言和 Docker 有了一定了解后，就可以正式搭建 Fabric 的开发环境了。

当前 Fabric 的最新版本为 1.2.1，打开命令行工具，使用以下命令就可以进行安装。

```
curl -sSL http://bit.ly/2ysbOFE | bash -s 1.2.1
```

这个命令会执行以下操作。

1）检查是否有 1.2.1 版本的 Fabric 代码。

2）将 1.2.1 版本的 Fabric 项目中的程序和配置文件下载到当前文件夹中，如图 7-15 所示。

```
bash-3.2$ ls
bin              config           fabric-samples
bash-3.2$ ls bin/
configtxgen          cryptogen            fabric-ca-client       idemixgen          peer
configtxlator        discover             get-docker-images.sh   orderer
bash-3.2$ ls config/
configtx.yaml   core.yaml        orderer.yaml
```

图 7-15　下载的二进制文件和配置文件

3）下载 1.2.1 的 Fabric docker 镜像到当前系统中，如图 7-16 所示。

```
bash-3.2$ docker images
REPOSITORY                        TAG             IMAGE ID        CREATED         SIZE
eosio/eos                         latest          b883b712fee8    6 weeks ago     244MB
hello_docker                      latest          964ac3a97328    7 weeks ago     109MB
nginx                             latest          be1f31be9a87    7 weeks ago     109MB
hyperledger/fabric-javaenv        1.3.0-rc1       b65ead3e6841    2 months ago    1.7GB
hyperledger/fabric-javaenv        latest          b65ead3e6841    2 months ago    1.7GB
hyperledger/fabric-ca             1.3.0-rc1       784b38dab5ba    2 months ago    244MB
hyperledger/fabric-ca             latest          784b38dab5ba    2 months ago    244MB
hyperledger/fabric-tools          1.3.0-rc1       693f6ae1c95c    2 months ago    1.5GB
hyperledger/fabric-tools          latest          693f6ae1c95c    2 months ago    1.5GB
hyperledger/fabric-ccenv          1.3.0-rc1       04415e10d1f2    2 months ago    1.38GB
hyperledger/fabric-ccenv          latest          04415e10d1f2    2 months ago    1.38GB
hyperledger/fabric-orderer        1.3.0-rc1       4f5d3e993eb8    2 months ago    145MB
hyperledger/fabric-orderer        latest          4f5d3e993eb8    2 months ago    145MB
hyperledger/fabric-peer           1.3.0-rc1       3286d6b8fe00    2 months ago    151MB
hyperledger/fabric-peer           latest          3286d6b8fe00    2 months ago    151MB
hyperledger/fabric-zookeeper      0.4.12          bca71b814159    2 months ago    1.39GB
hyperledger/fabric-zookeeper      latest          bca71b814159    2 months ago    1.39GB
hyperledger/fabric-kafka          0.4.12          58b901c762ea    2 months ago    1.4GB
hyperledger/fabric-kafka          latest          58b901c762ea    2 months ago    1.4GB
hyperledger/fabric-couchdb        0.4.12          fe8d64d1233c    2 months ago    1.45GB
hyperledger/fabric-couchdb        latest          fe8d64d1233c    2 months ago    1.45GB
hyperledger/fabric-baseos         amd64-0.4.12    e0cee7b03d39    2 months ago    124MB
```

图 7-16　下载的镜像文件

然后还可以下载 Fabric 项目的示例代码到本地，这些示例代码是基于 Fabric 实现的项目，本书也是通过这些示例来讲解 Fabric 的使用方法。示例代码的下载命令如下。

```
git clone https://github.com/hyperledger/fabric-samples.git
```

至此，Fabric 的开发环境搭建完成，可以访问 Fabric 的官网查阅安装步骤的说明，网页链接地址为 https://hyperledger-fabric.readthedocs.io/en/latest/getting_started.html。

7.3　Chaincode 的开发部署及使用

从这一节开始正式进入超级账本的开发，首先来了解一下 Chaincode 的概念，然后介绍如何开发 Chaincode，如何将 Chaincode 部署到 Fabric 中，以及如何使用 Chaincode。

7.3.1　什么是 Chaincode

Chaincode，中文一般称为链码，是超级账本中的智能合约，本质上就是一段计算机语言实现的程序。Chaincode 是超级账本的重要组成部分，一般用 Go 语言编写，也支持用 Java、JavaScript 等计算机语言来进行编写。本书中的 Chaincode 使用 Go 语言编写。

那 Chaincode 是如何运行的呢？Chaincode 编写完成后需要进行编译并部署到超级账本上。部署完成后，Chaincode 运行在一个受保护的 Docker 容器当中，与背书节点的运行互相隔离。超级账本通过 Chaincode 实现对账本数据的读取和修改操作，同时也会把操作的日志保存到超级账本的数据库中。由一个 Chaincode 创建的状态仅限于该 Chaincode 有权限访问，不能由另一个 Chaincode 直接访问。然而，在同一个超级账本中，给定适当的权限，一个 Chaincode 可以调用另一个 Chaincode 来访问其创建的状态。

Chaincode 的生命周期包括打包、安装、实例化和升级这四个阶段，具体过程会在下面实例中讲解。下面就开始介绍如何编写和部署 Chaincode。

7.3.2 Chaincode 的开发和使用

开发 Chaincode 就是实现特定的接口，这个接口包括两个方法——Init()方法和 Invoke()方法。这两个方法的作用如下：当 Chaincode 接收 instantiate 或 upgrade 事务时，会调用 Init()方法，以便 Chaincode 可以执行任何必要的初始化，包括应用程序状态的初始化；Invoke()方法是为了响应接收调用事务来处理事务提案。

下面实现一个最简单的 Chaincode，这个例子中的作用就是展示如何开发 Chaincode 以及 Chaincode 的执行流程。在这个 Chaincode 中不对数据进行处理，调用方法后直接返回就可以了，所以在编写 Init()方法和 Invoke()方法的主体功能时返回空值就可以了。代码如下。

```
package main
import "fmt"
import "github.com/hyperledger/fabric/core/chaincode/shim"
type SampleChaincode struct {
}
func (t *SampleChaincode) Init(stub shim.ChaincodeStubInterface, function string, args []string) ([]byte, error) {
    return nil, nil
}
func (t *SampleChaincode) Query(stub shim.ChaincodeStubInterface, function string, args []string) ([]byte, error) {
    return nil, nil
}
func (t *SampleChaincode) Invoke(stub shim.ChaincodeStubInterface, function string, args []string) ([]byte, error) {
    return nil, nil
}
func main() {
    err := shim.Start(new(SampleChaincode))
    if err != nil {
        fmt.Println("Could not start SampleChaincode")
    } else {
        fmt.Println("SampleChaincode successfully started")
    }
}
```

其中 main 函数是 Go 程序执行的入口函数，当在节点部署 Chaincode 时，就会执行 main 函数里面的内容。main 函数中第 1 句 Err :=shim.Start(new(SampleChaincode))会启动示例的 Chaincode，如发生错误会输出启动失败的信息，否则就会输出成功运行的信息。

在上面的示例中实现了 Chaincode 的 3 个方法，依次为 Init、Query 和 Invoke。下面依次来了解下这 3 个方法的作用。

- Init()方法。Init()方法会在 Chaincode 首次部署实现到区块链时由各个节点调用，此方法可用于实现任何与初始化、引导或设置相关的任务。
- Query()方法。只要在区块链上执行任何查询操作，就会调用 Query()方法。Query()方法不会修改区块链的状态，因此它不会在交易上下文内运行。如果尝试在 Query()方法内修改区块链的状态，将出现一个错误。另外，因为此方法仅用于读取区块链的状态，所以对它的调用不会记录在区块链上。
- Invoke()方法。只要修改区块链的状态，就会调用 Invoke()方法，所以所有对区块链进行的更新或删除操作都应封装在 Invoke 方法内。因为此方法将修改区块链的状态，所以超级账本会自动创建一个交易上下文，以便此方法在其中执行。对此方法的所有调用都会在区块链上记录为交易，这些交易最终被写入区块中。

实现了上述的代码后就可以操作这个 Chaincode。Fabric 提供了 4 个命令管理 Chaincode，分别是打包（package）、安装（install）、实例化（instantiate）、升级（upgrade）。首先通过 package 命令打包 Chaincode，然后用 install 命令安装 Chaincode，再通过 instantiate 实例化 Chaincode。如果需要升级 Chaincode，则需要先安装新版本的 Chaincode，再通过 upgrade 命令对其进行升级。

在未来的版本中，官方也正在考虑添加 stop 和 start 命令禁用和重新启用 Chaincode，而不必卸载它。在成功安装并实例化了一个 Chaincode 之后，Chaincode 就处于活跃中（正在运行）。在安装完毕后，也可以在任何时间都对 Chaincode 进行升级，如图 7-17 所示。

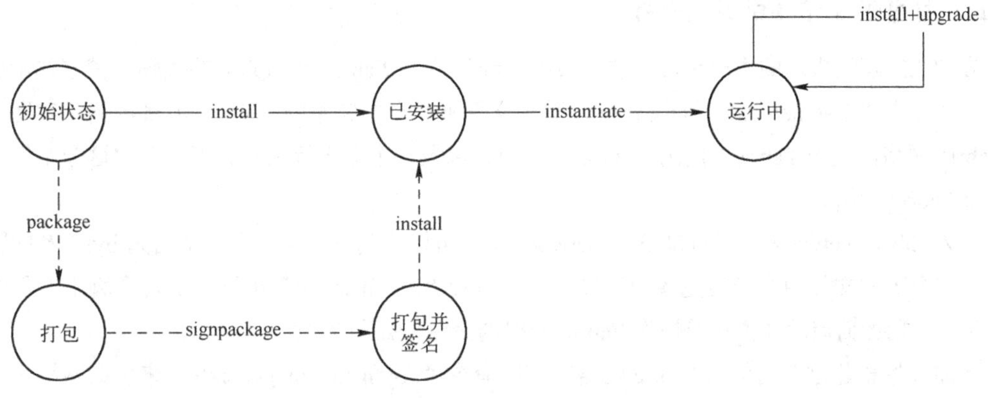

图 7-17　Chaincode 生命周期

上图中需要注意的是，Chaincode 有两种安装方式，一是直接安装源代码，二是通过 package

命令打包并签名生成打包文件，然后再通过 install 命令进行安装生成的打包文件。

以上就是 Chaincode 的开发和使用过程，接下来说明一下 Chaincode 的打包过程。

7.3.3 Chaincode 的打包

为了方便对 Chaincode 进行管理和签名认证，通常需要对 Chaincode 进行打包操作。Chaincode 包由 3 部分组成，包括 Chaincode 代码本身、一个可选的实例化策略和拥有 Chaincode 实体的一组签名。其中区块链上 Chaincode 被实例化进行交易的时候，可被 Chaincode 对应的实例化策略验证。

签名有以下作用。

- 建立 Chaincode 的所有权。
- 对包的内容进行验证。
- 检测包是否篡改。

打包 Chaincode 有两种方式。第 1 种方式是当 Chaincode 有多个所有者的时候，需要让 Chaincode 包被多个所有者签名。这种情况下需要创建一个需要签名的 Chaincode 包，这个包依次被每个所有者签名。第 2 种就比较简单了，在已签名的节点上用 install 命令进行打包操作即可。

以上就是关于 Chaincode 的内容，下面开始进入超级账本的实际开发。

7.4 超级账本开发实例 1——建立一个 Fabric 网络

第 1 个实例是构建一个本地的 Fabric 网络，通过本案例可以学习如何基于超级账本构建一个简单的区块链网络，并与这个网络进行基本的交互操作，例如查询和更新超级账本的区块链数据。

7.4.1 构建第 1 个 Fabric 网络

在 7.2.3 超级账本的本地环境安装一节中已经下载了 Fabric Samples 的代码，在这些示例代码中一个名为“first-network”的文件夹，整个文件夹是一个完整的 Fabric 项目示例，实现了一个 Fabric 网络，这个 Fabric 网络中包含多个节点，以及一个命令行工具。下面使用这个示例构建第 1 个 Fabric 网络。

进入 fabric-network 的子目录 first-network 中，可以看到该目录下有一个名为 byfn.sh 的脚本文件。这个脚本文件中有着很完备的注释说明，执行“./byfn.sh –h”可以看到这个脚本文件的使用说明，包括如何启动和停止等操作 Fabric 网络的命令，如图 7-18 所示。

下面开始构建这个简单的 Fabric 网络。使用命令“./byfn.sh -m generate”来生成网络所需的证书和创世区块，命令执行的过程中需要进行一些配置，这里使用默认配置，在命令行工具中输入“Y”确认既可，如图 7-19 所示。

```
bash-3.2$ ./byfn.sh -h
Usage:
  byfn.sh <mode> [-c <channel name>] [-t <timeout>] [-d <delay>] [-f <docker-compose-file>] [-s <dbtype>] [-l <lan
    <mode> - one of 'up', 'down', 'restart', 'generate' or 'upgrade'
      - 'up' - bring up the network with docker-compose up
      - 'down' - clear the network with docker-compose down
      - 'restart' - restart the network
      - 'generate' - generate required certificates and genesis block
      - 'upgrade'  - upgrade the network from version 1.1.x to 1.2.x
    -c <channel name> - channel name to use (defaults to "mychannel")
    -t <timeout> - CLI timeout duration in seconds (defaults to 10)
    -d <delay> - delay duration in seconds (defaults to 3)
    -f <docker-compose-file> - specify which docker-compose file use (defaults to docker-compose-cli.yaml)
    -s <dbtype> - the database backend to use: goleveldb (default) or couchdb
    -l <language> - the chaincode language: golang (default) or node
    -i <imagetag> - the tag to be used to launch the network (defaults to "latest")
    -v - verbose mode
  byfn.sh -h (print this message)

Typically, one would first generate the required certificates and
genesis block, then bring up the network. e.g.:

        byfn.sh generate -c mychannel
        byfn.sh up -c mychannel -s couchdb
        byfn.sh up -c mychannel -s couchdb -i 1.2.x
        byfn.sh up -l node
        byfn.sh down -c mychannel
        byfn.sh upgrade -c mychannel

Taking all defaults:
        byfn.sh generate
        byfn.sh up
        byfn.sh down
```

图 7-18　byfn.sh 使用说明

```
bash-3.2$ ./byfn.sh -m generate
Generating certs and genesis block for channel 'mychannel' with CLI timeout of '10' seconds and CLI delay of '3' s
Continue? [Y/n]
proceeding ...
/Users/lingjiefan/workspace/fabric/bin/cryptogen

##########################################################
##### Generate certificates using cryptogen tool #########
##########################################################
+ cryptogen generate --config=./crypto-config.yaml
org1.example.com
org2.example.com
+ res=0
+ set +x

/Users/lingjiefan/workspace/fabric/bin/configtxgen
##########################################################
#########  Generating Orderer Genesis block ##############
##########################################################
+ configtxgen -profile TwoOrgsOrdererGenesis -outputBlock ./channel-artifacts/genesis.block
```

图 7-19　构建第 1 个网络

可以看到在这个过程中，先是用 cryptogen 工具生成各种网络实体的证书和密钥（cryptogen 是 Fabric 项目中提供的用来生成需要的证书的工具），这些证书是身份的代表，它们允许在网络中进行交流和交易时进行签名/验证身份；然后生成一个 genesis block（创世区块），用于引导 orderer 节点进行排序服务；最后生成 Channel 所需要的交易配置信息并保存到文件中。

接下来，使用./byfn.sh -m up 命令来启动整个网络，在提示配置的地方还是输入 y 即可，如图 7-20 所示。

```
bash-3.2$ ./byfn.sh -m up
Starting for channel 'mychannel' with CLI timeout of '10' seconds and CLI delay of '3' seconds
Continue? [Y/n]
proceeding ...
LOCAL_VERSION=1.3.0
DOCKER_IMAGE_VERSION=1.3.0-rc1
=================== WARNING ===================
  Local fabric binaries and docker images are
  out of  sync. This may cause problems.
===============================================
Recreating peer0.org1.example.com ... done
Recreating orderer.example.com    ... done
Creating peer1.org1.example.com   ... done
Creating peer1.org2.example.com   ... done
Creating peer0.org2.example.com   ... done
Recreating cli                    ... done

 ____    _____      _      ____    _____
/ ___|  |_   _|    / \    |  _ \  |_   _|
\___ \    | |     / _ \   | |_) |   | |
 ___) |   | |    / ___ \  |  _ <    | |
|____/    |_|   /_/   \_\ |_| \_\   |_|

Build your first network (BYFN) end-to-end test
```

图 7-20　启动“first network”网络

启动成功以后，终端会输出“END”的字符画面，如图 7-21 所示。

```
2018-11-25 13:06:55.160 UTC [chaincodeCmd] install -> INFO 003 Installed remotely response:<status:200 payload:"OK
===================== Chaincode is installed on peer1.org2 =====================

Querying chaincode on peer1.org2...
===================== Querying on peer1.org2 on channel 'mychannel'... =====================
Attempting to Query peer1.org2 ...3 secs
+ peer chaincode query -C mychannel -n mycc -c '{"Args":["query","a"]}'
+ res=0
+ set +x

90
===================== Query successful on peer1.org2 on channel 'mychannel' =====================

========= All GOOD, BYFN execution completed ===========
```

图 7-21　启动网络成功

若要关闭这个网络可以使用./byfn.sh -m down 命令进行操作，如图 7-22 所示。

7.4.2　与 Fabric 网络的交互

在启动这个 Fabric 网络后，就可以与这个网络的交互。交互的内容包括对网络中管道（channel，是指在 Fabric 网络中的通道，用来连接网络中的节点和隔离其他非相关的节点）的管理和对 Chaincode 的操作，从而更深入地认识 Fabric 网络。与 Fabric 网络交互的方式是可以通过命令行工具（CLI）调用 Fabric API 实现。

```
bash-3.2$ ./byfn.sh -m down
Stopping for channel 'mychannel' with CLI timeout of '10' seconds and CLI delay of '3' seconds
Continue? [Y/n]
proceeding ...
Stopping cli                   ... done
Stopping peer1.org1.example.com ... done
Stopping orderer.example.com    ... done
Stopping peer0.org2.example.com ... done
Stopping peer0.org1.example.com ... done
Stopping peer1.org2.example.com ... done
Removing cli                   ... done
Removing peer1.org1.example.com ... done
Removing orderer.example.com    ... done
Removing peer0.org2.example.com ... done
Removing peer0.org1.example.com ... done
Removing peer1.org2.example.com ... done
Removing network net_byfn
Removing volume net_orderer.example.com
Removing volume net_peer0.org1.example.com
Removing volume net_peer1.org1.example.com
Removing volume net_peer0.org2.example.com
Removing volume net_peer1.org2.example.com
Removing volume net_peer0.org3.example.com
```

图 7-22　关闭网络

使用 CLI 需要先进入 CLI 容器（一个包含命令行工具 CLI 的 docker 容器，可以理解为一个可运行 CLI 的独立环境），进入容器的命令是“docker exec -it cli bash”，如图 7-23 所示。

```
bash-3.2$ docker exec -it cli bash
root@eb10c09dfedd:/opt/gopath/src/github.com/hyperledger/fabric/peer# ls
channel-artifacts  crypto  log.txt  mychannel.block  scripts
```

图 7-23　进入 CLI 容器

进入 CLI 容器后可以看到容器中的内容并对 Fabric 网络进行查询和更新操作。在 CLI 中使用的命令主要分为两种，一种是和 channel 有关的命令，另外一种是和 Chaincode 有关的命令。

（1）和 channel 有关的命令

和 channel 有关的命令如下。

1）创建 channel。

进入 CLI 容器，可以通过如下命令来创建通道。

```
peer channel create -o orderer.example.com:7050 -c mychannel -f ./channel-artifacts/channel.tx --tls true --cafile/opt/gopath/src/github.com/hyperledger/ fabric/peer/crypto/ordererOrganizations/example.com/orderers/orderer. example.com/msp/tlscacerts/tlsca.example.com-cert.pem
```

其中的参数含义如下。

- -o orderer.example.com:7050：指定了 orderer 的服务定义，用作排序服务。
- -c mychannel：要创建通道的名字。
- -f ./channel-artifacts/channel.tx：指定由 configtxgen 等工具生成的配置交易文件，用于提交给 orderer 节点。

● --tls true：与 orderer 通信是否启动 TLS。

--cafile/opt/gopath/src/github.com/hyperledger/fabric/peer/crypto/ordererOrganizations/example.com/orderers/orderer.example.com/msp/tlscacerts/tlsca.example.com-cert.pem：指定 orderer 节点的 TLS 证书，该证书为 PEM 格式。

2）加入 channel。

加入 channel 的命令是 peer channel join -b mychannel.block，其中-b 是区块路径，这里指向包含创世区块的文件路径。

3）列举所有 channel。

列举所有 channel 的命令是 peer channel list。

4）更新 channel。

更新 channel 的命令是 peer channel update -o orderer.example.com:7050 -c mychannel -f ./channel-artifacts/Org1MSPanchors.tx --tls true --cafile /opt/ gopath/src/github.com/ hyperl-edger/fabric/peer/crypto/ordererOrganizations/example.com/orderers/orderer.example.com/msp/tlsc-acerts/tlsca.example.com-cert.pem，参数与创建 channel 的类似。

（2）和 Chaincode 有关的命令

和 Chaincode 有关的命令如下。

1）安装 Chaincode: peer chaincode install [flags]。

2）实例化 Chaincode: peer chaincode instantiate [flags]。

3）调用 Chaincode: peer chaincode invoke。

4）打包 Chaincode: peer chaincode package。

5）查询 Chaincode: peer chaincode query。

6）对 Chaincode 进行签名: peer chaincode signpackage。

7）更新 Chaincode: peer chaincode upgrade。

其中主要可以使用的参数如下。

● -C：channel ID。
● -c：JSON 字串的链代码构造函数消息（默认“{}”）。
● -h：帮助。
● -l：编写 Chaincode 的语言，默认“golang”。
● -n：Chaincode 名称。
● -p：Chaincode 路径。
● -v：Chaincode 版本。
● -o：orderer 节点。

下面介绍 Chaincode 命令查询和更新超级账本。

7.4.3 查询和更新超级账本

在 CLI 容器中，先使用 query 对 a 和 b 的余额进行查询操作（其中 a 和 b 是在使用 byfn.sh -m up

命令启动网络时自动创建的两个账户），可以看到 a 有 90，而 b 有 210，如图 7-24 所示。

```
root@c54fbd8f1409:/opt/gopath/src/github.com/hyperledger/fabric/peer# peer chaincode query -C mychannel -n mycc
 -c '{"Args":["query","a"]}'
90
root@c54fbd8f1409:/opt/gopath/src/github.com/hyperledger/fabric/peer# peer chaincode query -C mychannel -n mycc
 -c '{"Args":["query","b"]}'
210
```

图 7-24　查询 a 和 b 余额

然后从 b 账户转 80 到 a 账户。这个交易将创建一个新的区块并更新区块链。操作命令如图 7-25 所示。

```
root@c54fbd8f1409:/opt/gopath/src/github.com/hyperledger/fabric/peer# peer chaincode invoke -o orderer.example.com
:7050 --tls true \
> --cafile /opt/gopath/src/github.com/hyperledger/fabric/peer/crypto/ordererOrganizations/example.com/orderers/ord
erer.example.com/msp/tlscacerts/tlsca.example.com-cert.pem  \
> -C mychannel -n mycc --peerAddresses peer0.org1.example.com:7051 \
> --tlsRootCertFiles /opt/gopath/src/github.com/hyperledger/fabric/peer/crypto/peerOrganizations/org1.example.com/
peers/peer0.org1.example.com/tls/ca.crt \
> --peerAddresses peer0.org2.example.com:7051 \
> --tlsRootCertFiles /opt/gopath/src/github.com/hyperledger/fabric/peer/crypto/peerOrganizations/org2.example.com/
peers/peer0.org2.example.com/tls/ca.crt \
> -c '{"Args":["invoke","b","a","80"]}'
2018-11-25 13:36:34.306 UTC [chaincodeCmd] chaincodeInvokeOrQuery -> INFO 001 Chaincode invoke successful. result:
 status:200
```

图 7-25　b 账户转 80 到 a 账户

由上图可以看到操作成功，此时在查询 a 账户和 b 账户，应该可以看到 a 账户有 170，b 账户有 130，如图 7-26 所示。

```
root@c54fbd8f1409:/opt/gopath/src/github.com/hyperledger/fabric/peer# peer chaincode query -C mychannel -n mycc -c
 '{"Args":["query","a"]}'
170
root@c54fbd8f1409:/opt/gopath/src/github.com/hyperledger/fabric/peer# peer chaincode query -C mychannel -n mycc -c
 '{"Args":["query","b"]}'
130
```

图 7-26　查询更新后 a 和 b 余额

以上就是通过 Chaincode 查询和更新超级账本的方法。

7.5　超级账本开发实例 2——fabcar 区块链应用

在上个实例中，使用超级账本构建了一个 Fabric 网络，并通过 CLI 命令行与这个 Fabric 网络进行交互。在这一节中将会介绍 Fabric Samples 中的另一个示例——fabcar。fabcar 是一个基于 NODE SDK、并带有智能合约的示例（其中 NODE_SDK 是超级账本官方提供的 JavaScript 软件开发工具包，开发者可以通过 NODE_SDK 与 Fabric 网络进行交互，这是除了 CLI 之外的另一种交互方式）。通过这个示例，可以了解 NODE SDK 的使用方法，以及如何在页面中基于 NODE SDK 和 Fabric 网络进行交互。

在进入这个示例的开发之前，再来总结一下一个区块链应用与区块链网路之间的交互过程。

在 Fabric 网络中，一个应用（Application）首先需要通过开发者证书（Application Developer

Identity）的确认，通过确认后执行智能合约（Run smart contracts），智能合约可以查询和更新区块链网络（Receive ledger updates）。区块链网络更新成功后再通知应用，如图 7-27 所示。

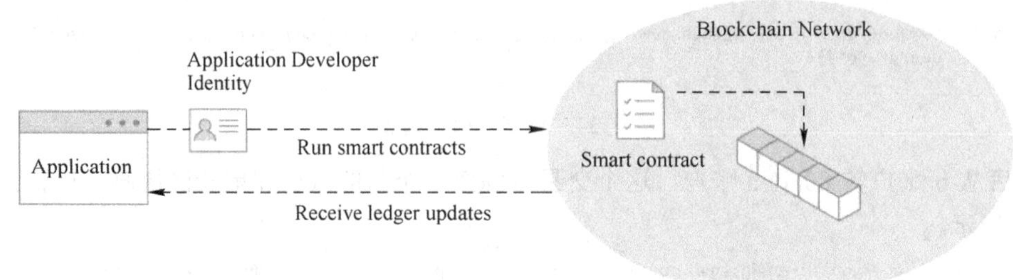

图 7-27　应用与超级账本的交互过程

7.5.1　fabcar 功能概述

fabcar 实现了汽车数据管理的功能，里面包含了两种角色，一是管理员，用来更新和管理汽车数据，二是普通用户，可以查询所有的汽车数据。该示例实现的具体功能以下。

- 定义一个 Car 的结构体，用来存储汽车的数据和所有者信息。
- 初始化并启动一个测试网络。
- 具有注册和登记管理员的功能。
- 具有注册新用户的功能。
- 可以查询和更新汽车的信息。

7.5.2　fabcar 结构说明

进入 fabcar 文件夹可以看到一个 shell 脚本和几个 js 文件，如图 7-28 所示。

```
bash-3.2$ ls
enrollAdmin.js          node_modules            query.js                startFabric.sh
hfc-key-store           package-lock.json       registerUser.js         static
invoke.js               package.json            server.js
```

图 7-28　fabcar 文件结构

其中 package.json 定义了这个项目所需要的 JavaScript 模块，以及项目的配置信息（比如名称、版本、许可证等）。执行 npm install 命令时会根据这个配置文件自动下载所需的模块，也就是配置项目所需的运行和开发环境。startFabric.sh 这个脚本用来初始化 Fabric 网络、启动节点、创建通道和实例化 Chaincode，并且把汽车的初始信息写入区块链。enrollAdmin.js 用来注册管理员。registerUser.js 用来注册新用户。query.js 可以查询所有汽车的信息。invoke.js 用来调用 Chaincode，执行其中的功能。

下面开始开发和部署这个 fabcar 应用。

7.5.3　fabcar 的开发和部署

在这个示例中会先启动并初始化一个 Fabric 网络，然后创建一个管理员和一个新用户用于测试，接着通过 NODE SDK 与网络进行交互并将 NODE SDK 集成到一个网页中，用户可以通过这个交互页面操作超级账本。

1. 启动网络和初始化数据

第 1 步是执行 fabcar 文件夹下的 startFabric.sh 脚本文本，这个脚本文件的作用是先启动这个基础网络，然后启动 CLI 容器、实例化 Chaincode 和加载汽车初始信息，如图 7-29 所示。

```
# launch network; create channel and join peer to channel
# 启动网络；创建channel并将peer加入到channel中
cd ../basic-network
./start.sh

# Now launch the CLI container in order to install, instantiate chaincode
# and prime the ledger with our 10 cars
# 启动CLI容器
docker-compose -f ./docker-compose.yml up -d cli

# 安装Chaincode
docker exec -e "CORE_PEER_LOCALMSPID=Org1MSP" -e "CORE_PEER_MSPCONFIGPATH=/opt/gopath/src/github.com/hyperledger/f
abric/peer/crypto/peerOrganizations/org1.example.com/users/Admin@org1.example.com/msp" cli peer chaincode install
-n fabcar -v 1.0 -p "$CC_SRC_PATH" -l "$LANGUAGE"
# 实例化Chaincode
docker exec -e "CORE_PEER_LOCALMSPID=Org1MSP" -e "CORE_PEER_MSPCONFIGPATH=/opt/gopath/src/github.com/hyperledger/f
abric/peer/crypto/peerOrganizations/org1.example.com/users/Admin@org1.example.com/msp" cli peer chaincode instanti
ate -o orderer.example.com:7050 -C mychannel -n fabcar -l "$LANGUAGE" -v 1.0 -c '{"Args":[""]}' -P "OR ('Org1MSP.m
ember','Org2MSP.member')"
sleep 10
# 执行一次invoke调用，在区块链网络中添加10辆汽车信息
docker exec -e "CORE_PEER_LOCALMSPID=Org1MSP" -e "CORE_PEER_MSPCONFIGPATH=/opt/gopath/src/github.com/hyperledger/f
abric/peer/crypto/peerOrganizations/org1.example.com/users/Admin@org1.example.com/msp" cli peer chaincode invoke -
o orderer.example.com:7050 -C mychannel -n fabcar -c '{"function":"initLedger","Args":[""]}'

printf "\nTotal setup execution time : $(($(date +%s) - starttime)) secs ...\n\n\n"
printf "Start by installing required packages run 'npm install'\n"
printf "Then run 'node enrollAdmin.js', then 'node registerUser'\n\n"
printf "The 'node invoke.js' will fail until it has been updated with valid arguments\n"
printf "The 'node query.js' may be run at anytime once the user has been registered\n\n"
```

图 7-29 startFabric.sh 脚本文本

在上面的过程中比较重要的是 Chaincode 的功能。下面来具体了解一下 Chaincode 的实现细节。Chaincode 的代码放在 fabric-samples/chaincode/fabcar/go 文件夹下面，这个 fabcar.go 文件中定义了汽车的结构体，如图 7-30 所示。

```
// Define the car structure, with 4 properties.  Structure tags are used by encoding/json library
type Car struct {
        Make   string `json:"make"`
        Model  string `json:"model"`
        Colour string `json:"colour"`
        Owner  string `json:"owner"`
}
```

图 7-30 汽车结构体

在 Chaincode 代码中还需要实现 Chaincode 的 Init()方法和 Invoke()方法。在 Init()方法中实现了 Chaincode 的初始化操作，以及针对查询汽车信息（queryCar）、初始化账本（initLedger）、新建汽车信息（createCar）、查询所有汽车信息（queryAllcars）、更新汽车所有者（changeCarOwner）等不同事件实现了对应的处理逻辑，如图 7-31 所示。

```
/*
 * The Init method is called when the Smart Contract "fabcar" is instantiated by the blockchain network
 * Best practice is to have any Ledger initialization in separate function -- see initLedger()
 */
func (s *SmartContract) Init(APIstub shim.ChaincodeStubInterface) sc.Response {
	return shim.Success(nil)
}

/*
 * The Invoke method is called as a result of an application request to run the Smart Contract "fabcar"
 * The calling application program has also specified the particular smart contract function to be called, with ar
guments
 */
func (s *SmartContract) Invoke(APIstub shim.ChaincodeStubInterface) sc.Response {

	// Retrieve the requested Smart Contract function and arguments
	function, args := APIstub.GetFunctionAndParameters()
	// Route to the appropriate handler function to interact with the ledger appropriately
	if function == "queryCar" {
		return s.queryCar(APIstub, args)
	} else if function == "initLedger" {
		return s.initLedger(APIstub)
	} else if function == "createCar" {
		return s.createCar(APIstub, args)
	} else if function == "queryAllCars" {
		return s.queryAllCars(APIstub)
	} else if function == "changeCarOwner" {
		return s.changeCarOwner(APIstub, args)
	}

	return shim.Error("Invalid Smart Contract function name.")
}
```

图 7-31　实现 Chaincode()方法

其中在 Invoke()方法支持调用 queryCar（查询汽车信息）、initLedger（初始化账本）、createCar（新建汽车信息）、queryAllCars（查询所有汽车信息）、changeCarOwner（更新汽车所有者）的功能。

使用 startFabric.sh 启动网络后，若一切顺利可以看到成功的输出信息、整个启动消耗的时间和一些帮助信息，如图 7-32 所示。

```
2018-11-25 14:06:42.455 UTC [channelCmd] InitCmdFactory -> INFO 001 Endorser and orderer connections initialized
2018-11-25 14:06:42.615 UTC [channelCmd] executeJoin -> INFO 002 Successfully submitted proposal to join channel
Creating cli ... done
2018-11-25 14:06:44.257 UTC [chaincodeCmd] checkChaincodeCmdParams -> INFO 001 Using default escc
2018-11-25 14:06:44.257 UTC [chaincodeCmd] checkChaincodeCmdParams -> INFO 002 Using default vscc
2018-11-25 14:06:44.589 UTC [chaincodeCmd] install -> INFO 003 Installed remotely response:<status:200 payload:"OK
" >
2018-11-25 14:06:44.899 UTC [chaincodeCmd] checkChaincodeCmdParams -> INFO 001 Using default escc
2018-11-25 14:06:44.900 UTC [chaincodeCmd] checkChaincodeCmdParams -> INFO 002 Using default vscc
2018-11-25 14:07:15.558 UTC [chaincodeCmd] chaincodeInvokeOrQuery -> INFO 001 Chaincode invoke successful. result:
 status:200

Total setup execution time : 48 secs ...


Start by installing required packages run 'npm install'
Then run 'node enrollAdmin.js', then 'node registerUser'

The 'node invoke.js' will fail until it has been updated with valid arguments
The 'node query.js' may be run at anytime once the user has been registered
```

图 7-32　网络启动成功的输出信息

成功启动网络后还需要创建一个管理员和新用户。

2．创建管理员和新用户

创建管理员使用 enrollAdmin.js，在这个文件中调用 SDK 创建一个用户名为 admin 的管理员，如图 7-33 所示。

```
    if (user_from_store && user_from_store.isEnrolled()) {
        console.log('Successfully loaded admin from persistence');
        admin_user = user_from_store;
        return null;
    } else {
        // need to enroll it with CA server
        return fabric_ca_client.enroll({
          enrollmentID: 'admin',
          enrollmentSecret: 'adminpw'
        }).then((enrollment) => {
          console.log('Successfully enrolled admin user "admin"');
          return fabric_client.createUser(
              {username: 'admin',
                  mspid: 'Org1MSP',
                  cryptoContent: { privateKeyPEM: enrollment.key.toBytes(), signedCertPEM: enrollment.certificate }
              });
        }).then((user) => {
          admin_user = user;
          return fabric_client.setUserContext(admin_user);
        }).catch((err) => {
          console.error('Failed to enroll and persist admin. Error: ' + err.stack ? err.stack : err);
          throw new Error('Failed to enroll admin');
        });
    }
```

图 7-33　创建 admin 管理员

创建管理员使用 registerUser.js，在这个文件中调用 SDK 创建一个用户名为 user1 的新用户，如图 7-34 所示。

```
...(省略)
}).then((user_from_store) => {
    if (user_from_store && user_from_store.isEnrolled()) {
        console.log('Successfully loaded admin from persistence');
        admin_user = user_from_store;
    } else {
        throw new Error('Failed to get admin.... run enrollAdmin.js');
    }

    // at this point we should have the admin user
    // first need to register the user with the CA server
    return fabric_ca_client.register({enrollmentID: 'user1', affiliation: 'org1.department1',role: 'client'}, admin_user);
}).then((secret) => {
    // next we need to enroll the user with CA server
    console.log('Successfully registered user1 - secret:'+ secret);

    return fabric_ca_client.enroll({enrollmentID: 'user1', enrollmentSecret: secret});
}).then((enrollment) => {
   console.log('Successfully enrolled member user "user1" ');
   return fabric_client.createUser(
     {username: 'user1',
     mspid: 'Org1MSP',
     cryptoContent: { privateKeyPEM: enrollment.key.toBytes(), signedCertPEM: enrollment.certificate }
     });
}).then((user) => {
    member_user = user;

    return fabric_client.setUserContext(member_user);
}).then(()=>{
    console.log('User1 was successfully registered and enrolled and is ready to interact with the fabric network');
...(省略)
```

图 7-34　创建 user1 新用户

在执行这两个脚本前，需要先使用 npm install 命令安装 SDK，如图 7-35 所示。

```
bash-3.2$ npm install
```

图 7-35　安装 SDK

安装完成以后通过 node enrollAdmin.js 和 node registerUser 注册管理员和新用户，如图 7-36 所示。

```
bash-3.2$ node enrollAdmin.js
 Store path:/Users/lingjiefan/workspace/fabric/fabric-samples/fabcar/hfc-key-store
Successfully enrolled admin user "admin"
Assigned the admin user to the fabric client ::{"name":"admin","mspid":"Org1MSP","roles":null,"affiliation":"","en
rollmentSecret":"","enrollment":{"signingIdentity":"07f39cfcc620d378a3ae0d27fd254e716ad9f959eb2b07ebb0e4ba02a7f9e8
52","identity":{"certificate":"-----BEGIN CERTIFICATE-----\nMIICAjCCAaigAwIBAgIUBL2/l86fAH8PhoGs4sy6rYpHGq8wCgYIKo
ZIzj0EAwIw\nczELMAkGA1UEBhMCVVMxEzARBgNVBAgTCkNhbGlmb3JuaWExFjAUBgNVBAcTDVNh\nbiBGcmFuY2lzY28xGTAXBgNVBAoTEG9yZzEu
ZXhhbXBsZS5jb20xHDAaBgNVBAMT\nE2NhLm9yZzEuZXhhbXBsZS5jb20wHhcNMTgxMTI1MTQxMjAwWhcNMTkxMTI1MTQx\nNzAwWjAhMQ8wDQYDVQ
QLEwZjbGllbnQxDjAMBgNVBAMTBWFkbWluMFkwEwYHKoZI\nzj0CAQYIKoZIzj0DAQcDQgAEPJNeQ4ppoQ4ICEWFH0IleArUZZ4LDkog5xoNJmQz\n
/kmUUWIQ5XWZwILrkrzAkpPPyztUod6L9H1pLWpT+bDhrqNsMGowDgYDVR0PAQH/\nBAQDAgeAMAwGA1UdEwEB/wQCMAAwHQYDVR0OBBYEFOCED/2w
v1HvxsW1whcQbr63\nT8OIMCsGA1UdIwQkMCKAIEI5qg3NdtruuLoM2nAYUdFFBNMarRst3dusalc2Xkl8\nMAoGCCqGSM49BAMCA0gAMEUCIQD9p7
6hht7TomlBnZBBccOc+I1X4AvaBwjvzaf8\n91QKSwIgAMpUrrjUKsKXw7pZcHZj1glF63eMvzKI5Sjqdgt3LDU=\n-----END CERTIFICATE----
-\n"}}}
bash-3.2$ node registerUser.js
 Store path:/Users/lingjiefan/workspace/fabric/fabric-samples/fabcar/hfc-key-store
Successfully loaded admin from persistence
Successfully registered user1 - secret:KtGtFFnektHT
Successfully enrolled member user "user1"
User1 was successfully registered and enrolled and is ready to interact with the fabric network
```

图 7-36 注册管理员和新用户

3. 使用 NODE SDK 与网络进行交互

创建管理员和新用户后就可以调用 Chaincode 查询所有汽车信息，执行命令 node query.js，如图 7-37 所示。

```
bash-3.2$ node query.js
Store path:/Users/lingjiefan/workspace/fabric/fabric-samples/fabcar/hfc-key-store
Successfully loaded user1 from persistence
Query has completed, checking results
Response is  [{"Key":"CAR0", "Record":{"colour":"blue","make":"Toyota","model":"Prius","owner":"Tomoko"}},{"Key":"
CAR1", "Record":{"colour":"red","make":"Ford","model":"Mustang","owner":"Brad"}},{"Key":"CAR2", "Record":{"colour"
:"green","make":"Hyundai","model":"Tucson","owner":"Jin Soo"}},{"Key":"CAR3", "Record":{"colour":"yellow","make":"
Volkswagen","model":"Passat","owner":"Max"}},{"Key":"CAR4", "Record":{"colour":"black","make":"Tesla","model":"S",
"owner":"Adriana"}},{"Key":"CAR5", "Record":{"colour":"purple","make":"Peugeot","model":"205","owner":"Michel"}},{
"Key":"CAR6", "Record":{"colour":"white","make":"Chery","model":"S22L","owner":"Aarav"}},{"Key":"CAR7", "Record":{
"colour":"violet","make":"Fiat","model":"Punto","owner":"Pari"}},{"Key":"CAR8", "Record":{"colour":"indigo","make"
:"Tata","model":"Nano","owner":"Valeria"}},{"Key":"CAR9", "Record":{"colour":"brown","make":"Holden","model":"Bari
na","owner":"Shotaro"}}]
```

图 7-37 查询所有车辆信息

再查询某一辆汽车（如 CAR3）的信息，修改 query.js，如图 7-38 所示。

```
// queryCar chaincode function - requires 1 argument, ex: args: ['CAR4'],
// queryAllCars chaincode function - requires no arguments , ex: args: [''],
const request = {
        //targets : --- letting this default to the peers assigned to the channel
        // 注释原有命令
        // chaincodeId: 'fabcar',
        // fcn: 'queryAllCars',
        // args: ['']
        // 查询CAR3信息
        chaincodeId: 'fabcar',
        fcn: 'queryCar',
        args: ['CAR3']
};
```

图 7-38 修改为查询特定汽车信息

再执行命令“node query.js”，可以看到返回了 CAR3 的信息如图 7-39 所示。

```
bash-3.2$ node query.js
Store path:/Users/lingjiefan/workspace/fabric/fabric-samples/fabcar/hfc-key-store
Successfully loaded user1 from persistence
Query has completed, checking results
Response is  {"colour":"yellow","make":"Volkswagen","model":"Passat","owner":"Max"}
```

图 7-39　返回 CAR3 信息

接着再尝试调用 Chaincode 更新超级账本的内容，在 invoke.js 中调用 Chaincode 中的 createCar 新建一辆汽车信息，如图 7-40 所示。

```
var request = {
        //targets: let default to the peer assigned to the client
        chaincodeId: 'fabcar',
        fcn: 'createCar',                          // 新建一辆汽车信息
        args: ['CAR10', 'Honda', 'Accord', 'Black', 'Tom'],
        chainId: 'mychannel',
        txId: tx_id
};
```

图 7-40　添加新的汽车信息

执行 node invoke.js 命令，如图 7-41 所示。然后在查询所有汽车信息就可以看到多了一辆汽车，如图 7-42 所示。

```
bash-3.2$ node invoke.js
Store path:/Users/lingjiefan/workspace/fabric/fabric-samples/fabcar/hfc-key-store
Successfully loaded user1 from persistence
Assigning transaction_id:  3a9c3eeff6e88fa2f961aab10c734fff9148273ba3e5c1ec1319d6e50e816aaf
Transaction proposal was good
Successfully sent Proposal and received ProposalResponse: Status - 200, message - ""
The transaction has been committed on peer localhost:7051
Send transaction promise and event listener promise have completed
Successfully sent transaction to the orderer.
Successfully committed the change to the ledger by the peer
```

图 7-41　执行 node invoke.js 命令

```
bash-3.2$ node query.js
Store path:/Users/lingjiefan/workspace/fabric/fabric-samples/fabcar/hfc-key-store
Successfully loaded user1 from persistence
Query has completed, checking results
Response is  [{"Key":"CAR0", "Record":{"colour":"blue","make":"Toyota","model":"Prius","owner":"Tomoko"}},{"Key":"
CAR1", "Record":{"colour":"red","make":"Ford","model":"Mustang","owner":"Brad"}},{"Key":"CAR10", "Record":{"colour
":"Black","make":"Honda","model":"Accord","owner":"Tom"}},{"Key":"CAR2", "Record":{"colour":"green","make":"Hyunda
i","model":"Tucson","owner":"Jin Soo"}},{"Key":"CAR3", "Record":{"colour":"yellow","make":"Volkswagen","model":"Pa
ssat","owner":"Max"}},{"Key":"CAR4", "Record":{"colour":"black","make":"Tesla","model":"S","owner":"Adriana"}},{"K
ey":"CAR5", "Record":{"colour":"purple","make":"Peugeot","model":"205","owner":"Michel"}},{"Key":"CAR6", "Record":
{"colour":"white","make":"Chery","model":"S22L","owner":"Aarav"}},{"Key":"CAR7", "Record":{"colour":"violet","make
":"Fiat","model":"Punto","owner":"Pari"}},{"Key":"CAR8", "Record":{"colour":"indigo","make":"Tata","model":"Nano",
"owner":"Valeria"}},{"Key":"CAR9", "Record":{"colour":"brown","make":"Holden","model":"Barina","owner":"Shotaro"}}
]
```

图 7-42　再次查询所有车辆

4. 集成 NODE SDK 至网页

最后将 NODE SDK 集成到一个网页中，使用户可以直接通过网页与 Fabric 网络进行交互，进行超级账本的查询操作。这里使用 express 框架开发一个简单的页面来展示和调用

SDK。Express 是一个简洁而灵活的 node.js Web 应用框架，它提供一系列强大的特性，帮助用户创建各种 Web 和移动设备应用。

网站实现的功能是访问首页时返回所有汽车信息，访问对应汽车页面则返回汽车详情页面。先在终端上执行 npm install express 安装 express 框架，然后新建一个名为 server.js 的文件。在这个文件中加载并新建一个 express 应用并监听 3000 端口，当访问这个 3000 端口时查询得到在启动网络和初始化数据一部分中加载的所有汽车信息并返回。

主要代码如下。

```
var express = require('express');                    // 加载 express
var app = express();                                 // 新建一个 express 应用
var Fabric_Client = require('fabric-client');
var path = require('path');
var util = require('util');
var os = require('os');
app.use(express.static('static'));

//
var member_user = null;
var store_path = path.join(__dirname, 'hfc-key-store');
console.log('Store path: '+store_path);
var tx_id = null;

// 定义返回
app.get('/',function(req,res){
  // 获取汽车列表
  var car_list = ...
  res.send(car_list);
});

app.get("/:carId",function(req, res, next){
  // 获取汽车详情
  var car_info = ...
  res.send(car_info);
})

// 监听 3000 端口
app.listen(3000);
```

完成代码后，在终端上执行 node app.js 命令运行应用。运行后可在浏览器中访问 127.0.0.1:3000 查看所有汽车信息，如图 7-43 所示。

fabcar 实例

汽车	颜色	厂商	型号	所有者
CAR0	blue	Toyota	Prius	Tomoko
CAR1	red	Ford	Mustang	Brad
CAR10	Black	Honda	Accord	Tom
CAR2	green	Hyundai	Tucson	Jin Soo
CAR3	yellow	Volkswagen	Passat	Max
CAR4	black	Tesla	S	Adriana
CAR5	purple	Peugeot	205	Michel
CAR6	white	Chery	S22L	Aarav
CAR7	violet	Fiat	Punto	Pari
CAR8	indigo	Tata	Nano	Valeria

图 7-43　显示所有车辆信息

单击对应汽车可以查询详情，如图 7-44 所示。

CAR4详情

图 7-44　显示具体车辆详情

本示例的完整代码已放在 GitHub，有需要的读者可以访问 https://github.com/flingjie/learning-blockchain 进行查看，有兴趣的读者也可在这个基础上，进行增加更新车辆信息的操作。

第 8 章 Libra 开发实战——基于 Move 语言

Libra 是由 Facebook 提出的一个加密货币项目，其使命是打造一套简单的全球通用支付系统和金融基础设施，为数十亿人服务。它原本计划于 2020 年发行，虽然由于争议目前这个计划暂停发行，但项目本身和社区还是在不断发展中。本章将先介绍 Libra 项目的架构及其特点，再介绍开发 Libra 的 Move 编程语言，最后搭建 Libra 开发环境进行项目开发实战。

本章学习目标

- 了解 Libra 是什么，学习它的架构和特点。
- 掌握 Move 编程语言的基本语法。
- 学会搭建 Libra 开发环境，以及如何进行项目开发。

8.1 Libra 简介

2019 年 6 月 18 日，Facebook 发布了 Libra 白皮书，白皮书中声明，Libra 的使命是建立一套简单的、无国界的货币和为数十亿人服务的金融基础设施。它从零开始构建，其优先考虑扩展性、安全性、存储、吞吐量效率及未来的适应性。下面来介绍 Libra 的具体内容，以及它的架构和特点。

8.1.1 什么是 Libra

Libra 是一套金融基础设施，它建立在一个安全可靠且可扩展的 Libra 区块链网络之上，由独立的 Libra 协会负责其生态。

1. Libra 生态

Libra 生态主要包括客户端、验证器节点和开发者等。

客户端是普通用户用来连接 Libra 区块链并进行交易的软件，相当于区块链的钱包。

验证器节点是用来验证和维护交易的节点，相当于矿工，验证基于 LibraBFT 共识算法。该算法是 HotStuff 的一个变种，此算法有以下特点。第一，基于该算法可以在 Libra 区块链网络中建立信任，即使某些验证器节点（最多三分之一的网络）被破坏或发生故障，也能够确保 Libra 正常运行。第二，与其他共识算法相比，该算法可实现高吞吐量、低延迟和高性能。第三，定义了安全的条件，提供了更高的安全性和更好的扩展性。

开发者是参与 Libra 生态开发的所有技术开发者，包括客户端开发者、区块链核心开发者、节点开发者和智能合约开发者等。

以上组成部分功能推动和促进 Libra 生态的不断发展。

2．Libra 的交易

作为金融基础设施，核心价值就在于交易。在 Libra 交易中使用的是 Libra 货币，不同于比特币、以太币等数字货币，Libra 货币有一系列有内在价值的资产支持，这些资产包括美元、欧元、英镑、日元等法定货币。交易由客户端发起进行一定数量的 Libra 货币转账，经验证器节点验证，最后在 Libra 区块链上确认。Libra 交易的整个生命周期过程如图 8-1 所示，具体说明如下。

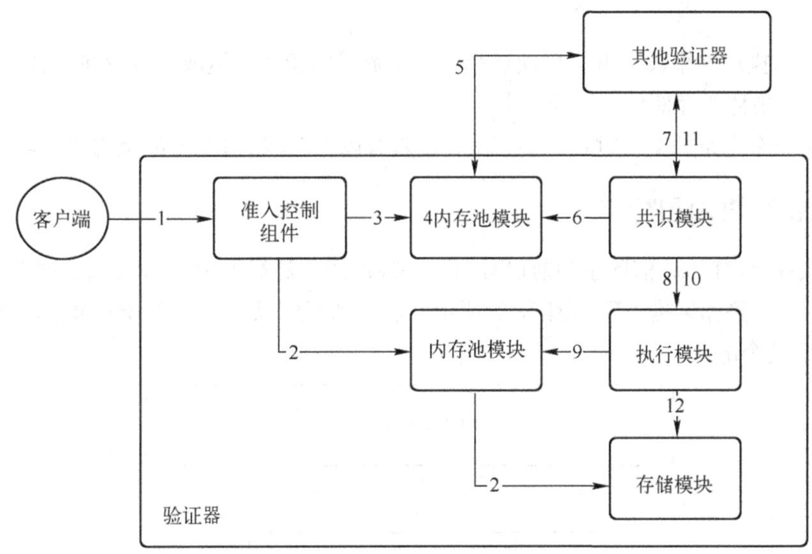

图 8-1　Libra 交易过程

1）由客户端（client）发起一笔一定数量的交易，用客户端私钥进行签名，提交给验证器（validator）的准入控制组件（Admission Control）。准入控制组件是验证器第一个也是唯一一个对外的接口，所有客户端向验证器发出的请求都会先通过准入控制组件。

2）准入控制组件调用虚拟机模块（Virtual Machine）以及存储模块（Storage）进行检查交易内容，比如检查格式是否正确、签名是否有效、账户余额是否满足交易数量、交易是否重复提交等。

3）通过上面的验证后，准入控制模块将交易发送到内存池模块（Mempool），内存池模块校验该交易的序列号。只有交易序号是大于或等于发送者账户的当前序列号时，该交易才能被接受。

4）该交易经验证通过后被保存至内存缓存区中。

5）当前验证器会将其验证通过的交易广播至 Libra 区块链中的其他验证器节点（Other Validators），并将其他验证器节点中的交易放入当前验证器节点的内存池模块中。

6）若当前验证器节点是该交易的第一个验证节点，即提议者，该验证器节点的共识模块（Consensus）将从内存池获取交易数据。

7）共识模块广播上一步的交易数据到其他验证器节点，并负责在所有验证器之间协调该交易的顺序。

8）为了一个交易块得到执行，共识与执行模块（Execution）进行交互。通过调用执行模块来执行交易。

9）当执行模块执行交易时，使用虚拟机模块来确定执行交易的结果。

10）当执行模块确定执行结果后，需要将执行结果返回给共识模块。

11）当共识模块得到执行结果后，试图与参与共识的其他验证器就该交易的执行结果达成共识。

12）只有当执行结果被 Libra 区块链超过一半数量的验证器达成一致后并签名，则当前验证器将这笔交易结果持久存储到存储模块中。

以上就是一个完整的交易过程。接下来介绍具有以上功能的 Libra 的架构和特点。

8.1.2 Libra 的架构和特点

在架构设计上，Libra 借鉴了当前已有的区块链设计，是基于 BFT 共识算法的授权网络，类似于联盟链。它的整体架构大致如图 8-2 所示。从上到下可以归纳为 Libra 协会、Libra 储蓄、Libra 区块链这几个部分。

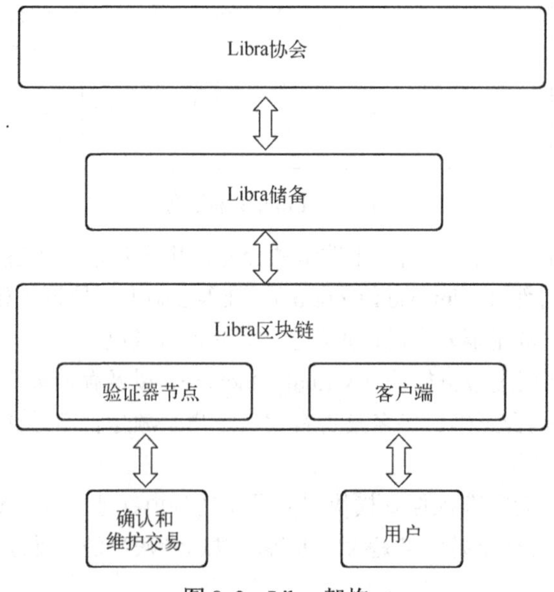

图 8-2 Libra 架构

1．Libra 协会

Libra 协会是一个独立的非营利组织，前期由 Libra 的创始人组成，后期向所有实体开放，具体功能如下。

- 负责 Libra 社区的治理和 Libra 项目的开发。
- 对协会成员、指定经销商和验证者进行尽职调查。
- 控制 Libra 货币的发行和销毁过程。
- 为 Libra 参与者建立合规性标准，并保证这些合规性标准的实施。
- 运行金融情报职能以监控 Libra 上的交易并标记可疑活动。

2．Libra 储备

Libra 储备是 Libra 货币的资产担保，包括一系列法定货币（美元、英镑、欧元、日元）和其他低风险的资产。Libra 协会将与受监管的全球储备金托管机构就保护储备建立监护协议，并确保 Libra 储备高透明度和可审计性。另外，协会将与监管机构合作，确定构成 Libra 货币的资产担保权重组成的最佳框架。

3．Libra 区块链

Libra 区块链是数字支付和金融服务平台，直接负责 Libra 支付系统、发行和销毁 Libra 货币以及管理 Libra 储备的实体。协会成员通过验证器节点参与交易的验证和维护，最终用户通过客户端连接到 Libra 区块链进行交易。开发者通过基于 Libra 开发和升级软件促进 Libra 生态的发展。

以上就是 Libra 的简单架构介绍，由于当前 Libra 为了通过监管还在不断更新其白皮书，关于 Libra 的架构也可能会不断更新，实际架构以官方说明为准，这里只是一个参考。

相比于比特币和第三方支付平台（如支付宝、微信），Libra 有以下特点。

- 不同于比特币、以太币等区块链系统，其数字货币通过挖矿获取，其价值来源于市场，波动很大，而 Libra 数字货币背后有价值资产支撑，价值稳定。
- 由非营利组织 Libra 协会发行 Libra 货币，由协会成员基于 Libra 区块链以去中心化的方式管理。
- 基于区块链技术进行全球化的点对点支付和转账，不需要第三方机构来清算和公正。

可见，Libra 要实现的既不是比特币系统，也不是传统的法定货币，而是一个全新的事物。

8.2　Libra 的 Move 语言

Move 语言是由 Facebook 为 Libra 开发设计的智能合约语言，旨在为 Libra 区块链提供安全且可编程的基础。Move 语言是一门静态类型的函数式编程语言，它着重强化了数字资产的地位，提出了一套完整的面向数字资产的编程体系，使用 Move 语言，开发者能够更灵活、安全地在链上定义和管理数字资产。

8.2.1 Move 语言的特性

作为一门为数字资产而生的智能合约平台编程语言，Move 语言有以下特性。

（1）资源是第一类的（First-class）

Move 语言的主要功能是定义和管理资源，这里的资源就是数字资产。资源是只能在用户之间移动，不能被复制、重用或丢弃。

Libra 货币也是一种资源，实现为 LibraCoin.T 的资源类型，Libra 货币与现实中的价值资产相关联，但 Libra 中没有特殊的地位。

（2）使用灵活

Move 语言的灵活性主要体现在两方面。一是 Move 脚本的可编程性。Libra 区块链上的每一笔交易都包含一段有交易逻辑的 Move 代码，这些 Move 代码可通过调用一个或多个 Move 模块操作 Libra 中的各种资源，这个可编程性可以让开发者在交易中加入更多逻辑，在更加灵活的同时节省时间和资源。二是 Move 模块的可组合性。Move 模块定义了更新 Libra 区块链全局状态的规则。这些 Move 模块可被重复使用和组合以达到需要实现的功能，这使开发人员更容易扩展区块链的功能，更加灵活地实现自定义智能合约。

（3）安全性强

Move 语言定义了资源的安全性，类型的安全性和内存的安全性，任何违背这些安全性的操作都会被拒绝。第一，Move 语言是静态类型语言，在编译时编译器会检查和纠正不安全的语法。第二，Move 语言在运行前都会经过一个字节码验证器进行校验，这个验证器可以检查出各种类型错误。同时字节码在解释执行的时候，仍然是带着类型，一边运行，一边检查。第三，Move 语言在设计时借鉴了 Rust 语言的设计，对合约可修改变量进行了非常严格的限制，保证任何时刻只能由一个指针对可修改变量进行修改。这几点使得 Move 在所有智能合约编程语言中安全性有明显的优势。

以上就是 Move 语言的基本特性，下面介绍 Move 语言的基本语法。

8.2.2 Move 语言基本语法

在这一节中，将从最基本的语法规则开始，对 Move 语言的语法做一完整介绍。

1．基本类型

Move 的基本数据类型包括：整型、布尔型和地址，但不支持字符串和浮点数。整型包括 u8，u64，u128 三种，在比较值的大小或者当函数需要输入不同大小的整型参数时，可以使用 as 运算符将一种整型转换成另外一种整型。布尔类型包含 false 和 true 两个值。地址是区块链中交易发送者的标识符。

2．注释

在 Move 语言中，注释的语法和 C 语言一样，单行注释用“//”，多行注释用“/*”开始，以“*/”结束。

3．表达式和作用域

表达式是具返回值的代码单元，在 Move 语言中以分号（;）隔开。

Move 作用域是由花括号扩起来的代码块，它本质上是一个块。在代码块中定义的变量（使用关键字 let 定义变量）只能存在于该代码块中，在代码块（也可以说是作用域）之外无效，即不可访问，作用域结束之后该变量也会随之消亡。

4．控制流

Move 语言支持 if 表达式和循环表达式。

if 表达式比较简单，但和其他表达式一样，需要以分号结尾，语法如下。

```
if (<布尔表达式>) <表达式> else <表达式>;
```

在 Move 语言中定义循环有两种方法，while 条件循环和 loop 无限循环。while 条件循环在条件为真时执行表达式。只要条件为真，代码将一遍又一遍的执行。条件通常使用外部变量或计数器实现，语法如下。

```
while (<布尔表达式>) <表达式>;
```

loop 无限循环，没有条件判断，如果没有主动退出会一直执行，使用一定要注意。通常情况下建议使用 while 条件循环。

关键字 break 和 continue 可以用来控制循环，break 用来跳出循环，continue 用来跳过这一轮循环进行下一次循环。值得注意的是，如果 break 和 continue 是代码块中的最后一个关键字，则不能在其后加分号，因为后面的任何代码都不会被执行。

5．模块

模块是发布在特定地址，打包在一起的一组函数和结构体。模块以 module 关键字开头，后面跟随模块名称和大括号，大括号中放置模块内容。语法如下。

```
module Math {

    // module contents

    public fun sum(a: u64, b: u64): u64 {
        a + b
    }
}
```

模块是发布代码供他人访问的唯一方法。定义模块后，可以直接在代码中按其地址使用模块或使用关键词 use 导入。

6．常量

Move 语言支持模块或脚本级常量。常量一旦定义，就无法更改，所以可以使用常量为特定模块或脚本定义一些不变量，例如角色、标识符等。

常量可以定义为基本类型（比如整数，布尔值和地址），也可以定义为数组。我们可以通过名称访问常量，但是要注意，常量对于定义它们的脚本或模块来说是本地可见的，但不能在外部使用。

7. 函数

函数以 fun 关键字开头，后跟函数名称、扩在括号中的参数，以及扩在花括号中的函数体。语法如下。

```
fun function_name(arg1: u8): bool {
    // 函数体
}
```

理论上说函数可以接受任意多的参数，每个参数都有两个属性：参数名，也就是参数在函数体内的名称，以及参数类型。函数返回值放在括号后，并且必须在冒号后面。

8. 结构体

结构体是自定义类型，它可以包含复杂数据，也可以不包含任何数据。结构体由字段组成，可以简单地理解成键值对存储，使用关键字 struct 定义，语法如下。

```
module M {

    struct Empty {}

    struct MyStruct {
        field1: address,
        field2: bool,
        field3: Empty
    }
}
```

在 Move 语言中，定义结构体是创建自定义类型的唯一方法。

9. 所有权和引用

所有权是借鉴了 Rust 语言的设计。所有者是拥有某变量的作用域，每个变量只有一个所有者作用域。当所有者作用域结束时，变量将被删除。

引用是指向变量（通常是内存中的某个片段）的链接，你可以将其传递到程序的其他部分，而无须移动变量值。

10. 泛型

泛型是具体类型的抽象，它允许我们只编写单个函数，而该函数可以应用于任何类型。这种函数也被称为模板函数。Move 语言中泛型可以应用于结构体，函数和 Resource 的定义中。

11. 数组

Move 语言的向量 Vector 实现了数组功能，它用于存储数据集合的内置类型，集合的数据可以是任何类型（但仅一种）。Vector 的操作如下。

● 创建一个类型为<E>的空向量

```
Vector::empty<E>(): vector<E>;
```

● 获取向量的长度

```
Vector::length<E>(v: &vector<E>): u64;
```

● 将元素 e 添加到向量末尾

```
Vector::push_back<E>(v: &mut vector<E>, e: E);
```

● 获取对向量元素的可变引用。不可变引用可使用 Vector::borrow()

```
Vector::borrow_mut<E>(v: &mut vector<E>, i: u64): &E;
```

● 从向量的末尾取出一个元素

```
Vector::pop_back<E>(v: &mut vector<E>): E;
```

12．可编程的资源

可编程的资源是 Move 语言的关键功能。它为安全的数字资产编码提供了丰富的可编程性。资源在 Move 语言中就是普通的值。它们可以作为数据结构被存储，作为参数被传递给函数，也可以从函数中返回。资源的定义与结构体类似，语法如下。

```
module M {
    resource struct T {
        field: u8
    }
}
```

但资源有以下限制：

● 资源存储在账户下。因此，只有在分配账户后才会有资源，而且只能通过该账户访问。
● 一个账户同一时刻只能容纳一个某类型资源。
● 资源不能被复制。
● 资源必需被使用，这意味着新创建的资源必然会从一个账户下移动到另一个账户下。

以上就是 Move 语言的基本语法，接下来，介绍具体的 Libra 开发实战。

8.3 Libra 开发实战

2020 年 12 月，为了解决监管问题，Facebook 推出了名为 diem 的独立项目，它其实就是新版的 Libra（本章节中接下来用 diem 代替 Libra）。本章节将基于 diem 进行设计开发，先在本地搭建开发环境，然后开发一个客户端与 diem 系统进行互动，最后在创建自定义的数字货币。

8.3.1 Libra 开发环境搭建

环境搭建分为两部分，一部分是客户端的开发环境，另一部分是智能合约语言 Move 的开发环境。

对应客户端开发环境，diem 系统提供了一个测试环境可供测试开发，并提供了 Java，Go，Python 这三种编程语言的 SDK 进行开发（Rust 语言的 SDK 还在开发中），故环境搭建比较简单，只要安装合适的 SDK，然后选择一个自己喜欢的代码编辑器就可以了。本章节中选择 Python 版本的 SDK 进行开发，安装命令如下。

```
pip install diem
```

安装完成后，可以打开一个 Python 解释器，然后从 SDK 中导入 diem 相关函数，尝试获取区块链的元数据，用以验证是否安装正确，代码如下。

```
# 导入相关函数
from diem import jsonrpc, testnet

# 创建客户端
client = jsonrpc.Client(testnet.JSON_RPC_URL)

# 获取元数据
client.get_metadata()
```

若运行成功，可看到类似下面的结果，如图 8-3 所示。

```
version: 6221602
timestamp: 1621260793399418
chain_id: 2
script_hash_allow_list: "2589feee1e4dea7012b3ce8923a10ef80e2ab360ffdb6ada4c9b013a1b08fb3a"
script_hash_allow_list: "f7545132388a933bb80c84a08dbd042c81c40fc420d222facaead14f3b2bc889"
script_hash_allow_list: "35d8c3c72179615cf40bdef0e40fe56c8a7aff294b9015ee7e8c5707d02f4a0c"
script_hash_allow_list: "87ee3986a1f2b7fae111d017611798af62dcf075a722cd2a59ba9e53c25b4c14"
script_hash_allow_list: "18da4e8c53fed321d58770e6c3f455848935cdc26153c3b41c166995787cff1d"
script_hash_allow_list: "5c0ffcf26584a0eb64c79c5eb6c49f9f9a65968bc7538b59cabda8b95607b18e"
script_hash_allow_list: "bf800f1dee9d9f9d472d679a08e28a748fff71135ebfbb6c587f56068ac2028b"
script_hash_allow_list: "b84a5e3dfcd0aeefd7db94f16ebb2827db46927641aeee2acc6eec516bb711b5"
script_hash_allow_list: "7f00777016cf8770922b6f91e1f7884721a80334f385ee65bbfc420d1bdf5c6b"
script_hash_allow_list: "79a16929e125dd1924efd846ed2bfae17803c63013cf4b7c865b7b6055a1f8a4"
script_hash_allow_list: "33cd809f96523289a2f447dd6fff7208fff3f3dae3d3cff95bb2103580fc6779"
script_hash_allow_list: "e1ad20307c5b7f202da07a6f83c946f6b44b30ea6fef56718a73bb8557e8d9c5"
script_hash_allow_list: "ff9e545db9c3546d892de6c6716d0a45929a721a14d478da3d689900eb16a394"
script_hash_allow_list: "04ea43107fafc12adcd09f6c68d63e194675d0ce843a7faf7cceb6c813db9d9a"
script_hash_allow_list: "85149f6f2647f9b682b4ac759766c730627bcd49117ec1f5f7b11a7ea1e21287"
script_hash_allow_list: "dfcfe1d8eb8e7a9dc1038b5d9d015c09c9e38ec6af310de7d5592de359092486"
script_hash_allow_list: "2b124c549e828df9bc38c6d45779d155f973116f077d8f0faa92c4d25389a4c1"
script_hash_allow_list: "099a4352b3cb4afe8e862fdbe0cd0fb60a11d3fda5bc1b2359876bc024ed10da"
script_hash_allow_list: "fc493c1701f007d0958b2a461a79463220d70c24c301eb0d62834d74d6fb8445"
script_hash_allow_list: "1d01e448e7a2dff96dd5d9007a4f0d63accc5ea3988cede0c7b319bfcb7c899c"
script_hash_allow_list: "2d4bc2d0a8364ba8df9dd78e1357172f49a6e6f7b479c9fa74f849c20b0f9677"
script_hash_allow_list: "157f747315d3cbf7695f6892b1aee3fb493d7fa231dd545fe5f173920b30e657"
script_hash_allow_list: "b4e23670c081e09e5da9f3c26aa31f84da8beab55ab299cfdddf64769551ed76"
script_hash_allow_list: "6adcf90ce474223545e2c204c1b48fab4ce28693a1d9bf51fb0f06d687d22a3f"
script_hash_allow_list: "c53d52844332bf7df524ed5f6181c770de5d9960b7fb4f5ce99049e1b6036101"
script_hash_allow_list: "b33b71a6e98a50d8f41f00af92feec4fd77ede12d3ceb5052e53c6291920620d"
script_hash_allow_list: "7b7d7e02addc3dc14210d1db2baf17779b443b6dc9b70daf88cf4673d458f429"
script_hash_allow_list: "0718b7826d70196405eacc6643e444b67310c843694389f4085537128dfa538c"
script_hash_allow_list: "0e9dceaf3a66b076acb0ddd29041ddea4316716da26c88fdd55dad5fd862a3e3"
script_hash_allow_list: "c7867dc0e3fd4bb68df0de4df83ea562d7f0ef37158f4c22c3187618eddbe6c9"
script_hash_allow_list: "e4b3a7ca4ac6910383daf0da691c0fb03db8eefc6bf5e987cdeadb1cd512c785"
script_hash_allow_list: "ed7fff3d35644bdb8236662125e6f1bd65aa1c755dc6294e23e92cedb63b8a74"
script_hash_allow_list: "fb0c8a78d75796fd753ba99863d2e471d8ce45b96c1a0dba42ba543343d88d67"
diem_version: 2
accumulator_root_hash: "26dd99c8661b13e1b6bee7a910ff2a1979850f43247477c6721ae83aa8cab1d0"
dual_attestation_limit: 1000000000
```

图 8-3　diem 区块链信息

上图中的 version 代码是最新的区块版本，timestamp 是最新区块的创建时间（单位毫秒），chain_id 是 diem 区块链的 id，script_hash_allow_list 是区块链上一系列可运行脚本的十六进制哈希值，diem_version 是当前 diem 系统的版本，accumulator_root_hash 是区块链根哈希的累计值，dual_attestation_limit 是指链上的双重证明限制。

对应 Move 语言开发环境，Move 语言基于 Rust，其开发环境就是需要安装 Rust 环境，对应 Linux 系统，安装命令如下。

```
curl --proto '=https' --tlsv1.2 -sSf https://sh.rustup.rs | sh
```

如果是非 Linux 系统，需要到 https://rustup.rs 网站下载对应的安装程序，安装成功后使用 cargo 安装 move，安装命令如下。

```
cargo install --git https://github.com/diem/diem move-cli
```

安装成功后，在终端输入 move 命令可以看到版本信息和使用方法，如图 8-4 所示：

```
(toy3) → Libra开发实战 git:(master) ✗ move
move 0.1.0
CLI frontend for Move compiler and VM

USAGE:
    move [FLAGS] [OPTIONS] <SUBCOMMAND>

FLAGS:
    -h, --help       Prints help information
    -V, --version    Prints version information
    -v               Print additional diagnostics

OPTIONS:
    -d, --build-dir <build-dir>        Directory storing build artifacts produce
d by compilation [default: build]
        --mode <mode>                  Dependency inclusion mode [default: stdli
b]
```

图 8-4　move 命令

8.3.2　实现名为 ZCoin 的数字货币

环境搭建完成后，就可以进行 Libra 开发了，分两步，第一，与 diem 区块链的基本交互，基于 SDK 开发一个客户端连接到 diem 区块链中，进行余额查询和交易操作等，第二，在 diem 区块链上生成一个自己的数字货币，创建一个 Move 项目，实现一个名为 ZCoin 的数字货币。

1．与 diem 区块链的基本交互

（1）创建客户端

SDK 提供丰富的函数用于开发，极大地简化了开发工作，创建客户端只要一行代码就搞定了。代码如下。

```
client = testnet.create_client()
```

（2）创建钱包

客户端创建完成后，要想在 diem 进行操作，就需要一个账户，即一对私钥和公钥，也就是一个钱包，代码如下。

```
# 创建私钥
sender_private_key = Ed25519PrivateKey.generate()

# 创建公钥
sender_auth_key = AuthKey.from_public_key(sender_private_key.public_key())

# 打印账户地址
print(f"账户地址: {utils.account_address_hex(sender_auth_key.account_address())}")
```

账户创建完成后就可以进行获取数字货币、查询余额、转账交易等操作。

（3）获取数字货币

这里基于 SDK 中的 faucet 模块获取 10000000 个名为 XUS 的数字货币到上面账户中，代码如下。

```
faucet = testnet.Faucet(client)
faucet.mint(sender_auth_key.hex(), 1340000000, "XUS")
```

获取成功后我们在查询下当前账号的余额信息。

（4）获取账号信息

调用 get_account 方法就可以获取指定用户的详细信息，代码如下。

```
# 获取用户信息
account = client.get_account(auth_key.account_address())
# 打印用户信息
print(account)
```

如一切顺利可以看到如图 8-5 所示结果。

```
address: "39bf17ff3d631f86fb22ff59aa469529"
balances {
  amount: 1340000000
  currency: "XUS"
}
authentication_key: "964e443089d6ead572bec5b32073fa6f39bf17ff3d631f86fb22ff59aa469529"
sent_events_key: "030000000000000039bf17ff3d631f86fb22ff59aa469529"
received_events_key: "020000000000000039bf17ff3d631f86fb22ff59aa469529"
role {
  type: "parent_vasp"
  human_name: "No. 36952 VASP"
  expiration_time: 18446744073709551615
  compliance_key_rotation_events_key: "000000000000000039bf17ff3d631f86fb22ff59aa469529"
  base_url_rotation_events_key: "010000000000000039bf17ff3d631f86fb22ff59aa469529"
}
version: 6229985
```

图 8-5　账号信息

address 后面是该用户的地址，balances 是用户的余额信息，authentication_key 是账号的公钥信息，sent_events_key 和 received_events_key 分别是发送事件和接受事件对应的 key 值，role 是角色信息，version 是该区块的版本信息。从余额信息中可以看到上一步中获取到的数字货币。

拥有数字货币后就可以向其他账户进行转账交易。

（5）转账交易

这里再创建一个新的账户用以转账测试，代码如下。

```
# 创建一个接收者的私钥
receiver_private_key = Ed25519PrivateKey.generate()

# 创建接收者的公钥
receiver_auth_key = AuthKey.from_public_key(receiver_private_key.public_key())
```

然后创建一个转账脚本用以交易，最后创建交易，签名后提交等待交易完成，代码如下：

```
# 创建脚本
script = stdlib.encode_peer_to_peer_with_metadata_script(
    currency=utils.currency_code(CURRENCY),
    payee=receiver_auth_key.account_address(),
    amount=10000000,
    metadata=b",
    metadata_signature=b",
    )

# 创建交易
raw_transaction = diem_types.RawTransaction(
    sender=sender_auth_key.account_address(),
    sequence_number=sender_account.sequence_number,
    payload=diem_types.TransactionPayload__Script(script),
    max_gas_amount=1_000_000,
    gas_unit_price=0,
    gas_currency_code=CURRENCY,
    expiration_timestamp_secs=int(time.time()) + 30,
    chain_id=CHAIN_ID,
    )

# 对交易进行签名
signature = sender_private_key.sign(utils.raw_transaction_signing_msg(raw_transaction))
public_key_bytes = utils.public_key_bytes(sender_private_key.public_key())
```

```
signed_txn = utils.create_signed_transaction(raw_transaction, public_key_bytes, signature)

# 提交交易
client.submit(signed_txn)

# 等待交易完成
client.wait_for_transaction(signed_txn)
```

以上就是和 diem 的基本交互过程。接下来，基于 Move 语言创建一个自定义的数字货币——ZCoin。

2．创建 ZCoin 数字货币

（1）初始化项目

先初始化项目，创建项目文件夹，其结构如下。

```
toycoin
└──── src
      ├──── modules
      └──── scripts
```

（2）创建数字货币

初始化之后就可以创建一个自定义数字货币了。这里在 modules 目录下创建一个名为 ZCoin.move 的文件，在该文件中创建一个名为 ZCoin 的模块，并指定发布地址为 0x2（注：0x1 通常为标准模块的发布地址）。在 ZCoin 模块下面再创建一个名为 Coin 的资源结构体，这个结构体包含一个类型为 u64 整型的 value 字段。

接着再创建三个函数，mint、value 和 burn，这个三个函数的作用分别是挖取数字货币、获取数字货币的数量以及销毁资源。其中 mint 函数的参数是一个整数，返回挖取的数字货币，value 的参数是结构体 ZCoin 的引用，返回的整数，burn 的参数是结构体 ZCoin，返回也是整数，表示销毁的数量。代码如下。

```
address 0x2 {
    module ZCoin {

        resource struct ZCoin {
            value: u64,
        }

        public fun mint(value: u64): ZCoin {
            ZCoin { value }
        }
```

```
        public fun value(coin: &ZCoin): u64 {
            coin.value
        }

        public fun burn(coin: ZCoin): u64 {
            let ZCoin { value: value } = coin;
            value
        }

    }
}
```

代码编辑完成后打开终端进入 toycoin 目录下，执行如下命令。

```
move publish src/modules
```

执行完成后 ZCoin 就发布成功了，下面来测试一下。

（3）测试数字货币

在 src/scripts 目录下创建一个 test.move 的文件，在文件中写一个主程序 main 函数，在 main 函数中先调用 mint 函数挖取 100 个 ZCoin，再调用 value 函数获取当前 ZCoin 数量并打印出来，最后调用 burn 函数销毁 ZCoin。代码如下。

```
script {

    use 0x1::Debug;
    use 0x2::ZCoin;

    fun main() {
        // 挖取 100 个 ZCoin
        let coin = ZCoin::mint(100);

        // 获取并打印 ZCoin 数量
        Debug::print(&ZCoin::value(&coin));

        // 测试销毁
        ZCoin::burn(coin);
    }

}
```

编辑完成后同样在终端 toycoin 目录下执行如下命令。

```
move run src/scripts/test.move
```

执行成功可以看到“[debug] 100”的输出信息，这说明 ZCoin 可以正常使用了。

至此，Libra 的介绍及开发就结束了。希望读者在阅读完本章之后，可以对 Libra 有清晰的认识，了解其架构和特点，并学会如何进行 Libra 的开发，有兴趣的读者自己动手实操一遍，也可以结合实际开发一个自己想要的功能。相关代码可以从 Https://github.com/flingjie/learing_blockchain 下载获取。

第 9 章 区块链即服务平台（BaaS）

BaaS（Blockchain as a Service），直译过来即“区块链即服务”，是区块链和云技术紧密结合而成的一种新型云服务。在本章中，首先会介绍 BaaS 的概念以及通用架构，然后对比当前几个主流的 BaaS 服务平台，最后通过一个实例介绍如何使用 BaaS 服务。

本章学习目标

- 掌握 BaaS 的概念以及架构。
- 了解当前主流的 BaaS 服务。
- 学会如何使用 BaaS 服务。

9.1 BaaS 简介

BaaS 最开始是由微软、IBM 提出的概念。微软在 2015 年 11 月宣布在 Azure 云平台中提供 BaaS 服务，并于 2016 年 9 月正式对外开放。开发者可以在平台以最简便、高效的方式创建区块链环境。IBM 在 2016 年 2 月宣布推出区块链服务平台，使用 IBM 在 Bluemix 上的区块链服务，开发人员就可以访问完全集成的开发运维工具，用于在 IBM 云上创建、部署、运行和监控区块链应用程序。

那究竟什么才算是 BaaS，它和比特币、以太坊这些区块链系统又有哪些异同点？

9.1.1 什么是 BaaS

随着区块链技术的发展，尤其是在金融领域的应用越来越成熟，确实对相关行业产生了实际的价值，因此也带来了对区块链服务的需求。但实现一个区块链系统绝非易事，BaaS 应运而生。BaaS 是一种帮助用户创建、管理和维护企业级区块链网络及应用的云服务平台。

它基于云服务而生，通过把计算资源、网络资源、存储资源，以及区块链能力、DApp 应用开发能力转化为可编程接口，让应用开发过程和应用部署过程简单而高效，同时通过标准化的能力建设，保障区块链应用的安全可靠，对区块链业务的运营提供支撑，解决弹性、安全性、性能等运营难题，让开发者专注开发。

BaaS 具有简单易用、安全可靠、扩展灵活、合作开放等特性。

1. 简单易用

基于 BaaS 开发区块链系统，不需要深入了解加密学、去中心化网络等区块链相关的深奥理论知识，只需要基于业务需求，调用 BaaS 服务中的开放接口去开发和创新就可以了。并且，BaaS 提供了可视化的运维工具，可以方便地查看整个区块链系统的运行情况，可以实时检测和对异常进行预警并进行处理。

2. 安全可靠

区块链技术本身就有安全加密，数据防篡改的特性，加上 BaaS 本身的隔离机制、分级分类故障处理等功能，可保证区块链服务的安全可靠。

3. 扩展灵活

BaaS 应采用抽象架构和可插拔模块，面向接口设计软件，将网络系统、共识模块、节点资源、用户管理、运维模块等功能按模块分开设计实现，用户可按照自己的需要定制需要的模块和资源，并动态的扩展，非常灵活。

4. 合作开放

BaaS 专注底层功能和平台服务能力的搭建，和各行业合作伙伴携手合作，共同打造可信的行业区块链解决方案和区块链生态，共同推进区块链场景落地，帮助客户实现商业成功。

BaaS 没有像比特币和以太坊那样的数字货币，它只是提供了一种云端的区块链服务。

9.1.2 BaaS 架构

虽然每个 BaaS 服务商的具体架构各有特点，但基本架构大同小异，这里以 BaaS 常见的通用架构为例进行讲解，架构如图 9-1 所示。

从上到下依次可分为应用层、平台层、基础层、资源层四个部分。应用层是直接面向用户的，为用户提供可信安全、简单友好的用户交互界面和管理控制台。应用层通常是开发者为具体行业提供最终解决方案的客户端应用或网页操作界面。平台层是开发者主要接触的部分，包括 BaaS 平台提供的开发接口、智能合约语言以及用户数字资产管理的钱包，开发者可根据业务需求实现各类智能合约和功能丰富的应用。基础层是 BaaS 的核心部分，包括可插拔的共识算法，支持智能合约的虚拟机引擎，基于加密学的账户管理，多类型的分布式账本，跨链和链上链下的数据管理以及安全的隐私保护等。基础层可以基于开源框架，如超级账本 Fabric、Corda 等，也可自行研发，它为平台层提供了安全可靠的区块链基础系统。资源层包括计算资源、存储资源、网络资源等，为上层提供可扩展的计算资源，稳定的存储资源和丰富的网络资源。

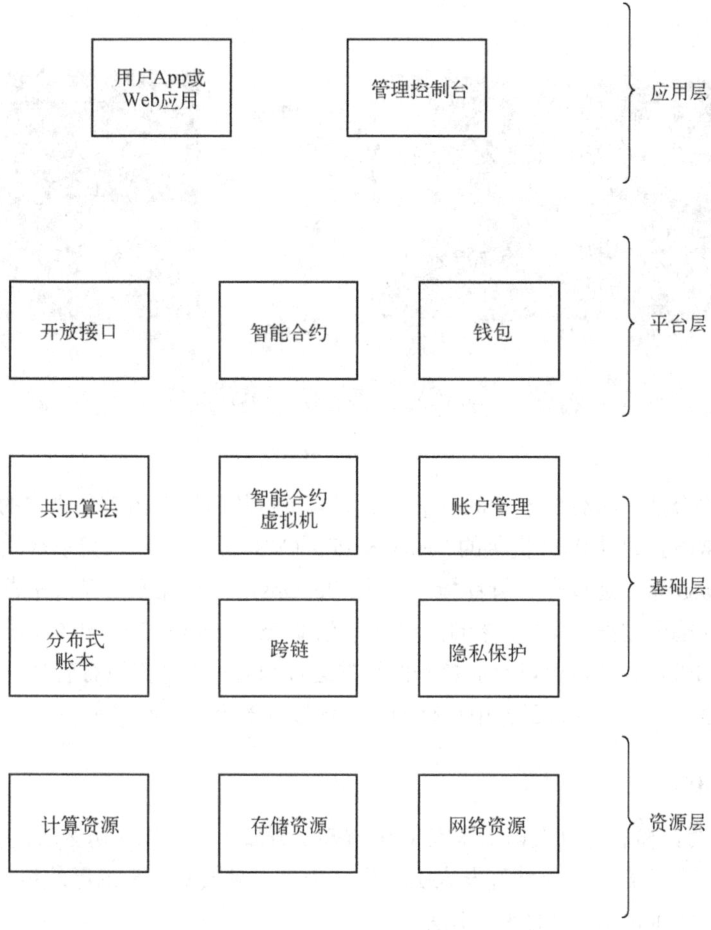

图 9-1　BaaS 架构

以上就是 BaaS 的通用架构，接下围绕当前几个主流的 BaaS 平台进行介绍。

9.2　主流 BaaS 平台

自从微软、IBM 提出 BaaS 后，不少互联网公司也迅速布局 BaaS 平台，这里依次比较下 IBM BaaS、微软 BaaS、亚马逊 BaaS、甲骨文 BaaS、Kaleida BaaS 这几个 BaaS 平台。

9.2.1　IBM BaaS

IBM 作为 Linux 基金会“超级账本”项目的创始成员，其支持区块链框架超级账本 Fabric 已经在金融、供应链和食品安全等领域完成了不少项目，IBM BaaS 官网如图 9-2 所示。

图 9-2　IBM BaaS

IBM BaaS 平台基于超级账本 Fabric 框架，是当前区块链服务内容最丰富的 BaaS 平台，可用性和安全性非常高。通过 IBM 提供的 Visual Studio（VS）代码扩展，可以轻松地将智能合约开发和网络管理集成起来。通过在无缝环境中简化 DevOps，开发者可以轻松完成从开发到测试、生产和网络管理的整个过程。此外，智能合约可以借助 JavaScript、Java 和 Go 语言开发。

通过 IBM 的管理控制台可以全面控制网络的运行和对每个节点进行管理。并且可以轻松地将任何环境（本地、公共、混合云）中运行的节点连接到多个行业网络中。

9.2.2　微软 BaaS

2015 年 11 月，微软与以太坊工作室 ConsenSys 开发了基于以太坊区块链的微软 Azure 平台，旨在为企业客户、合作伙伴和开发人员提供一个“一键式基于云的区块链开发环境”，让他们能够体验分布式账本技术，如图 9-3 所示。

图 9-3　微软 BaaS

当前微软的 BaaS 提供的 BaaS 平台是 Workbench。企业只需启动和管理网络、为智能合约建模、生成和扩展区块链应用这三步就可以生成一个区块链。

通过视同 Azure Resource Manager（ARM）模板，Workbench 不仅可以实现网络设计的自动化，同时也能将区块链网络与构建可运行的应用程序所需的 Azure 服务集成在一起。

Workbench 支持超级账本 Fabric 和以太坊私有链 Quorum 两种框架，并表示 Quorum 将是 Azure 区块链服务的首选网络。

9.2.3　亚马逊 BaaS

亚马逊的 BaaS 也支持超级账本 Fabric 和以太坊私有链 Quorum 两种框架，如图 9-4 所示。

图 9-4　亚马逊 BaaS

亚马逊提供了 AWS Blockchain Templates，可帮助开发者在亚马逊上使用不同的区块链框架快速创建和部署区块链网络。亚马逊 BaaS 的设计宗旨是简单易用。开发者可以从现成的脚本和模板中进行选择，快速开发自己的区块链。并且具有很高的可伸缩性，如果需要扩展，可以通过该机制快速向网络添加节点。

9.2.4　甲骨文 BaaS

甲骨文 BaaS 基于开源框架超级账本 Fabric，提供了现成可用的代码来运行智能合约和维护防篡改的区块链，如图 9-5 所示。

提供全面管理和预组装的区块链服务，部署速度快；可以结合甲骨文的云服务产品，快速构建和集成应用程序，还有一些备份、安全和角色管理之类的基本功能。相比于其他 BaaS 平台没有突出的优势。

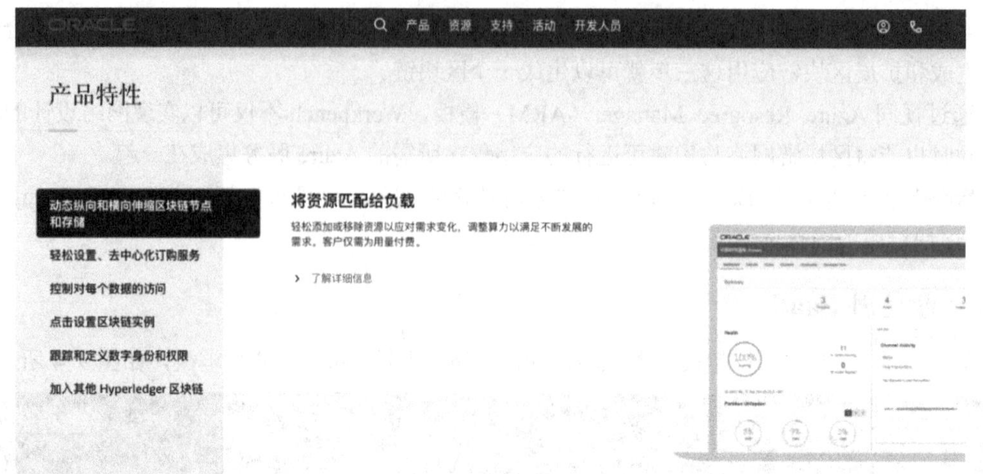

图 9-5　甲骨文 BaaS

9.2.5　蚂蚁 BaaS

蚂蚁 BaaS（蚂蚁链）是蚂蚁金服自主研发的具备高性能、强隐私保护的金融级区块链技术平台。平台致力于打造一站式服务，有效解决金融、零售、生活等多场景区块链应用问题。通过更加可靠、安全、高效的平台服务，使合作伙伴可轻松搭建各类业务场景，如图 9-6 所示。

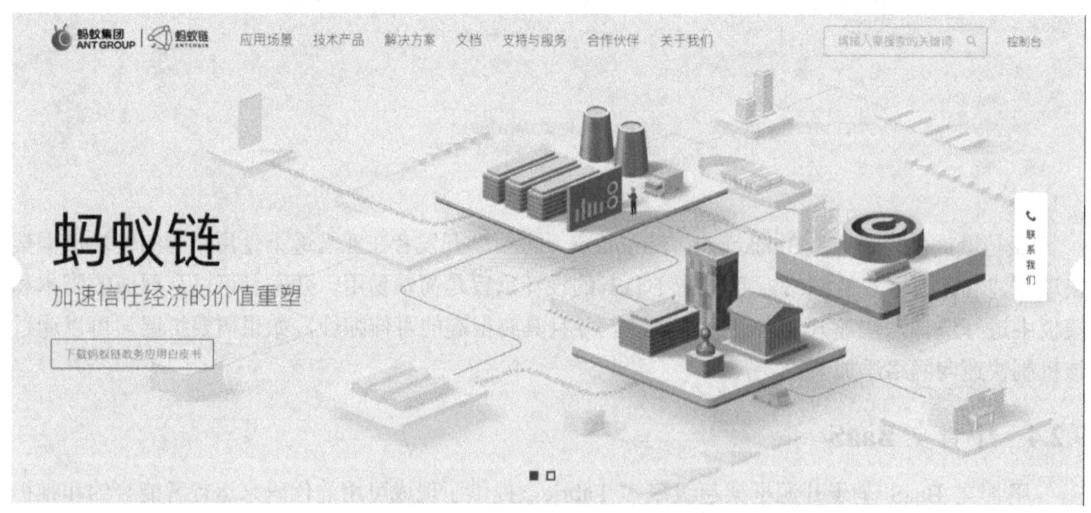

图 9-6　蚂蚁 BaaS

蚂蚁链支持一键式快速部署，完全自动化生成配置，内置最佳实践，一步到位完成区块链网络的配置和部署。

蚂蚁链的开发团队依托蚂蚁金服支付宝的开发经验，在共识性能、隐私保护、节点全球部署等关键技术研发上有显著的优势，并且提供了海量数据存储，具备万级 TPS（Transaction Per

Second，代表每秒执行的任务数量）的处理能力。

蚂蚁链也提供了完善的联盟治理功能，包括联盟机构邀请，联盟管理员审批，有效地保护联盟链隐私。同时支持动态扩容，节点扩展，灵活地管理联盟。

另外，蚂蚁链还提供在线合约开发工具 Cloud IDE，可进行合约的编辑与编译、部署和调用，解析合约方法的返回值、事件日志等，辅助调试合约。同时可以使用合约模板市场上的合约模板，根据业务需求进行修改，快速完成开发。

以上就是当前几个主流 BaaS 平台的简单介绍，在本章的最后部分，将基于蚂蚁链开发一个实际项目。

9.3 BaaS 实战

在本章的最后一部分将介绍下如何把文件存证到蚂蚁链上，以提供高效、司法可信、轻量便捷的存证功能。

9.3.1 功能介绍

随着互联网的迅速发展，社会已经进入了数字化时代，数字化渗透到了生活的方方面面。随之而来的是大量电子数据存证的需求，比如财产证明、证券纠纷、互联网金融和电子病历等。但基于传统互联网的数字存证有易篡改、易丢失的缺点，而区块链是一个由多方维护、不能篡改的去中心化数据库，非常适合于存证的场景。

接下来，将演示如何开通并简单使用蚂蚁链，将一个图片上传到蚂蚁链上进行存证。

9.3.2 实例开发

1. 开通蚂蚁链

打开官网 https://antchain.antgroup.com/products/openchain，如图 9-7 所示。

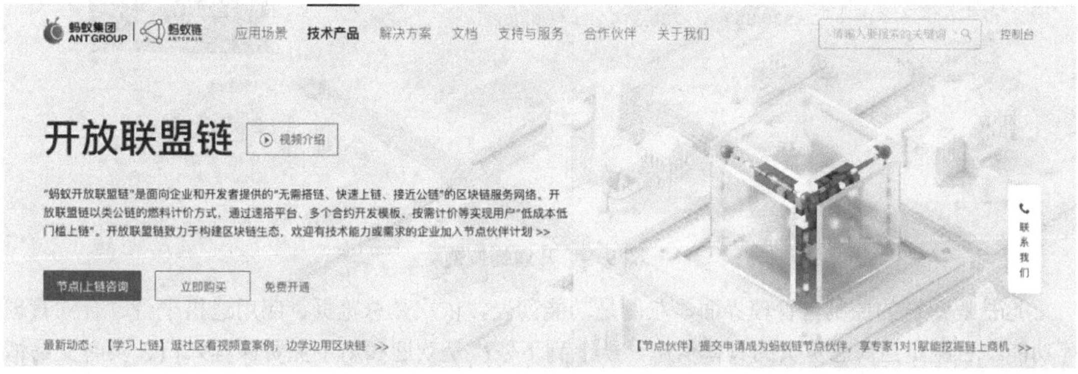

图 9-7　蚂蚁链

单击“免费开通”进入登录页面。

登录方式有账号登录和扫码登录两种，这里选择“扫描登录”，打开手机支付宝扫描二维码，在手机上点击“确认登录”，如图 9-8 所示。

图 9-8　扫描登录

扫描登录后会弹出一份“开放联盟链使用承诺书”，勾选“已阅读”，选择“同意并开通”即可，如图 9-9 所示。

图 9-9　开通蚂蚁链

这是蚂蚁链的控制台管理界面，左侧是功能列表，依次是总览页、应用速搭平台、合约管理等功能，右侧是当前总览页的具体信息，从上到下依次是欢迎和新手免费课程入口、实时交易情况、应用速搭平台和增值服务。

2．搭建应用

官方提供了四步快速上链功能，只需创建应用、配置管理、一键发布、快速集成四步即可完成一个区块链应用。这里点击“去使用”开始上链操作，如图 9-10 所示。

图 9-10　上链功能

蚂蚁链基于常见应用场景提供了解决方案模板供开发者轻松创建和管理应用，点击“通过模板创建”来创建应用，如图 9-11 所示。

图 9-11　通过模板创建

当前是一个公测账号类型，提供了“结构化数据存证”“文件存证”和“自定义”三种类型的应用类型。结构化数据存证可以由开发者自定义存储的数据模型进行存证，文件存证是开发者上传文件类型的数据进行存证，自定义是开发者自定义智能合约进行开发。公测期间每天限量存证 10 次，每种应用类型下仅支持创建 1 个应用。这里选择“文件存证”类型，点击“创建”，如图 9-12 所示。

图 9-12　文件存储

点击“创建”后弹出应用信息的界面，其中带红色星号的应用名称、应用描述、区块链名称等都是必填项。这里应用名称写“文件存证示例”，应用描述也是“文件存证示例”，区块链选择“开发联盟链”，完成后点击最下面的“创建”按钮，如图 9-13 所示。

图 9-13　应用信息

应用创建完成后就可以进行存证了。点击“开始存证”，弹出上传文件对话框，选择需要存证的文件，如图 9-14 所示。

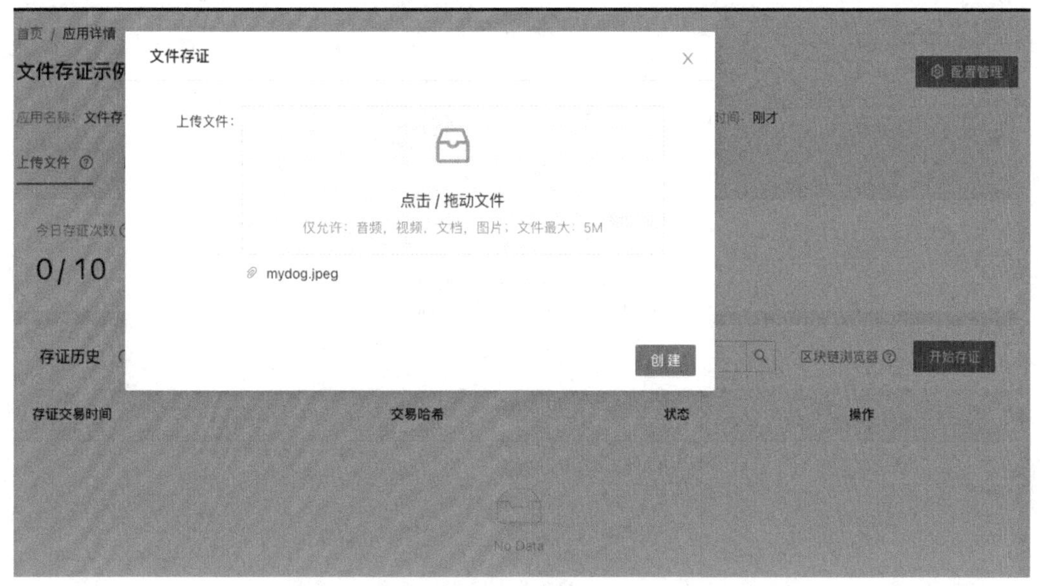

图 9-14　进行文件存证

文件上传成功后，点击“创建”按钮，上链成功后会有一条记录，如图 9-15 所示。

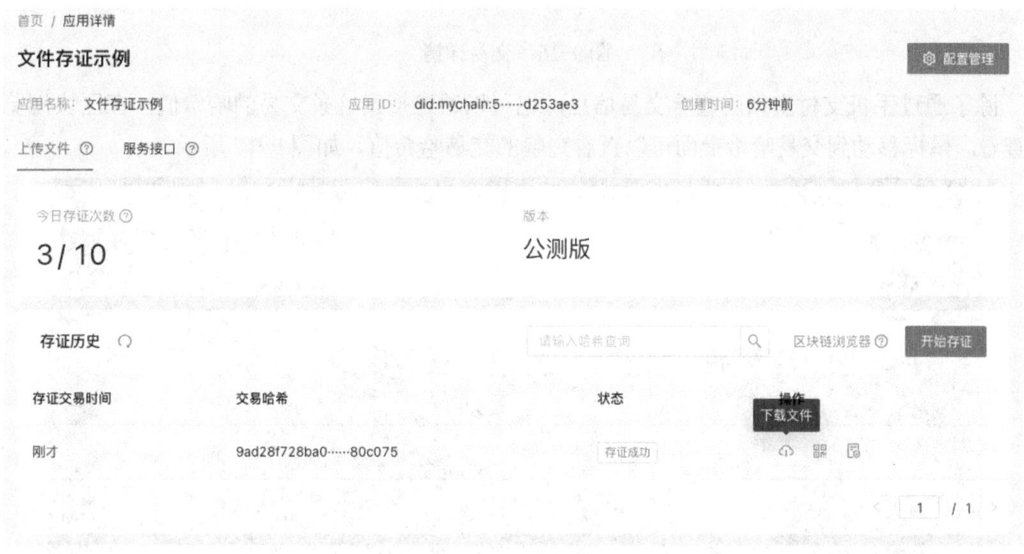

图 9-15　上链记录

对这两条记录，用户可以下载文件，也可通过支付宝扫描生成的二维码查看这条交易信息。支付宝可以看到交易信息的交易哈希、交易类型、交易时间、区块高度等信息，如图 9-16 所示。

图 9-16　交易详情

除了通过手机支付宝扫码查看交易信息，也可以通过搜索这条交易的哈希值，在区块浏览器中查看。鼠标移动到交易哈希上面可以查看完整的交易哈希值，如图 9-17 所示。

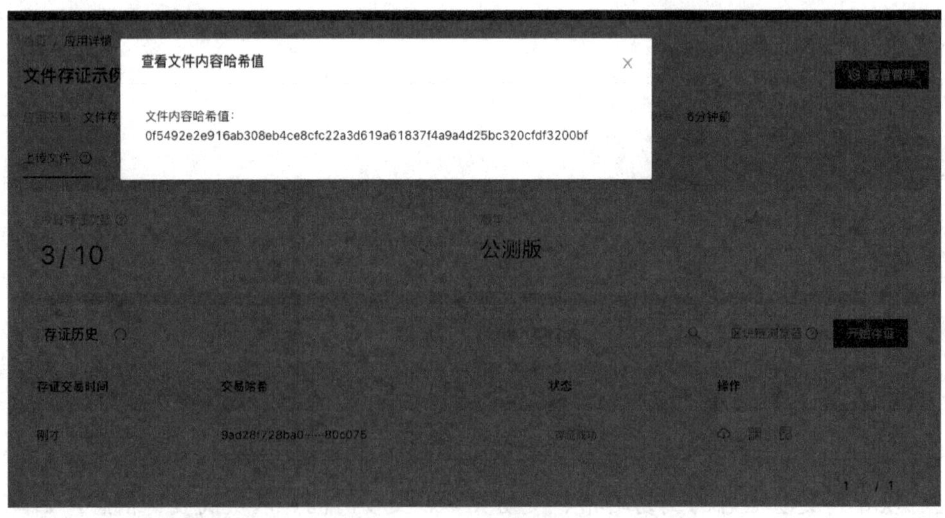

图 9-17　交易哈希

在存证历史搜索框旁边有个“区块链浏览器”入口，点击它打开区块链浏览器。进入区块链浏览器后，在“交易 hash”搜索框内输入上面的哈希值，点击搜索就可以看起交易的详细信息，如图 9-18 所示。

图 9-18　交易详情

以上就是蚂蚁链的简单使用，除此之外，蚂蚁链还提供了区块链溯源营销、区块链数字物流、可信身份认证等丰富的功能产品，有兴趣的读者可以自行尝试一番。

至此，关于 BaaS 的学习内容结束，希望读者能够掌握 BaaS 的概念和主流 BaaS 的基本知识，并至少选择一个 BaaS 进行学习和使用。

第 10 章 区块链综合应用开发实践

在区块链的开发过程中，除了开发自己的区块链以及基于某个公链或框架进行开发外，还有一些第三方平台提供了工具可以快速生成数字加密资产并进行交易，如国外的 Opensea（网址 http://opensea.io）和 RareBits（网址 https://rarebits.io/），国内的 BIGE（网址 http://bige. game/）等。本章主要介绍 3 个开发实例，包括一个以太坊查询分析系统开发实例、一个 ERC20 代币的开发实例和一个基于 OpenSea 平台的数字加密资产开发实例。

本章学习目标

- 了解以太坊测试网络 Ropsten。
- 掌握 web3.py 库的功能。
- 掌握以太坊数据的基本查询和分析方法。
- 了解 ERC20 代币的开发。
- 学习加密资产的开发过程。
- 了解 OpenSea 交易平台。

10.1 以太坊数据查询分析系统

本案例将介绍如何查询以太坊的数据，以及如何批量获取以太坊的数据进行数据分析。首先介绍以太坊的测试网络 Ropsten，然后介绍如何通过基于 Python 的 web3.py 库对接 Ropsten 网络，接下来基于 Flask 开发一个接口，并通过这个接口查询以太坊数据，以及用 Python 对以太坊的数据做简单分析，从而形成一个完整的以太坊数据查询分析系统。

10.1.1 准备对接环境

在第 6 章以太坊之 DApp 开发实战——基于 Truffle 框架中搭建了一个以太坊的本地测试环境，但本地测试环境的数据比较少，无法体现真实的以太坊网络的数据情况。所以在本章选择以太坊的公开测试网络 Ropsten 作为测试环境。

1. Ropsten 介绍和使用

Ropsten 是 2016 年 11 月上线的一个以太坊测试网络，以斯德哥尔摩（瑞典首都）的一个地铁站命名。Ropsten 采用工作量证明的共识机制，它是对以太坊现有生产环境的最好模拟，在以太坊主网的系统和网络状态等方面都比较近似。而且 Ropsten 测试网络上的以太币是免费的，通过对接 Ropsten 测试网络来对以太坊进行各种测试和开发的成本极低，所以选择 Ropsten 测试网络性价比很理想。下面使用之前第 6 章介绍的 MetaMask 插件连接到 Ropsten 测试网络。

（1）连接 Ropsten 测试网络

单击 MetaMask 插件，打开选项界面，再单击网络选项更改连接网络为 Ropsten 测试网络，如图 10-1 所示。

（2）创建测试账户

切换网络成功后接着单击用户头像，选择创建用户在 Ropsten 测试网络中生成一个新的账户，如图 10-2 所示。

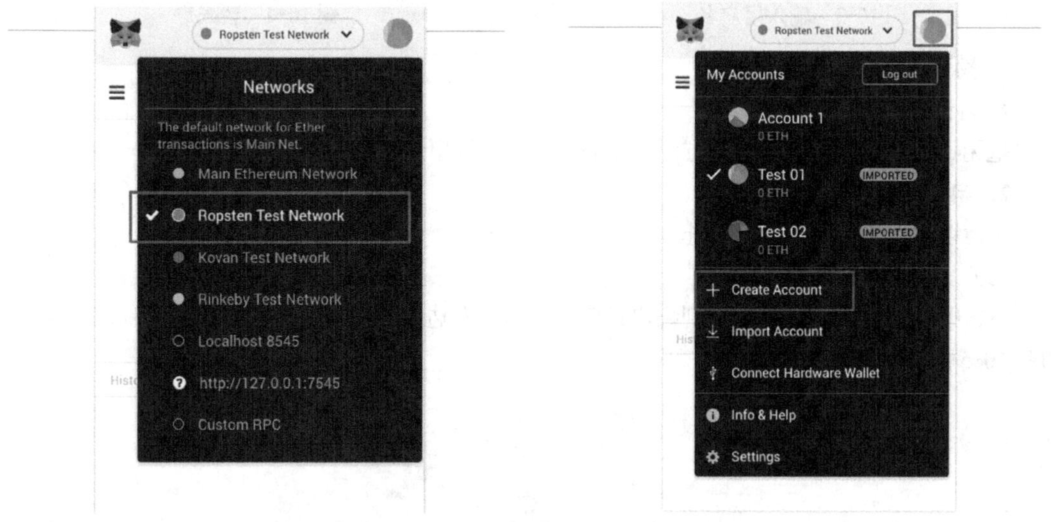

图 10-1　Ropsten 测试网络　　　　图 10-2　创建 Ropsten 测试账户

在弹出界面中输入用户名并单击“CREATE”按钮进行创建，如图 10-3 所示。

（3）查看账户余额

创建完成后进入账户详情页面，新的账户余额为 0 个以太币，如图 10-4 所示。

（4）获取以太币

为了进行对接测试，需要在 Rospten 测试网络中获取一定数量的以太币（对以太坊网络进行更新操作需要消耗以太币）。在 Rospten 测试网络中获取以太币的方法主要有以下几种。

- 在 http://faucet.ropsten.be:3001/上申请，需要输入在 Ropsten 网络上的账户地址就可以了，转币操作非常迅速，目前一次可申请 3ETH。

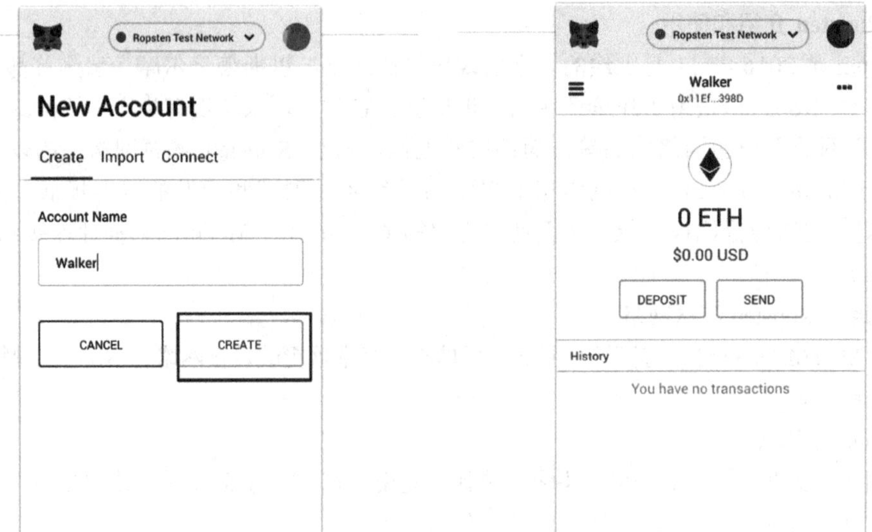

图 10-3　输入用户名　　　　图 10-4　新账户

- 找朋友给自己转币。
- 自己挖矿。

毫无疑问，第一种方式是最方便快捷的，下面进行申请操作。

2．申请以太币

申请以太币需要输入账户地址。

（1）复制账户地址

单击账户左上角菜单可以看到账户详情，在地址右边有一个复制按钮，单击复制地址信息，如图 10-5 所示。

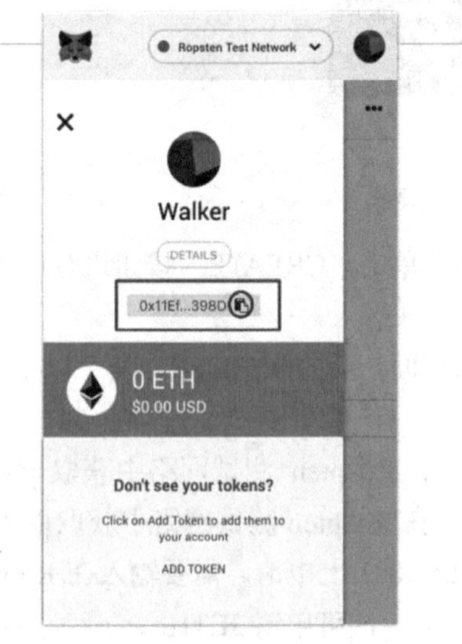

图 10-5　复制账户地址

（2）在 Ropsten 上进行申请

得到账户地址后，在浏览器中访问 http://faucet.ropsten.be:3001/，在打开的页面上输入刚才复制的账户地址，如图 10-6 所示。

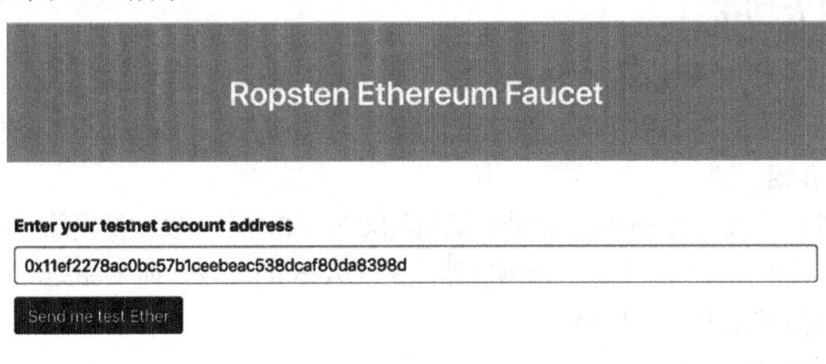

图 10-6　申请以太币

（3）申请成功

单击“Send me test Ether”按钮申请测试以太币即可。申请成功后，页面下部会出现申请成功信息和转账交易记录的哈希值，如图 10-7 所示。

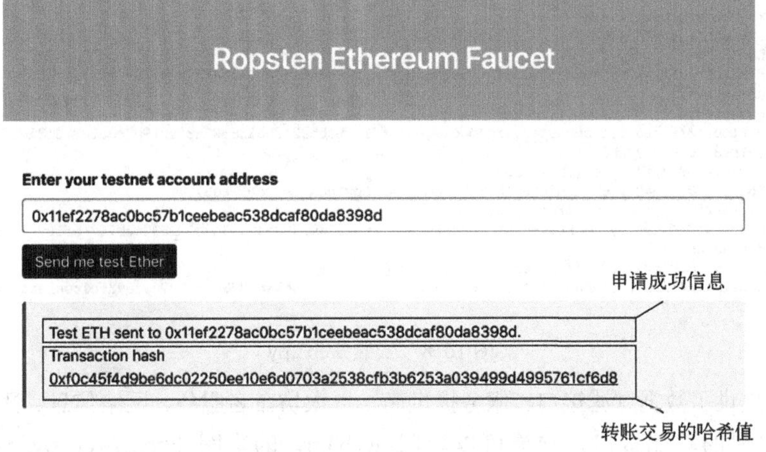

图 10-7　申请成功

注意，申请到的以太币需要 Ropsten 网络中其他节点确认，故申请成功后一般还需要半天左右时间才能在 MetaMask 看到申请到的以太币信息。

10.1.2　对接以太坊接口

在上一节中已经使用 MetaMask 插件创建了 Ropsten 测试网络的测试账号，为了对接这个测试网络的接口进行数据的查询和获取，在这里将使用 web3.py 库与 Ropsten 测试网络进行对接。

1．web3.py 介绍

web3.py 是以太坊接口的 Python 封装，通过 JSON-RPC 连接以太坊网络进行交互。web3.py 和 web3.js 类似，其中 web3.js 主要适合浏览器端的 DApp 的开发，而 web3.py 是基于 Python 开发的，更适合在服务器端开发中使用。

2．web3.py 的安装使用

web3.py 可以使用 Python 的包管理工具 pip 进行安装，首先新建一个虚拟环境。

（1）新建虚拟环境

这里先新建一个名为 ch8 的 Python 虚拟环境（web3.py 支持 Python3.5 以上版本），命令如下：

```
virtualenv venv -p python3
```

（2）安装 web3.py

创建完成后激活这个虚拟环境，然后使用 pip install web3 命令安装 web3.py，该命令会自动下载安装依赖库并打印安装信息，如图 10-8 所示。

```
bash-3.2$ source venv/bin/activate
(venv) bash-3.2$ pip install web3
Collecting web3
  Using cached https://files.pythonhosted.org/packages/84/7b/8dfe018c0b94a68f88d98ff39c11471ac55ffbcb22cd7ab41010c
-4.8.2-py3-none-any.whl
Collecting requests<3.0.0,>=2.16.0 (from web3)
  Using cached https://files.pythonhosted.org/packages/ff/17/5cbb026005115301a8fb2f9b0e3e8d32313142fe8b617070e7baa
ests-2.20.1-py2.py3-none-any.whl
Collecting lru-dict<2.0.0,>=1.1.6 (from web3)
Collecting cytoolz<1.0.0,>=0.9.0; implementation_name == "cpython" (from web3)
Collecting hexbytes<1.0.0,>=0.1.0 (from web3)
  Using cached https://files.pythonhosted.org/packages/18/bd/21697d93ee2153c8c12253262b740f571e94341d4cee411504032
ytes-0.1.0-py3-none-any.whl
Collecting eth-abi<2.0.0,>=1.2.0 (from web3)
  Using cached https://files.pythonhosted.org/packages/d1/ca/2bb7aae1ad822249383e95a86939c1cce1acc96fc151e350c579f
abi-1.2.2-py3-none-any.whl
```

图 10-8　安装 web3.py

web3.py 提供了数据过滤接口、服务提供商、以太坊命名服务、网络信息、账户信息、区块信息等几个主要的功能接口，详情可以访问 web3.py 的官网 https://web3py.readthedocs.io/en/stable/index.html 进行查询。

（3）申请测试节点

安装了 web3.py 后需要申请一个用于连接 Ropsten 测试网络的测试节点。这里使用 Infura，Infura 是一个以太坊节点服务提供商，它提供公开的 Ethereum 主网和测试网络节点，开发者可以到 Infura 官网进行申请。在浏览器中打开https://infura.io/看到 Infura 的页面，如图 10-9 所示。

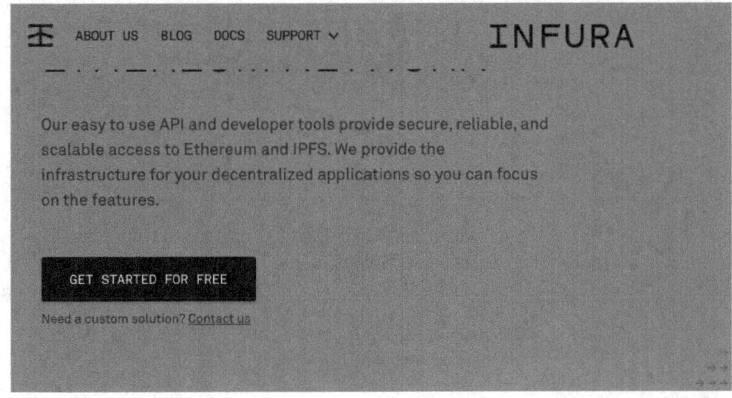

图 10-9　Infura 首页

单击页面上的“GET STARTED FOR FREE”按钮开始免费申请。免费申请需要填写姓名、邮箱和密码等基本信息，如图 10-10 所示。

图 10-10　免费申请表单

信息填写完毕后，单击“SIGN UP”按钮进行注册。注册后提示已发送一份确认邮件到已填写的邮箱中，如未收到可以单击“RE-SEND VERIFICATION EMAIL”按钮重新发送确认邮件，如图 10-11 所示。

单击邮件中的确认连接后会自动登录进入注册账户中。顺利登录后会提示用户新增一个项目，项目名任意，这里项目名为“自学区块链”，单击“CREATE PROJECT”按钮创建项目，如图 10-12 所示。

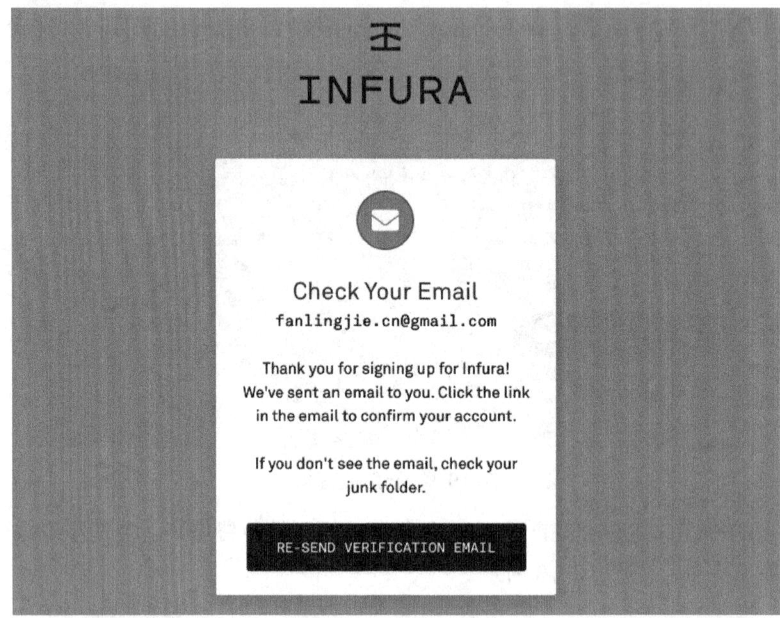

图 10-11　确认邮件

图 10-12　创建项目

创建完成后，进入项目详情页面。详情页面中显示了用来连接以太坊网络的 API KEY、API SECRET 和可连接的节点地址 ENDPOINT，以及这个节点上智能合约的白名单列表。这里选择 Ropsten 测试网络的节点，如图 10-13 所示。

3．使用 web3.py 连接网络

在上面得到 Ropsten 测试网络的连接节点后，可以使用 web3.py 进行连接。先从 web3.py 导入 Web3 和 HTTPProvider，然后连接项目中的 Ropsten 测试节点，连接后使用 isConnected 方法检查连接状态，返回 True 说明连接成功，如图 10-14 所示。

连接成功后就可以使用 web3.py 提供的 getTransartion 等方法查询 Ropsten 网络数据了。

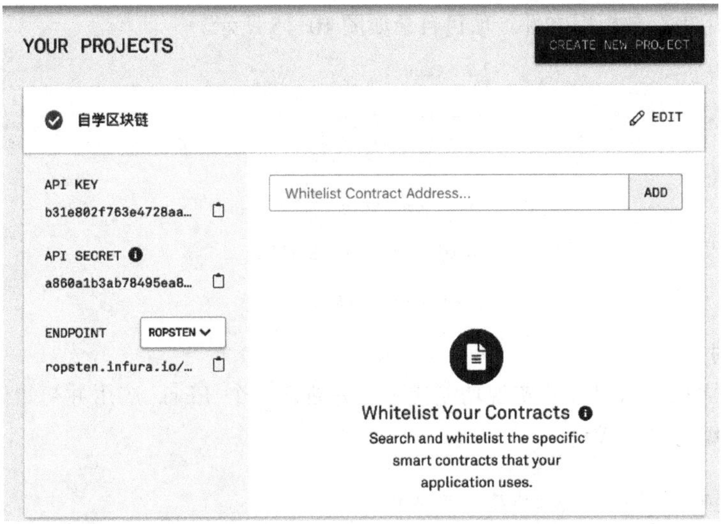

图 10-13　项目详情

```
$ ipython
Python 3.6.4 (default, Mar 22 2018, 13:54:22)
Type 'copyright', 'credits' or 'license' for more information
IPython 7.1.1 -- An enhanced Interactive Python. Type '?' for help.

In [1]: from web3 import Web3, HTTPProvider

In [2]: w3 = Web3(HTTPProvider('https://mainnet.infura.io/v3/b31e802f763e4728aa6cdd9d4faaef05'))

In [3]: w3.isConnected()
Out[3]: True
```

图 10-14　连接 Ropsten

10.1.3　创建 Flask 应用

上一小节中已经连接上 Ropsten 测试网络，接下来创建一个 Flask 应用。

1．初始化项目

这个项目的开发基于 Flask 框架。Flask 是一种非常容易上手的 Python Web 开发框架，不需要了解太多概念，只需要具备基本的 Python 开发技能，就可以快速开发出一个 Web 应用，而框架本身也非常轻量级，是一个很容易安装的微型框架。安装可以通过 Python 的包管理工具 pip 进行操作，具体步骤如下。

（1）安装 Flask

安装命令如下：

```
pip install flask
```

（2）初始化项目目录

安装完成后，新建一个 flask_eth 的文件夹。进入文件夹后新建一个名为 app.py 的文件用来实现主要功能，新建一个名为 static 的文件夹用来存放 css 和 JavaScript 静态资源，新建一个

templates 文件夹用来存放模板文件。项目目录如图 10-15 所示。

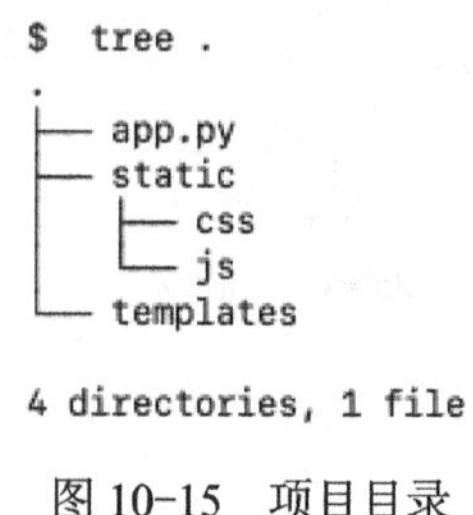

```
$ tree .
.
├── app.py
├── static
│   ├── css
│   └── js
└── templates

4 directories, 1 file
```

图 10-15　项目目录

2．创建应用

初始化项目之后，可以开始实现功能代码。先新建一个 Flask 应用并初始化 Web3 进行连接，在 app.py 中编写如下代码。

```
from flask import Flask, render_template
from web3 import Web3, HTTPProvider
# 新建一个 Flask 应用
app = Flask(__name__)
# 初始化 Web3
w3 = Web3(HTTPProvider("https://mainnet.infura.io/v3/XXXx"))
if __name__ == "__main__":
    app.run()
```

完成后执行 python app.py 命令就可以启动这个应用。启动的应用默认在 5000 端口进行监听，处理请求并返回结果。

3．实现基础模板

创建应用后开始编写页面。在 Flask 中默认使用的是 Jinja2 模板语言来实现模板功能（Jinja2 有个强大的功能即模板继承功能。模板继承允许开发者创建一个基础的骨架模板，这个模板包含网站的通用元素，在子模板中可以通过继承这个基础模板拥有这些通用元素，不同的页面元素可以通过重载来实现，就像 Python 类的继承和重载一样简单），因此可以先编写一个基础模板，将页面公共的部分都放到这个基础模板中，其他页面继承这个模板就会拥有这些公共的部分，再加上页面需要的定制内容并用 bootstrap 来美化页面样式就可以快速实现一个页面。这样做的好处是可以避免编写重复的内容，提高开发效率，具体操作为：在当前目录的 templates 文件夹新建一个 layout.html 的文件，在这个文件中引入 bootstrap 相关的 css 和 js，代码如下。

```
<!DOCTYPE html>
<html>
  <head>
    <title>{% block title %} {% endblock%}</title>

    …
    {%block css%}{% endblock%}
```

```
</head>
<body>
    <!--添加导航-->
    <nav class="navbar navbar-expand-lg navbar-light bg-light">
            …
    <div class="collapse navbar-collapse" id="navbarNav">
      <ul class="navbar-nav">
        <li class="nav-item active">
          <a class="nav-link" href="#">交易数据</a>
        </li>
        …
      </ul>
    </div>
  </nav>
  <div class="container">
    <!--content block, 供子模板重载添加页面内容-->
      {% block content %}{% endblock %}
  </div>
  <!-- JavaScript 放置在文档最后面可以使页面加载速度更快 -->
  <!--包含相关的 js 库-->
  <script src="https://code.jquery.com/jquery-3.3.1.min.js" ></script>
      …
  {% block script %}{% endblock %}
</body>
</html>
```

其中类似“{% block ×××%}{% endblock %}”的内容是供子模板中重载的区域，子模板可以通过重载添加自定义的内容。下面开始实现第 1 个功能，第 1 个功能是查询并显示 Ropsten 测试网络中的最新区块。

10.1.4　实现查询和分析功能

1．查询最新区块

查询 Ropsten 测试网络中的最新区块信息，可以通过 web3.py 的函数 getBlock 来实现，这个函数返回的格式是一个 Json 字符串，前端 HTML 页面负责将这个 Json 字符串显示出来。在 app.py 中实现一个名为 get_last_block 的函数，在函数中调用 getBlock(“latest”)函数，然后从返回的区块信息中提取主要内容传递给模板进行显示，代码如下。

```
@app.route("/")
def get_last_block():
    # 获取最新区块
    last_block = w3.eth.getBlock("latest")
```

```
    # 提取区块信息
    block = {
        "miner": last_block.miner,
        "difficulty": last_block.difficulty,
        "extraData": last_block.extraData.hex(),
        …
    }
    for t in last_block.transactions:
        block['transactions'].append(
            t.hex()
        )
    return render_template("block.html", block=block)
```

以上代码从获取到的区块信息中提取主要区块信息，并将这些信息封装到一个字典中传递给模板 block.html。block.html 模板先是继承 layout.html 模板，然后使用 jquery.json-browse 的 jquery 插件进行显示。jquery.json-browse 的作用是美化 Json 数据的显示，并且可以对 Json 数据进行展开和折叠处理，block.html 代码如下。

```
{% extends "layout.html" %}
…
    <script>
        // 加载区块数据
        var input = {{ block|safe }}
        $('#block').jsonBrowse(input);
    </script>
{% endblock %}
```

以上查询最新区块的代码编写完成后启动应用可查看效果，打开浏览器访问 http://127.0.0.1:5000，就可以看到最新区块的信息，如图 10-16 所示，显示了最新区块的信息，包括矿工地址（miner）、哈希值（hash）等。

2. 查询区块的交易数据

在一个区块中往往存储了很多个交易记录。在图 10-16 中的区块信息中有一个 transactions 字段，其中包含了一系列哈希值，每一个哈希值对应的就是一个交易记录。在此处实现的功能是使用 web3.py 中的 getTransaction 函数查询哈希值对应的交易信息并将交易信息显示在 HTML 中。在 app.py 中实现一个 handle_transaction 函数，该函数接收 GET 和 POST 两种请求方式。GET 请求返回一个包含输入框和按钮的 HTML 页面，POST 会传递一个交易信息的哈希值，函数内调用 web3.py 的 getTransaction 函数查询对应的交易并将结果返回，代码如下。

```
@app.route("/transaction", methods=["GET", "POST"])
def handle_transaction():
    if request.method == 'GET':
```

```
        return render_template('transaction.html')
    else:
        h = request.form.get("transaction")
        transaction = w3.eth.getTransaction(h)
        result = {
            "blockHash": transaction.blockHash.hex(),
            "blockNumber": transaction.blockNumber,
            "from": transaction["from"],
            ...
        }
        return jsonify(result)
```

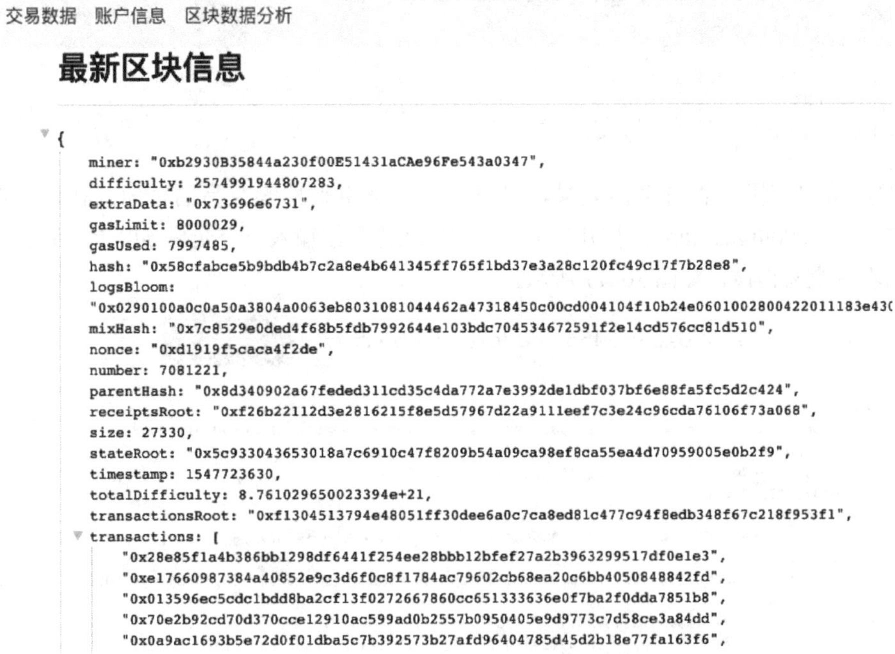

交易数据　账户信息　区块数据分析

最新区块信息


```
{
    miner: "0xb2930B35844a230f00E51431aCAe96Fe543a0347",
    difficulty: 2574991944807283,
    extraData: "0x73696e6731",
    gasLimit: 8000029,
    gasUsed: 7997485,
    hash: "0x58cfabce5b9bdb4b7c2a8e4b641345ff765f1bd37e3a28c120fc49c17f7b28e8",
    logsBloom:
    "0x0290100a0c0a50a3804a0063eb8031081044462a47318450c00cd004104f10b24e0601002800422011183e43(
    mixHash: "0x7c8529e0ded4f68b5fdb7992644e103bdc704534672591f2e14cd576cc81d510",
    nonce: "0xd1919f5caca4f2de",
    number: 7081221,
    parentHash: "0x8d340902a67feded311cd35c4da772a7e3992de1dbf037bf6e88fa5fc5d2c424",
    receiptsRoot: "0xf26b22112d3e2816215f8e5d57967d22a9111eef7c3e24c96cda76106f73a068",
    size: 27330,
    stateRoot: "0x5c933043653018a7c6910c47f8209b54a09ca98ef8ca55ea4d70959005e0b2f9",
    timestamp: 1547723630,
    totalDifficulty: 8.761029650023394e+21,
    transactionsRoot: "0xf1304513794e48051ff30dee6a0c7ca8ed81c477c94f8edb348f67c218f953f1",
    transactions: [
        "0x28e85f1a4b386bb1298df6441f254ee28bbb12bfef27a2b3963299517df0e1e3",
        "0xe17660987384a40852e9c3d6f0c8f1784ac79602cb68ea20c6bb4050848842fd",
        "0x013596ec5cdc1bdd8ba2cf13f0272667860cc651333636e0f7ba2f0dda7851b8",
        "0x70e2b92cd70d370cce12910ac599ad0b2557b0950405e9d9773c7d58ce3a84dd",
        "0x0a9ac1693b5e72d0f01dba5c7b392573b27afd96404785d45d2b18e77fa163f6",
```


图 10-16　最新区块信息

更新 app.py 后，再新建一个 transaction.html 模板文件，该模板文件依旧从 layout.html 继承而来。模板中显示一个输入框和按钮，在输入框输入交易哈希值后，单击“搜索交易”按钮会将交易哈希值的请求数据发送到应用，从应用得到交易数据后再使用 jquery.json-browse 命令显示 Json 数据，代码如下。

```
{% extends "layout.html" %}
{% block title %}交易信息{% endblock %}
...
{% block content %}
    ...
```

```
    <script>
        // 加载区块数据
        $("#search").click(function(){
            var hash = $("#hash").val();
            if(!hash) {
                alert("请输入交易哈希值");
            }
            $.post("/transaction",{
              transaction: hash
            },
            function (data) {
              $('#transaction').jsonBrowse(data);
            });
        })
    </script>
{% endblock %}
```

完成后重启应用，查看页面效果，可以看到一个用来搜索交易的页面。在浏览器中输入 http://127.0.0.1:5000/transaction，打开该页面，然后在输入框输入一个交易 id，单击“搜索交易”按钮即可看到交易详情，如图 10-17 所示。

0xd65676899964f8d88c2dc03360afc77: 搜索交易


```
{
    blockHash: "0xcca7aab779edffe9ad66f29d5198a1a4673d3c069ac295e3fb8e90de0290f547",
    blockNumber: 6630671,
    from: "0xb7e1CB877A94836DE5Cc992aEd0427Dafac33497",
    gas: 7000000000,
    gasPrice: 7000000000,
    hash: "0xd65676899964f8d88c2dc03360afc773331d1c1de974632bc188e82a36cb4b86",
    input:
    "0xa9059cbb000000000000000000000000cfe4c7fda2457e2d34f4b246eec3b7438ce8fb43000000000000000000(
    nonce: 0,
    r: "0x4454674704d1adb7d44d020f50ad299e99a95aec1f34bcfd916b0e0c824020f0",
    s: "0x3dc9a04d9ddef610c88a9e3004e0314929ec7133c8841fa0d4469b8fda8b6d1a",
    to: "0x0f8c45B896784A1E408526B9300519ef8660209c",
    transactionIndex: 101,
    v: 38,
    value: 0
}
```


图 10-17　交易数据

3. 查询账户余额

完成了区块和交易数据的查询功能，再来实现查询账户余额的功能。查询账户余额的实现逻辑和查询交易数据类似。在 app.py 中实现一个 get_balance 的函数，接收 GET 和 POST 两种请求方式。GET 请求返回一个包含输入框和按钮的 HTML 页面，POST 请求接收账户地址信息并通过 web3.py 的 getBalance 函数获取账户余额，代码可以根据“2. 查询区块的交易数据”部分稍作修改即可。完成后在浏览器中打开 http://127.0.0.1:5000/balance，输入账户地址即可查询对应账户的余额，如图 10-18 所示。

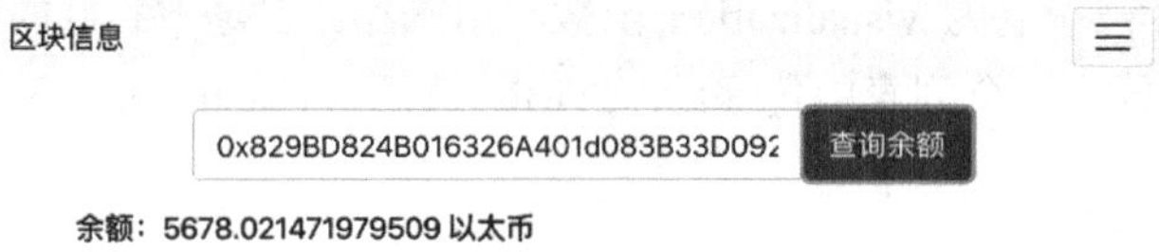

区块信息

0x829BD824B016326A401d083B33D092　查询余额

余额：5678.021471979509 以太币

图 10-18　账户余额

4. 区块信息分析

在这一节中将简单分析一下 Ropsten 测试网络中的区块信息。先写一个 Python 脚本下载 Ropsten 测试网络中的前 10000 个区块，并通过 pickle 模块将这些数据保存下来。pickle 是 Python 用来将 Python 对象保存为文件的一个模块，使用 pickle 可以方便地存储和读取 Python 对象。

（1）下载区块数据

新建一个 eth_helper.py 文件，在这个文件中新建一个 download_blocks 函数用来循环下载区块数据，下载完成后，使用 pickle 将这些区块数据保存到一个名为 block.pkl 的文件中，代码如下。

```
# -*- coding: UTF-8 -*-
from web3 import Web3, HTTPProvider
import pickle
w3 = Web3(HTTPProvider("https://mainnet.infura.io/v3/XXX"))

def download_blocks(max_block_number):
    block_list = []
    for i in range(max_block_number):
        print("Get block {} ...".format(i))
        block = w3.eth.getBlock(i)
        block_list.append({
            "miner": block.miner,
            "difficulty": block.difficulty,
            "extraData": block.extraData.hex(),
            …
        })
    pickle.dump(block_list, open("block.pkl", "wb"))

if __name__ == "__main__":
    download_blocks(10000)
```

运行 python eth_helper.py 命令执行脚本。脚本下载区块数据需要一段时间，下载完成后会在本地自动生成一个 block.pkl 的文件，里面包含了 10000 个区块数据，如图 10-19 所示。

```
bash-3.2$ ls
app.py          eth2.py          requirements.txt    templates
block.pkl       eth_helper.py    static              venv
```

图 10-19　区块数据文件

（2）加载区块数据

在 app.py 中新建一个名为 visualization 函数，用来加载已经下载好的区块数据并将其中的区块难度提取出来，放到一个列表中传递给 HTML 页面（visualization.html）以供展示，代码如下。

```
@app.route("/visualization")
def visualization():
    x_data = []
    difficulty_data = []
    data = pickle.load(open("block.pkl", "rb"))
    for i,b in enumerate(data):
        x_data.append(i)
        difficulty_data.append(b['difficulty'])
    return render_template("visualization.html",
                           x_data=x_data,
                           difficulty_data=difficulty_data)
```

这里只是将区块难度提取出来做分析处理，有兴趣的读者也可以提取其他字段进行分析。为了方便通过 HTML 页面进行展示，这里将区块序号和区块难度分别放到一个独立的列表中。

（3）对数据进行可视化

最后一步是对数据进行可视化展示。这里使用 ECharts 进行可视化操作。ECharts 是一款由百度前端技术部开发的、基于 JavaScript 的数据可视化图表库，可以提供直观、生动、可交互、可个性化定制的数据可视化图表。使用 ECharts 对数据进行可视化的方法也很简单，只需要在 HTML 页面中包含 ECharts 的 js 库文件，然后新建一个一定大小的 div 元素，再编写一段 js 代码加载数据，即可进行数据可视化显示。

新建一个 visualization.html 文件，这里选择折线图的形式进行区块难度数据的可视化。编写代码如下。

```
{% extends "layout.html" %}
{% block title %}区块分析{% endblock %}
{% block content %}
    <div id="visualization" style="width:700px;height:500px"></div>
{% endblock %}
{% block script %}
    <!--加载 jquery.json-browse 库 js 文件-->
    <script src="{{ url_for('static', filename='js/echarts.common.min.js') }}"
crossorigin="anonymous"></script>
    <script>
        // 基于准备好的 dom，初始化 ECharts 实例
        var myChart = echarts.init(document.getElementById('visualization'));
```

```
        // 指定图表的配置项和数据
        var option = {
            title: {
                text: '区块分析'
            },
            tooltip: {
                trigger: 'axis'
            },
            legend: {
                data:['区块难度']
            },
            grid: {
                left: '3%',
                right: '4%',
                bottom: '3%',
                containLabel: true
            },
            toolbox: {
            },
            xAxis: {
                type: 'category',
                boundaryGap: false,
                data: {{ x_data|safe }}
            },
            yAxis: {
                type: 'value'
            },
            series: [
                {
                    name:'区块难度',
                    type:'line',
                    stack: '难度',
                    data: {{ difficulty_data|safe }}
                }
            ]
        };

        // 使用刚指定的配置项和数据显示图表。
        myChart.setOption(option);
    </script>
{% endblock %}
```

代码编写完成后重启 Flask 应用，访问 http://127.0.0.1:5000/visualization 就可以看到可视化效

果，如图 10-20 所示。

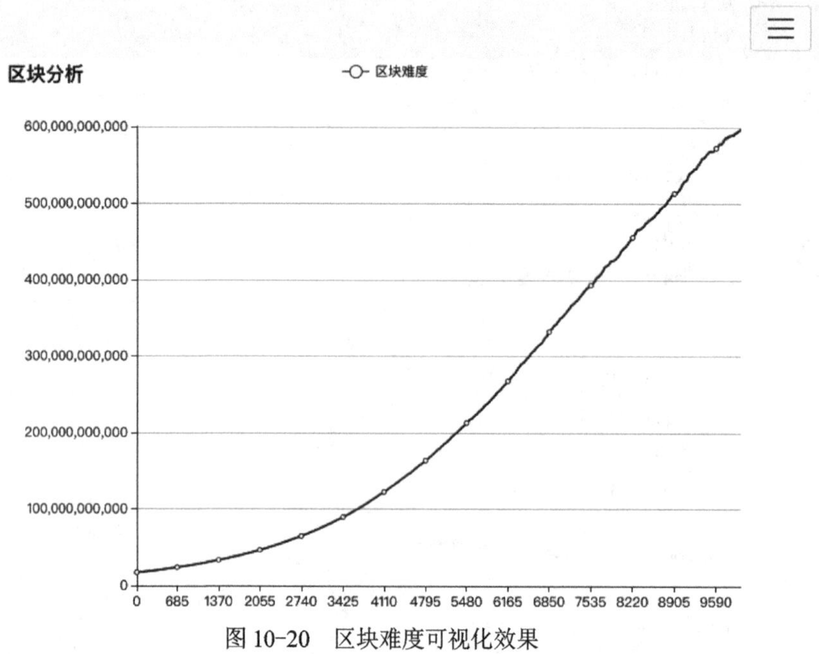

图 10-20　区块难度可视化效果

从图中可以看到，在 Ropsten 测试网络中区块难度的值是直线上升的，这表明随着区块链的不断延长，生成区块的难度越来越大。

以上就是一个简单的以太坊查询分析系统，有兴趣的读者还可以进一步分析以太坊的其他数据，如区块的生成速度、区块每日生成的个数以及待确认的区块数目等。若要分析实际环境中的以太坊，只需要把上面的 Ropsten 测试节点地址（http://ropsten.infura:io/v3/×××）换成正式节点地址就可以了。相关代码已上传到 https://github.com/flingjie/learning-blockchain，有需要的读者可以自行下载学习。

10.2　ERC20 代币开发实例

ERC20 可以简单理解成以太坊上的一个代币协议，所有基于以太坊开发的代币合约都遵守这个协议。遵守这个协议的代币叫作 ERC20 代币。本案例将开发一个名为 Mini Token 的 ERC20 代币。

10.2.1　ERC20 代币介绍

加密数字货币的种类纷繁复杂，比特币、瑞波币、小蚁币等众多老牌币种，都有独自的链，在自己的链上运行着自己的加密数字货币。除了这些之外，还有一种平台型代币，它们是依托以太坊而创建的，没有自己的链，而是运行在以太坊之上。当前市面上十有八九的数字货币都属于平台型代币。这些代币都遵守 ERC20 代币协议，都是标准化的代币，这些标准化的代币可以被各种以太坊钱包支持。被以太坊钱包支持的代币可用于各种项目的开发，也可以提交到各个交易所进行交易。

之所以叫 ERC20 代币，是因为 ERC20 是在 2015 年 11 月以太坊社区提出的代号为 20 的一项标准，符合这个标准的都是 ERC20 代币。在 ERC20 标准出现之前，代币的标准不统一，发行代币是一件非常麻烦的事，对开发者来说既需要单独开发智能合约，还并不能做到多种钱包的兼容。在 ERC20 标准出现后，发行基于 ERC20 标准的代币变得很简单，开发一个 ERC20 代币基本不超过 10 分钟，50 行代码就能实现。

ERC20 是各个代币的标准接口，开发者需要将这些标准接口集成到他们的智能合约中，以便能够执行以下操作：

- 获得代币总供应量。
- 获得账户余额。
- 转让代币。
- 批准花费代币。

ERC20 让以太坊区块链上的其他智能合约和去中心化应用之间实现了无缝交互。ERC20 标准的接口文件如下。

```
contract ERC20 {
    function name() constant returns (string name)
    function symbol() constant returns (string symbol)
    function decimals() constant returns (uint8 decimals)
    function totalSupply() constant returns (uint totalSupply);
    function balanceOf(address _owner) constant returns (uint balance);
    function transfer(address _to, uint _value) returns (bool success);
    function transferFrom(address _from, address _to, uint _value) returns (bool success);
    function approve(address _spender, uint _value) returns (bool success);
    function allowance(address _owner, address _spender) constant returns (uint
remaining);
    event Transfer(address indexed _from, address indexed _to, uint _value);
    event Approval(address indexed _owner, address indexed _spender, uint _value);
  }
```

其中的含义如下。

- name 是需要指定名字，比如可以叫作 MyToken。
- symbol 是代币的符号，类似于常见的 BTC、ETH 等。
- decimal 是代币最少交易的单位，它表示小数点的位数，如果设置为 1，那么最少可以交易 0.1 个代币。
- totalSupply 是指总发行量。
- balanceOf 返回某个地址（账户）的账户余额。

- transfer 实现转账一定数量（_value）的代币到目标地址（_to），它会提供一个返回值来说明是否转账成功，并且会触发 Transfer 事件。
- transferFrom 从一个地址（_from）转账一定数量（_value）的代币到目标地址（_to），也会提供一个返回值来说明是否转账成功，同样也会触发 Transfer 事件。
- approve 授权第三方（_spender）从发送者账户转移一定数量（最多为_value 数量）的代币。第三方通常是某个智能合约，可以通过 transferFrom()函数来执行具体的转移操作。
- allowance 返回_spender 仍然被允许从_owner 提取的金额。
- Transfer 和 Approval 事件是为了记录日志用的。前者是在代币被转移时触发，后者是在调用 approve 方法时触发。

10.2.2 ERC20 代币开发——Mini Token

严格来说，ERC20 代币不是一个 DApp，它是智能合约的重要应用之一，ERC20 代币也使用 Solidity 语言进行开发，开发环境一般选择 Remix（Remix 是一个在线的、用来开发以太坊智能合约的 IDE，地址是 http://remix.ethereum.org）。

这里要实现一个名为“Mini Token”的代币，符号为“MT”，总发行量为 1000 枚。实现的方法是修改 ERC20 标准接口中相应函数的内容，如将 name 改为“Mini Token”，symbol 改为“MT”等，完整代码如下。

```
pragma solidity ^0.4.0;
//------------------------------------------------------------------
// MiniToken 示例
// ------------------------------------------------------------------
// ERC20 标准
contract ERC20Interface {
    // 获取总发行量
    function totalSupply() public constant returns (uint256);
    // 返回某个地址(账户)的账户余额
    function balanceOf(address _owner) public constant returns (uint256 balance);
    // 实现转账一定数量（_value）的代币到目标地址(_to)，它会提供一个返回值来说明是否转账成功，并且会触发 Transfer 事件
    function transfer(address _to, uint256 _value) public returns (bool success);

    // 从一个地址（_from）转账一定数量（_value）代币到目标地址（_to），也会提供一个返回值来说明是否转账成功，同样也会触发 Transfer 事件
    function transferFrom(address _from, address _to, uint256 _value) public returns
(bool success);
    // 允许_spender 多次取回账户，最高达_value 金额。如果再次调用此函数，它将以_value 覆盖当前的余量
    function approve(address _spender, uint256 _value) public returns (bool success);
    // 返回_spender 仍然被允许从_owner 提取的金额
```

```
    function allowance(address _owner, address _spender) public constant returns (uint256
remaining);
    // 代币被转移时触发的事件
    event Transfer(address indexed _from, address indexed _to, uint256 _value);
    // 调用 approve 方法时触发的事件
    event Approval(address indexed _owner, address indexed _spender, uint256 _value);
}
contract MiniToken is ERC20Interface {
    string public constant symbol = "MT";
    string public constant name = "Mini Token";
    uint8 public constant decimals = 0;
    uint256 _totalSupply = 1000;
    // 定义这个合约的拥有者
    address public owner;
    // 定义各个地址余额的映射表
    mapping(address => uint256) balances;
    // 账户所有者批准将金额转移到另一个账户
    mapping(address => mapping (address => uint256)) allowed;
    // 定义一个只能由所有者执行的修饰符
    modifier onlyOwner() {
        if (msg.sender != owner) {
            require(msg.sender == owner);
        }
        _;
    }
    // 初始化构造函数
    constructor () public {
        owner = msg.sender;
        balances[owner] = _totalSupply;
    }
    // 返回总发行量
    function totalSupply() public constant returns (uint256) {
        return _totalSupply;
    }
    // 返回对应账户的余额
    function balanceOf(address _owner) public constant returns (uint256 balance) {
        return balances[_owner];
    }
    // 如果账户拥有的数量大于转账数量，就进行转账，否则返回失败
    function transfer(address _to, uint256 _amount) public returns (bool success) {
        if (balances[msg.sender] >= _amount
            && _amount > 0
            && balances[_to] + _amount > balances[_to]) {
```

```
            balances[msg.sender] -= _amount;
            balances[_to] += _amount;
            emit Transfer(msg.sender, _to, _amount);
            return true;
        } else {
            return false;
        }
    }
    // 该方法用于从_from 地址中发送_value 个代币给_to 地址
    // 使用 transferFrom()方法需要调用者得到_from 地址的授权
    // 授权由 F 面的 approve 函数进行操作
    function transferFrom(
        address _from,
        address _to,
        uint256 _amount
    ) public returns (bool success) {
        if (balances[_from] >= _amount
            && allowed[_from][msg.sender] >= _amount
            && _amount > 0
            && balances[_to] + _amount > balances[_to]) {
            balances[_from] -= _amount;
            allowed[_from][msg.sender] -= _amount;
            balances[_to] += _amount;
            emit Transfer(_from, _to, _amount);
            return true;
        } else {
            return false;
        }
    }
    // approve 授权第三方（_spender）从发送者账户转移一定量（最多为_value 数量）的代币。第
三方通常是某个智能合约，可以通过 transferFrom 函数来执行具体的转移操作
    function approve(address _spender, uint256 _amount) public returns (bool success) {
        allowed[msg.sender][_spender] = _amount;
        emit Approval(msg.sender, _spender, _amount);
        return true;
    }
    function allowance(address _owner, address _spender) public constant returns (uint256
remaining) {
        return allowed[_owner][_spender];
    }
}
```

将上述代码复制粘贴到 Remix 的编辑器中，执行编译，并部署到本地测试环境中，这样

Mini Token 就发布成功了。从合约的详情中可以看到 Mini Token 的名称、符号和总发行量等信息，如图 10-21 所示。

图 10-21　Mini Token 信息

单击合约右侧的复制按钮，将 Mini Token 的地址复制到剪切板。然后打开 MetaMask 的账户选项，选择“ADD TOKEN”，如图 10-22 所示。

在 Add Tokens 对话框中选择“Custom Token”，在“Token Address”文本框中填入刚才复制的 Mini Token 的地址，之后下面的符号栏和精度栏会自动补充，然后单击“Next”按钮继续，如图 10-23 所示。

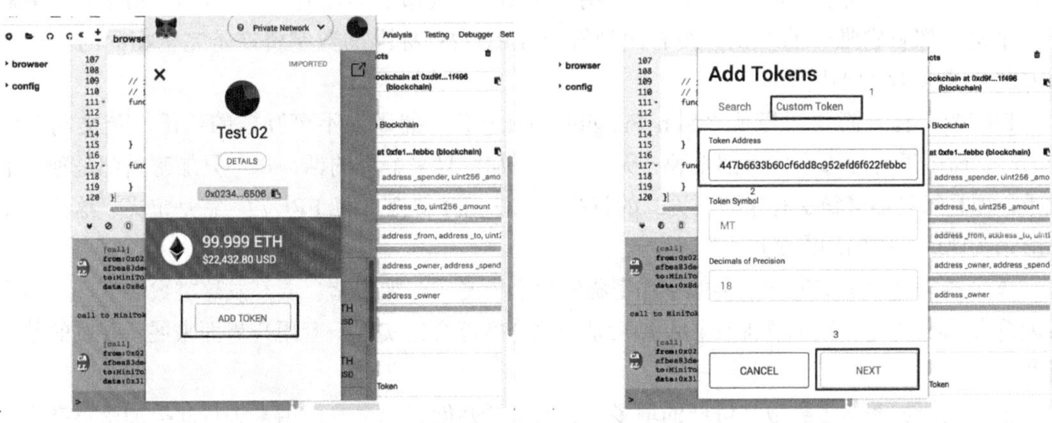

图 10-22　添加 Token 对话框　　　图 10-23　填写 Token 地址

最后，再单击“ADD TOKENS”按钮，将 Mini Token 添加到账号中，如图 10-24 所示。

完成以后，在账户界面就可以看到新创建的代币，并可以将这些代币进行交易或转账，如图 10-25 所示。

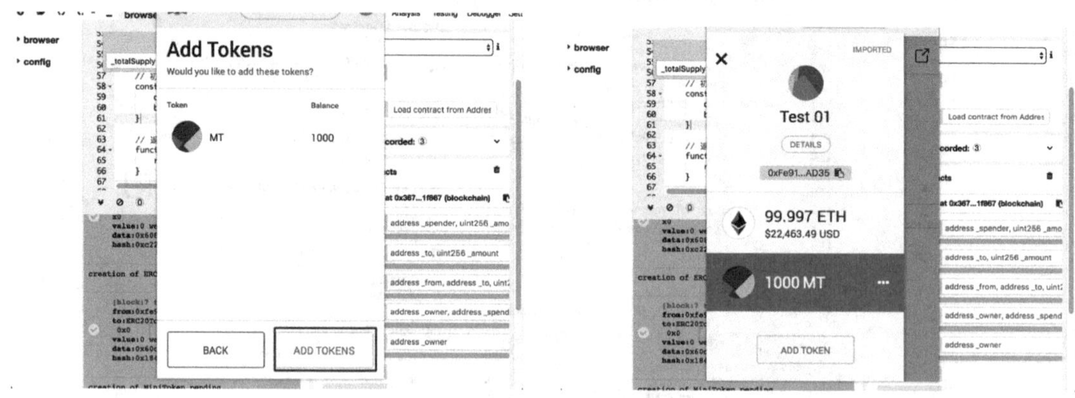

图 10-24　添加 Token

图 10-25　新的 Token 信息

以上就是创建一个符合 ERC20 标准的新代币的过程。

10.3　基于 OpenSea 平台开发数字资产“加密猪”

2017 年底，以太坊上发布了一款火爆的小游戏加密猫（CryptoKitties），它是加密猫的养成与繁殖游戏，利用以太币作为该游戏的唯一交易货币，两只加密猫交配而生出的子孙会从他们父母基因组中通过遗传算法获取新的基因，这些基因决定了外观、个性与特征等。每只猫都是独一无二的，100%归所有者拥有；加密猫不能被复制、带走或毁坏，但可以购买或出售它。加密猫可以作为一个收藏品并在区块链中被安全地记录。加密猫的作者 Axion Zen 后来还定义了一种代币标准 ERC721，开发者可以基于这个标准发布数字资产。在 ERC20 中所有符合 ERC20 的代币都是相同的，任何两个 ERC20 代币之间没有区别；而在 ERC721 中每种数字资产都有它唯一的标识，没有两种符合 ERC721 标准的数字资产是完全相同的，这与 ERC20 有着明显的不同。

ERC721 官方简要解释是“Non-Fungible Tokens”，翻译为不可互换的代币，英文简写为“NFT”，简单理解为每个代币都是独一无二的。以加密猫来解释的话，每一只加密猫都是独立的代币，而且每只加密猫都有它独一无二的特征，无法相互替换。而 ERC721 就是定义了这样一个标准来实现这一类的加密资产。

本节的实例就是实现一个类似于加密猫的数字资产——加密猪。要开发这类数字资产，需要实现符合 ERC721 标准的智能合约，然后基于这个智能合约实现一套用户界面来展示开发的数字资产。

随着类似加密猫之类数字资产的增多，有人就开始创建一个专门用来进行此类加密资产交易的平台，其中 OpenSea 是世界上最大的加密资产交易平台。开发者不再需要自己从头开发，只需要在 OpenSea 平台上按照流程进行操作就可以快速开发出一个 ERC721 数字资产。本节接下来首先介绍 OpenSea，然后讲解如何在 OpenSea 上开发和交易数字资产。通过本案例可以学到如何开发一个符合 ERC721 标准的数字资产，以及如何对这类资产进行交易。

10.3.1　OpenSea 介绍

OpenSea 是一个基于区块链的加密资产交易平台，为广大用户提供加密资产的购买和销售等服务，OpenSea 首页如图 10-26 所示。

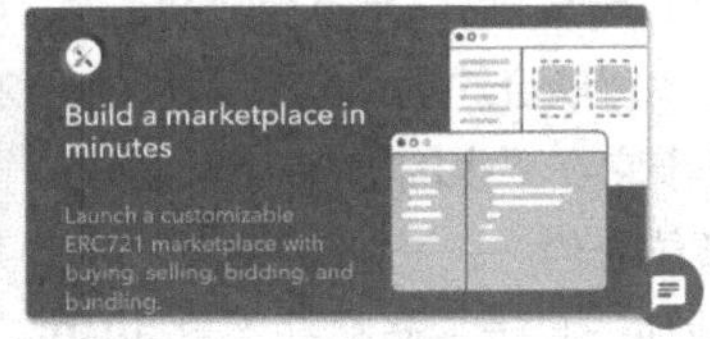

图 10-26　OpenSea 首页

现在已有上百种加密数字资产在上面交易，包含了各种动物、服饰、卡通人物等虚拟形象。在 OpenSea 平台上，除了交易之外，还可以开发和提交自己的加密资产。下面就以开发一个加密猪为例，讲解如何在 OpenSea 上开发属于自己的加密资产——加密猪。

10.3.2　开发加密猪

OpenSea 提供了一份开发文档，让开发者在几分钟内就可以开发完成属于自己的店铺，可以访问 https://docs.opensea.io/docs 进行查阅，OpenSea 提供的示例是交易各种海洋生物加密资产，如图 10-27 所示。

这里参照这个海洋生物加密资产的开发过程来开发自己的一个加密资产——加密猪。加密猪遵循以太坊 ERC721 标准，并加入权限控制的功能。开发步骤依次为创建和实现加密猪的智能合约、加密猪的展示页面和用户界面，以及加密猪交易功能。

本实例基于 Truffle 框架进行开发，开发过程中需要使用 NodeJS 包管理器 npm 安装依赖库，开发之前应确保系统中的 npm 工具可用，然后选择一个常用的文本编辑器（如 VScode、Sublime）等就可以开发这个加密猪了。

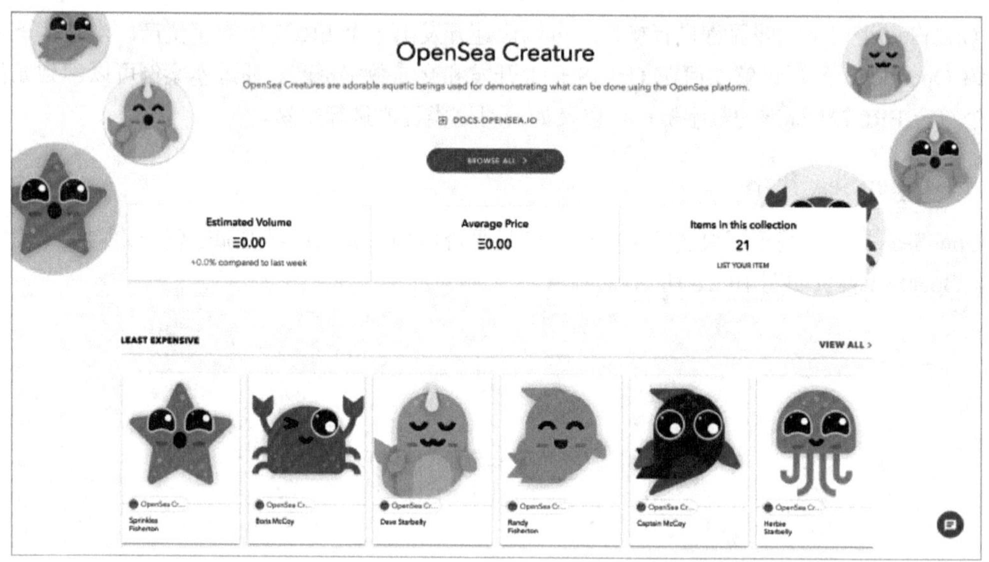

图 10-27　OpenSea 开发示例

1．编写智能合约

这里智能合约的开发基于 OpenZeppelin 库。OpenZeppelin 是用 Soildity 语言实现的一个开源库，里面包含了已知智能合约的最佳实践。OpenZeppelin 提供了开发智能合约所需的各种重要功能，使我们可以基于它在更少的时间内创建更安全的智能合约。下面开始正式开发智能合约。

（1）初始化智能合约

这里先在本地任一目录下新建一个 LittlePig 的文件夹，创建完成后进入文件并使用 truffle init 命令初始化一个 Truffle 项目，如图 10-28 所示。

```
$ mkdir LittlePig
$ cd LittlePig
$ truffle init
Downloading...
Unpacking...
Setting up...
Unbox successful. Sweet!

Commands:

  Compile:        truffle compile
  Migrate:        truffle migrate
  Test contracts: truffle test
$ ls
contracts         migrations        test              truffle-config.js truffle.js
```

图 10-28　初始化项目

初始化后再安装 OpenZeppelin 库，安装命令如下。

```
npm install openzeppelin-solidity
```

安装完成后开始实现智能合约的功能。

（2）实现 LittlePig 智能合约

LittlePig 智能合约的功能实现比较简单，只需要基于 openzeppelin-solidity 库进行二次开发。在当前目录的 contracts 文件夹下新建一个 LittlePig.sol 的文件。在文件中编写一个 LittlePig 的类，这个类继承于 ERC721Token 和 Ownable 这两个基础类。其中 ERC721Token 是 ERC721 标准的基础类，Ownable 提供了权限控制的功能。继承后在类的主体部分还需要实现 tokenURI、baseTokenURI、isApprovedForll 等函数。值得注意的有两点，一是 tokenURI 函数，这个函数返回一个 URI 地址，这里是https://little-pig-api.herokuapp.com/ api/pig/，请求这个 URI 会返回每个 ERC721资产的属性，如名称、描述和图片等，这些属性将被展示在 OpenSea 平台上。二是 isApprovedForAll 函数，它用来控制获取 OpenSea 数据的白名单列表，具体代码如下。

```
contract LittlePig is ERC721Token, Ownable {
  …
  // 返回一个 TokenID，使得合约和 OpenSea 中的数据相关联
 function tokenURI(uint256 _tokenId) public view returns (string) {
    return Strings.strConcat(baseTokenURI(), Strings.uint2str(_tokenId));
  }
  function baseTokenURI() public view returns (string) {
    return "https://little-pig-api.herokuapp.com/api/pig/";
  }
  // 控制获取 OpenSea 数据的白名单列表
  function isApprovedForAll(address owner, address operator) public view
    returns (bool)
  {
    ProxyRegistry proxyRegistry = ProxyRegistry(proxyRegistryAddress);
    if (proxyRegistry.proxies(owner) == operator) {
        return true;
    }
    return super.isApprovedForAll(owner, operator);
  }
}
```

实现智能合约代码后就可以开始发布智能合约了。

（3）发布智能合约

这里使用之前注册的 Infura 账户（参数 10.1.2 节对接以太坊接口中申请测试节点部分）发布到 Ropsten 测试网络上。发布的方法也比较简单，使用 HDWalletProvider 连接到 Ropsten 测试网络并进行发布操作。其中连接过程中需要配置钱包的助记词（用来推算钱包信息的十几个英文单词，在第 3 章中讲过）和 Infura 的接口地址，在 truffle.js 文件中配置如下。

```
const HDWalletProvider = require("truffle-hdwallet-provider");
module.exports = {
  networks: {
    ropsten: {
```

```
    provider: function() {
      return new HDWalletProvider(
        // 助记词
        "hello well money ....",
        // infura 接口地址
        "https://ropsten.infura.io/XXX"
      );
    },
    network_id: "*",
    gas: 4000000
  }
 }
};
```

配置完成后，使用 truffle deploy --network ropsten 命令将智能合约部署到 Ropsten 测试网络中，部署成功后可以看到交易哈希值（transaction hash）和合约地址（contract address）等信息，如图 10-29 所示。

```
2_deploy_contracts.js
=====================
   Deploying 'LittlePig'
   ----------------------
   > transaction hash:    0x3cf84c64e207c940c53fb2eb6893d7d56afb2302050d59a38952bdbead3c169f
   > Blocks: 2            Seconds: 18
   > contract address:    0xf0f665C3CB7F002Df34c41804a904317F0d3B36a
   > account:             0xa43ba06E620739b025BD2E08c8356916Eb296a9C
   > balance:             40.183945660681943242
   > gas used:            3281323
   > gas price:           20 gwei
   > value sent:          0 ETH
   > total cost:          0.06562646 ETH
   Pausing for 2 confirmations...
   ------------------------------
   > confirmation number: 1 (block: 4064173)
   > confirmation number: 2 (block: 4064174)
   > Saving migration to chain.
   > Saving artifacts
   -------------------------------------
   > Total cost:          0.06562646 ETH
Summary
=======
> Total deployments:   2
> Final cost:          0.07132462 ETH
```

图 10-29　部署成功

（4）生成加密资产

成功发布智能合约后，就可以调用智能合约生成属于自己的加密资产。生成的方法是使用 HDWalletProvider 连接到 Ropsten 测试网络，然后加载智能合约并调用 mintTo 函数生成加密数字资产。这里新建一个 mint.js 文件，在文件中编写代码如下。

```
const HDWalletProvider = require("truffle-hdwallet-provider")
const web3 = require('web3')
// 助记词
const MNEMONIC = "essay dice inch ..."
// INFURA 账户的 key
const INFURA_KEY = "b31e802f763e4728aa6cdd9d4faaef05"
// 合约地址
const NFT_CONTRACT_ADDRESS = "0xd5d6e5c8e6e270cc3ea3dbda22e2bd906864c9e9"
// 合约拥有者地址
const OWNER_ADDRESS = "0xa33ba06E620739b025BD2E08c8356916Eb296a9C"
// 网络名称
const NETWORK = "ropsten"
// 生成加密猪的个数
const NUM_PIG = 12
// 合约 ABI
const NFT_ABI = [{
    "constant": false,
    "inputs": [
      {
        "name": "_to",
        "type": "address"
      }
    ],
    "name": "mintTo",
    "outputs": [],
    "payable": false,
    "stateMutability": "nonpayable",
    "type": "function"
}]
// 主函数
async function main() {
    // 连接以太坊
    const web3Instance = new web3(
        new HDWalletProvider(MNEMONIC, 'https://${NETWORK}.infura.io/${INFURA_KEY}')
    )
    // 加载智能合约
    const nftContract = new web3Instance.eth.Contract(NFT_ABI, NFT_CONTRACT_ADDRESS,
{ gasLimit: "1000000" })
    // 调用 mintTo 函数生成加密资产
    for (var i = 0; i < NUM_PIG; i++) {
        const result = await nftContract.methods.mintTo(OWNER_ADDRESS).send({ from:
OWNER_ADDRESS });
```

```
        console.log(result.transactionHash)
    }
}

main()
```

完成 mint.js 后通过在终端中执行 node mint.js 就可以生成加密资产，上述代码中设置生成 12 个加密猪。可以在终端上看到生成的 12 个哈希值，也就是 12 个加密猪如图 10-30 所示。

```
$  node mint.js
0x96ff542b340caa622443ef3895796d3c2dfa7bccd75b857e4e980724c4ecba9f
0x8bd86530576d0f12f64174fccde43b717a0054e9e358559f7ca85015e568ec44
0x05e69cefa005b9126f2ad33cad467a77637e3acf5c7c420ba898f21261fe82a3
0xa826851768748030f8f39597f152c61f8258aa30f64b41866c6446b41bb7ee5a
0x63354f8e690654aac8d4d0606a514c8c5eabb95984b15b44c81edd6999a74163
0x4b311f00284d69f63c05038520e95aed3ede4c29d3553a86d646cac851a763b9
0x326fe2e66f87234a2061d79dcb4257bac5a09cbc75b70e4ac7934adebbc443f4
0x23648dab9dd244c613048c07f967e8444d8110251bd693306847acb728e24af9
0xb6db7f9828c7528190bc0f8c8c184bc9ee487d499b4f32263a491d83d02cabe4
0xe2fe911355beddddc50553e2fc859b4c5d3a41cb8d9b220be7a5ba64c661ce94
0xd58cc879b7bf59b9f507940ac386f53997bebe7dca86a6837d3c6e2825f4496e
0x84981f4d685f608b1ca18791bde3aa096864398124737d479da2a49467735edd
```

图 10-30　生成加密猪的哈希值

以上生成的这样的加密猪就是属于自己的加密资产，可以进行交易和转让。为了让这些加密猪看起来更加直观和吸引人，可以给每个加密猪添加一些属性数据，这样在 Opensea 上每个加密猪都会展示出不同的形象。

2．添加元数据

在前面的智能合约中实现了一个 tokenURI()方法，这个方法针对每个 Token 返回一个唯一的 URI，请求这个 URI 就可以返回这个 Token 对应的属性数据。比如，对于 Id 为 1 的 Token 返回的 URI 是https://little-pig-api.herokuapp.com/api/creature/1。请求这个 URI 会返回如下的 Json 数据。

```
{
  "description": "加密猪",
  "external_url": "https://littlepig.ai/3",
  "image": "https://storage.googleapis.com/littlepig/3.png",
  "name": "球球",
  "attributes": [ ... ],
}
```

其中 description 字段是加密猪的描述，external_url 字段是加密猪的外部链接，image 是加密猪的图片地址，name 是加密猪的名称，attributes 是加密猪的自定义属性列表。

添加好属性数据后，即可在 Opensea 平台上查看该加密资产的信息。查看的链接为 https://ropsten.opensea.io/assets/合约地址/tokenId，比如查看加密猪 token Id 为 1 的链接地址为 https:// ropsten.opensea.io/assets/0x×××/1，效果如图 10-31 所示。

图 10-31　加密猪

在这个界面上就可以进行销售（SELL）和送礼（GIFT）操作。

3．交易加密猪

交易加密猪有两种方式，一是定价销售（Fixed Price），二是在一定价格范围内进行拍卖（Auction），如图 10-32 和 10-33 所示。

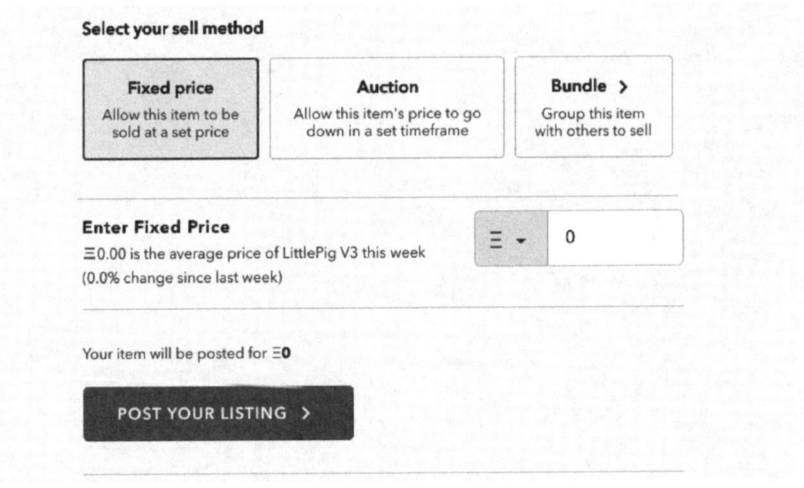

图 10-32　定价销售加密猪

以上就是加密猪的交易功能，相关代码可以访问https://github.com/flingjie/learning-blockchain进行查阅，读者朋友可以参考本节内容开发自己的加密数字资产。

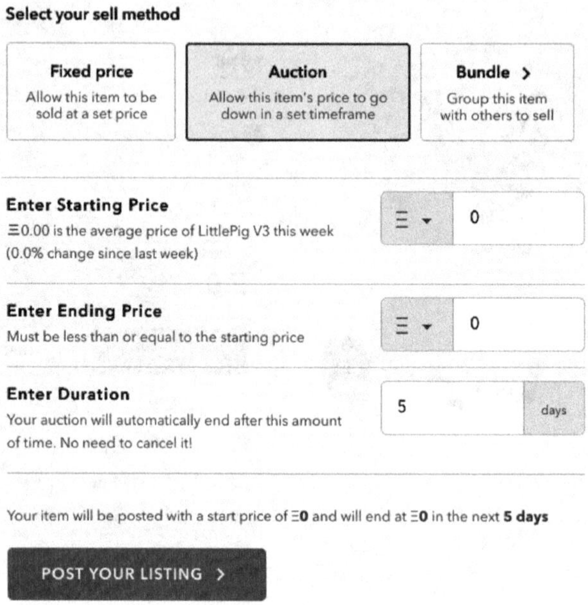

Select your sell method

Fixed price
Allow this item to be sold at a set price

Auction
Allow this item's price to go down in a set timeframe

Bundle >
Group this item with others to sell

Enter Starting Price
Ξ0.00 is the average price of LittlePig V3 this week (0.0% change since last week)
Ξ 0

Enter Ending Price
Must be less than or equal to the starting price
Ξ 0

Enter Duration
Your auction will automatically end after this amount of time. No need to cancel it!
5 days

Your item will be posted with a start price of **Ξ0** and will end at **Ξ0** in the next **5 days**

POST YOUR LISTING >

图 10-33　拍卖加密猪